职业教育"十二五"规划教材

食品类专业教材系列

化学基础与分析技术
（第二版）

李银花　张越华　主　编
齐　明　聂小伟　李燕杰　副主编
李洪燕　王如意
彭少洪　东　方　参　编

科学出版社
北　京

内 容 简 介

本书理论知识部分按"化学基础知识＋分析基础知识"两大模块构建。化学基础知识包含了物质的结构与命名，溶液的相关计算，试剂的配制与保存，化学反应与化学工业等内容。分析基础知识包含了滴定分析概述、四大滴定方式、常用分离与富集方法。实践部分按"基础技能＋综合训练"模块构建，包括基础的化学实验操作技能和相关训练。

本书可作为高等职业院校食品类专业教材，也适用于成人教育培训。

图书在版编目（CIP）数据

化学基础与分析技术/李银花，张越华主编．—2 版．—北京：科学出版社，2015

（职业教育"十二五"规划教材·食品类专业教材系列）
ISBN 978-7-03-045499-7

Ⅰ.①化… Ⅱ.①李… ②张… Ⅲ.①化学分析-高等职业教育-教材 Ⅳ.①O65

中国版本图书馆 CIP 数据核字（2015）第 191413 号

责任编辑：沈力匀／责任校对：马英菊
责任印制：吕春珉／封面设计：耕者设计工作室

科 学 出 版 社 出版
北京东黄城根北街 16 号
邮政编码：100717
http://www.sciencep.com

新科印刷有限公司 印刷
科学出版社发行 各地新华书店经销

*

2013 年 7 月第 一 版　　开本：787×1092 1/16
2015 年 8 月第 二 版　　印张：18 1/2
2019 年 8 月第六次印刷　字数：450 000

定价：**42.00 元**
（如有印装质量问题，我社负责调换〈新科〉）
销售部电话 010-62134988　编辑部电话 010-62135235（VC04）

版权所有，侵权必究

举报电话：010-64030229；010-64034315；13501151303

前　言

根据《教育部关于推进高等职业教育改革创新引领职业教育科学发展的若干意见》（教高［2011］12号）文件的精神，作者结合高职高专食品类专业人才的培养目标，紧紧围绕培养技能型人才要求进行本书的编写。本书是广东食品药品职业学院阶段性教学成果之一。

"化学基础与分析技术"课程以"化学基础知识＋分析基础技能"模式进行构建。化学基础知识以无机化学、有机化学基本原理为主，适当选取物理化学简单知识；化学定量分析技术定位于使用简单的仪器、设备进行食品中常量组分分析。课程设计了化学原理、化学分析和滴定分析基本操作三大模块。

在编写中过程中，重点考虑学生学习的自主性，强化实践技能的培养和团队协作精神的养成。内容上力求文字简练、规范，语言通俗易懂，图文并茂，在学生掌握学习目标后，通过学习资源和知识拓展，便于学生自我学习。

本书由广东食品药品职业学院李银花以及广州城市职业学院张越华主编，广州市质量监督检测研究院李洪燕工程师；佛山职业技术学院齐明；威海海洋职业学院聂小伟；广东食品药品职业学院王如意、李燕杰、东方；广州城市职业学院彭少洪等参与了编写工作，全书由李银花统稿，王尔茂、王充教授主审。在编写过程中参考了大量相关资料和文献，在此向这些作者深表感谢。

由于编写时间仓促，水平有限，错误和不当之处在所难免，敬请各位同仁指正。

目 录

第1章 物质的结构与性质 ··· 1
   1.1 原子结构与元素的性质 ··· 1
   1.2 化学键与物质的性质 ··· 7

第2章 化学物质的命名 ··· 13
   2.1 物质的概念与命名 ·· 13
   2.2 无机化合物命名 ·· 17

第3章 物质的状态与相变 ··· 25
   3.1 气体 ··· 26
   3.2 液体 ··· 30
   3.3 固体 ··· 34

第4章 化学反应基本理论 ··· 38
   4.1 化学反应速率 ·· 38
   4.2 化学平衡 ··· 44

第5章 溶液 ··· 51
   5.1 溶液及其浓度表示法 ·· 51
   5.2 溶解度 ··· 54
   5.3 非电解质稀溶液的依数性 ·· 56
   5.4 电解质溶液 ··· 59
   5.5 缓冲溶液 ··· 62

第6章 化学工业与化学品 ··· 66
   6.1 我国化学工业概况 ·· 66
   6.2 化学品的分类与标签制度 ·· 67
   6.3 无机反应与化学工业 ·· 75
   6.4 有机反应与有机化工产业 ·· 78
   6.5 生化反应与生物化工 ·· 82

第7章 化学分析概述 ··· 85
   7.1 化学分析的应用 ·· 85
   7.2 有效数字及其应用 ·· 87
   7.3 误差与分析数据处理 ·· 89

7.4 滴定分析法概述 ………………………………………………………… 95
7.5 滴定分析法的计算 ……………………………………………………… 98

第8章 试剂、溶液与实验用水 …………………………………………… 104
8.1 化学试剂 ………………………………………………………………… 104
8.2 分析实验室用水 ………………………………………………………… 111

第9章 酸碱滴定法 …………………………………………………………… 116
9.1 酸碱指示剂 ……………………………………………………………… 116
9.2 滴定条件的选择 ………………………………………………………… 121
9.3 酸碱标准滴定溶液的配制和标定 …………………………………… 131
9.4 酸碱滴定法的应用示例 ……………………………………………… 134

第10章 氧化还原滴定法 …………………………………………………… 139
10.1 氧化还原滴定法概述 ………………………………………………… 139
10.2 氧化还原滴定法的分类及应用示例 ………………………………… 140

第11章 配位平衡与配位滴定法 …………………………………………… 147
11.1 概述 …………………………………………………………………… 147
11.2 EDTA与金属离子配合物及其稳定性 ……………………………… 148
11.3 金属指示剂 …………………………………………………………… 152
11.4 标准溶液的配制与标定 ……………………………………………… 153

第12章 沉淀溶解平衡与沉淀滴定 ………………………………………… 156
12.1 沉淀溶解平衡 ………………………………………………………… 156
12.2 影响沉淀溶解平衡的因素 …………………………………………… 158
12.3 溶度积原理及其应用 ………………………………………………… 159
12.4 沉淀滴定法 …………………………………………………………… 163

第13章 有机化学基础知识 ………………………………………………… 169
13.1 有机化合物的结构与组成 …………………………………………… 169
13.2 有机化合物的命名 …………………………………………………… 173
13.3 有机化合物的性质 …………………………………………………… 185

第14章 分析化学中常用的分离和富集方法 ……………………………… 222
14.1 概述 …………………………………………………………………… 222
14.2 沉淀分离法 …………………………………………………………… 223
14.3 挥发分离法 …………………………………………………………… 226
14.4 液-液萃取分离法 ……………………………………………………… 226
14.5 离子交换分离法 ……………………………………………………… 229
14.6 色谱分离法 …………………………………………………………… 232

第 15 章　实践操作技能 …………………………………………………………… 236

　15.1　化学检验实验（技能）鉴定的基本知识 …………………………………… 236

　15.2　基本操作技能及训练项目 …………………………………………………… 246

　15.3　技能训练 ……………………………………………………………………… 259

主要参考文献 …………………………………………………………………………… 287

第1章 物质的结构与性质

> ☞ **能力要求**
> （1）可判断常见化学物质的性质。
> （2）能根据化学物质的性质，在实验过程当中做好防护措施。
> （3）可以书写常见原子的电子排布式，并根据电子排布式判断出该原子的属性。
> （4）根据化学结构能知道有机化合物的性质。
>
> ☞ **知识要求**
> （1）掌握原子核外电子结构。
> （2）掌握离子键、共价键与对应晶体，了解金属键与金属晶体。
> （3）掌握分子的极性并了解分子间作用力。
> （4）掌握有机化合物的组成与结构。
>
> ☞ **教学活动建议**
> 可以采用原子结构模型，让学生了解原子结构的空间结构。

1.1 原子结构与元素的性质

从19世纪末，在电子、放射性和X射线等发现后，人们对原子内部较复杂结构的认识越来越清楚。1911年卢瑟福建立核原子模型，指出原子是由原子核和核外电子组成的，原子核是由中子和质子等微观粒子组成的，质子带正电荷，核外电子带负电荷。

在一般化学反应中，原子核并不发生变化，只是核外电子运动状态发生改变。因此原子核外电子层的结构和电子运动的规律，特别是原子外电子层结构，就成为化学领域关注的问题之一。

1.1.1 核外电子运动状态的描述

1. 电子云

氢原子核外只有一个电子，设想核的位置固定，而电子并不是沿固定的轨道运动，由于不确定关系，也不可能同时测定电子的位置和速度。但我们可以用统计的方法来判

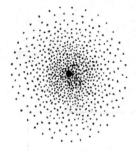

图 1-1 氢原子电子云

断电子在核外空间某一区域出现的机会（概率）是多少。设想有一个高速照相机能拍摄电子在某一瞬间的位置。然后在不同瞬间拍摄成千上万张照片，若分别观察每一张照片，则它们的位置各不相同，似无规律可言，但如果把所有的照片叠合在一起看，就明显地发现电子的运动具有统计规律性，电子经常出现的区域是在核外的一个球形空间。离核越近处，黑点越密，它如同带负电的云一样，把原子核包围起来，这种想像中的图形就叫做电子云（图 1-1）。

2. 4 个量子数

要描述原子中各电子的运动状态，需用 4 个参数确定。即从电子层、电子亚层、电子云的伸展方向和电子的自旋这 4 个方面来描述。

1）电子层 $n(n=1, 2, 3, 4, 5, 6, 7, \cdots)$

电子层符号：K，L，M，N，O，P，Q，…

物理意义：电子层是描述电子离核的远近程度的参数，电子运动的能量主要由电子层数 n 来决定，n 越大，电子的能量越高。

2）电子亚层 $l[l=0, 1, 2, 3, \cdots, (n-1)]$

电子亚层符号：s，p，d，f，…

物理意义：角量子数 l 是描述电子云形状。当 n 相同时，不同的 l（即不同的电子云形状）对能量值也稍有影响，且与 l 成正比，例如，当主量子数同为 n 时，有如下的关系：$E_{ns} < E_{np} < E_{nd} < E_{nf}$，这是因为 l 越小，电子在核附近出现的机会多，受核的引力大，能量也较低。

由于 l 的不同，引起能量的不同，可以理解为能量再分级或形成了亚层（或副层）。例如，$n=1$ 的电子层，l 只能取 0，它只能有一个能级；当 $n=2$ 时，l 可取 0、1 两个值，所以有 2 个能级（或有 2 个亚层）；当 $n=3$ 时，l 可以取 0、1、2，所以有 3 个能级（或有 3 个亚层）。

3）电子云伸展方向 $m(m=0, \pm 1, \pm 2, \pm 3, \cdots)$

电子云伸展方向表示原子轨道在空间的一种伸展方向。$l=0$ 时，m 只取一个值，即 $m=0$，表示亚层只有一个轨道。当 $l=1$ 时，$m=0, \pm 1$，分别表示 p_x、p_y 和 p_z 这 3 种不同伸展方向的轨道，但是能量是相同的。

4）电子的自旋 $m_s(m_s=+1/2, -1/2)$

电子除绕核运动外，其自身还做自旋运动。为了描述核外电子自旋状态，引入第四个量子数——自旋量子数 m_s，根据量子力学的计算规定：m_s 只可能取 $+1/2$ 和 $-1/2$，用以表示 2 种不同的自旋状态，通常用正反（↑↓）两个箭头来表示。

综上所述，电子层和电子亚层决定原子轨道的能量；电子云伸展方向决定原子轨道的形状及决定原子轨道的空间取向或原子轨道的数目；电子的自旋决定电子运动的自旋状态。也就是说，电子在核外运动的状态可以用 4 个量子数来描述。

例如：已知核外某电子的 4 个量子数 $n=2$；$l=1$；$m=-1$；$m_s=+1/2$。则指的是第二电子层、p 亚层 $2p_z$ 轨道上有自旋方向为 $+1/2$ 的电子。

1.1.2 原子核外电子结构

1. 原子核外电子排布规则

根据光谱实验数据以及对元素性质周期律的分析，归纳出多电子原子中的电子在核外的排布应遵从以下 3 条原则，即泡利（Pauling）不相容原理、能量最低原理和洪特（Hund）规则。

1）泡利不相容原理

在同一原子中不可能有 4 个量子数完全相同的 2 个电子同时存在，称为泡利不相容原理。换言之，每一种运动状态的电子只能有 1 个，在同一轨道上最多只能容纳自旋方向相反的 2 个电子。由于每个电子层中原子轨道总数是 n^2 个，因此各电子层中电子的最大容量是 $2n^2$ 个（表 1-1）。

表 1-1　电子层可容纳电子的最大数目

电子层	K(1)	L(2)	M(3)
电子亚层	1s	2s，2p	3s，3p，3d
亚层原子轨道数	1	1，3	1，3，5
亚层中电子数	2	2，6	2，6，10
电子层可容纳电子的最大数目（$2n^2$）	2	8	18

2）能量最低原理

在不违背泡利不相容原理的前提下，电子在各个轨道上的排布方式应使整个原子能量处于最低状态，即多电子原子在基态时核外电子总是尽可能地先占据能量最低的轨道，称为能量最低原理。

3）洪特规则

电子在能量相同的轨道（即等价轨道）上排布时，总是尽可能以自旋相同的方向分占不同的轨道，因为这样的排布方式总能量最低，称为洪特规则。

2. 多电子原子轨道的能级

原子轨道的能量主要与主量子数有关，对多电子原子来说，原子轨道的能级还和角量子数及原子序数有关。图 1-2 为 Pauling 近似能级图。该图反映核外电子填入轨道的最后顺序。

近似能级图是按原子轨道能量高低的顺序排列的，能量相近的能级划为一组放在一个方框中称为能级组。不同能级组之间的能量差较大，同一能级组内各能级之间的能量差别较小。图中共列出 6 组，它们依次是：

第一能级组：1s

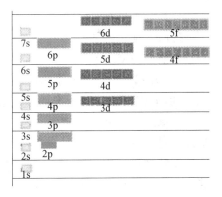

图 1-2　Pauling 近似能级图

第二能级组：2s，2p
第三能级组：3s，3p
第四能级组：4s，3d，4p
第五能级组：5s，4d，5p
第六能级组：6s，4f，5d，6p
第七能级组：7s，5f，6d，7p，…

s 亚层只有一个原子轨道，p 亚层中有 3 个能量相等的原子轨道。在量子力学中把能量基本相同的状态叫做简并状态。所以 p 轨道是三重简并，这 3 个原子轨道能量基本相同，只是空间取向不同，所以又称它们是等价轨道。同样 d 亚层的 5 个 d 轨道是五重简并，f 亚层的 7 个 f 轨道是七重简并。由 Pauling 近似能级图，可知：

(1) 主量子数 n 相同，角量子数 l 不同者，它们的能量有微小的差别，l 越大，能量也越大，即 Ens<Enp<End<Enf。例如：E4s<E4p<E4d<E4f，这种在同一能级组中的能量差别称为能组分裂。

若角量子数相同，其能级次序则由主量子数决定，n 越大能量越高，例如 E2p<E3p<E4p。

(2) 若主量子数 n 和角量子数 l 同时变动时，能量次序就比较复杂。这种情况常发生在第三层以上的电子层中，如 E4s<E3d<E4p 等。这种现象称为能级交错。

必须指出，Pauling 近似能级图只是基本上反映了多电子原子核外电子的能级填充次序，如果忽略了不同元素的原子的个性，认为所有元素的原子都能满足近似能级图，显然是不现实的。后来的光谱实验和量子力学的理论证明，随着元素原子序数的增加，核对电子的引力增加，轨道的能量都有所下降，由于下降的程度不同，所以能级的相对位置就随之而变。

3. 电子分布式和电子构型

应用 Pauling 近似能级图和核外电子填充规则，化学元素中可以准确写出 91 种原子的核外电子分布式，有一些元素原子外层电子的分布情况稍有例外。

价电子构型是指决定元素化学性质的是原子的外层电子，所以主族元素一般只写出 $nsnp$ 轨道的电子分布式，副族元素只写出 $(n-1)d\,ns$ 轨道的电子分布式。

核外电子填充实例和表示方法：

【例 1.1】 $_{15}$P 电子分布式：$1s^2\,2s^2\,2p^6\,3s^2\,3p^3$

价电子构型表示 $[P]3s^2\,3p^3$

【例 1.2】 $_{24}$Cr 价电子构型表示 $4s^1\,3d^5$

【例 1.3】 $_{29}$Cu 价电子构型表示 $3d^{10}\,4s^1$

从例 1.2 可看出元素 Cr 没有完全按照规则排列，根据这种情况，又归纳出一条规律：对于同一电子亚层，当电子排布为全充满、半充满或全空时，相对比较稳定，这是洪特规则特例。如例 1.2，$3d^5$ 是半满状态稳定，所以 4s 的一个电子排在 3d 轨道上。同时，例 1.2 是电子填充顺序（能级交错），电子分布式按 n 的大小顺序写。即：$_{24}$Cr $3d^5\,4s^1$。

【例 1.4】 $_{82}$Pb 电子填充顺序

$1s^2\ 2s^2\ 2p^6\ 3s^2\ 3p^6\ 4s^2\ 3d^{10}\ 4p^6\ 5s^2\ 4d^{10}\ 5p^6\ 6s^2 5d^{10}\ 4f^{14}\ 6p^2$

价电子构型表示：$_{82}$Pb $4f^{14}\ 5d^{10}\ 6s^2\ 6p^2$

1.1.3 元素周期律

人们将核电荷数按由小到大的顺序给元素编号，这种序号称为元素的原子序数。元素的性质随着原子序数的递增呈现周期性变化的规律称为元素周期律。根据元素周期律把已确认的元素按周期性变化有规律地排列。即将具有相同电子层的元素，按原子序数递增的顺序从左到右排成横行，再把不同横行中最外层电子数相同的元素按电子层数递增的顺序由上而下排列成纵行，这样制成的表称为元素周期表。

1. 周期与能级组

从各元素原子的电子层结构可知，当主量子数 n 依次增加时，n 每增加 1 个数值就增加一个能级组，也就增加一个新的电子层，而每一个能级组就相当于周期表中的一个周期。也就是周期的序数等于该周期元素原子具有的电子层数。从长式周期表上可知：在第四周期中，从 21 号元素 Sc 到 30 号元素 Zn，它们新增的电子都是填充到 3d 轨道上，这 10 种元素称为第四周期的过渡元素。从 39 号元素 Y 到 48 号元素 Cd，新增的电子都是填充到 4d 轨道上，这 10 种元素称为第五周期的过渡元素。在第六周期中，从 57 号元素 La 到 71 号元素 Lu，新增的电子都是依次填充在 4f 轨道上，这 14 种元素习惯上称为镧系元素。从 72 号元素 Hf 到 80 号元素 Hg，新增加的电子则依次填充到 5d 轨道上，这也是过渡元素。第七周期，从 87 号元素 Fr 到 112 号元素 Uub，共 25 种元素是不完全周期，可以预计这一周期也应有 32 种元素，其中从 89 号元素 Ac 到 103 号元素 Lu，称为锕系元素。

每当主量子数增加 1 时，相应的在周期表上就出现一个新的周期。这就是元素性质呈周期性变化的根本原因，换言之，周期的本质是按能级组的不同对元素进行分类。

2. 外层电子构型与元素分区、分族

1) 周期表中的族

(1) 主族。周期表中共有 7 个主族，IA-ⅦA，凡最后 1 个电子填入 ns 或 np 亚层上的，都是主族元素，价电子的总数等于其族数。例如元素 $_{16}$S 核外电子排布是 $1s^2\ 2s^2\ 2p^6\ 3s^2\ 3p^4$，最后填入 3p 亚层，价电子构型为 $3s^2\ 3p^4$，故为 ⅥA 族。

(2) 副族。周期中共有 IB-ⅦB 7 个副族。凡最后 1 个电子填入 $(n-1)$d 或 $(n-2)$f 亚层上的都属于副族，也称为过渡元素（镧系和锕系称为内过渡元素）。ⅢB~ⅦB 族元素，价电子总数等于其族数。例如，元素：$_{25}$Mn 的填充次序是 $1s^2\ 2s^2\ 2p^6\ 3s^2\ 3p^6\ 3d^5\ 4s^2$，价电子构型是 $3d^5\ 4s^2$，所以是 ⅦB 族。IB、ⅡB 族由于其 $(n-1)$d 亚层已经填满，所以最外层上电子数等于其族数。

(3) 零族。是稀有气体，其最外层均已填满，呈稳定结构。

(4) Ⅷ族。它处在周期表的中间共有 3 个纵行。最后 1 个电子填在 $(n-1)$d 亚层上，也称为过渡元素。

2）周期表按区划分

元素的化学性质主要决定于价电子，而周期表中"区"的划分主要是基于价电子构型的不同。根据元素最后 1 个电子填充的能级不同，将周期表中的元素分为 5 个区，这实际上是把价电子构型相似的元素集中分在一个区。

(1) s 区元素。最后 1 个电子填充在 s 轨道上的元素，价电子的构型是 ns^1 或 ns^2，位于周期表的左侧，包括 IA 和 IIA 族，它们容易失去电子形成 +1 价或 +2 价离子，它们是活泼金属。

(2) p 区元素。最后 1 个电子填充在 p 轨道上的元素，价电子构型是 $ns^2 np^{1\sim6}$，位于长周期表右侧，包括 IIIA～VIIA 族元素。稀有气体元素也属于 p 区。

s 区和 p 区的共同特点是：最后 1 个电子都排布在最外层，最外层电子的总数等于该元素的族数。s 区和 p 区就是按族划分的周期表中的主族。

(3) d 区元素。它的电子构型是 $(n-1)d^{1\sim9} ns^{1\sim2}$，最后 1 个电子基本都是填充在次外层，即 $(n-1)$ 层 d 轨道上的元素（个别也有例外），位于长周期的中部。这些元素常有可变化的氧化态。它包括 IIIB～VIIB 族和 VIII 族元素。

(4) ds 区元素。价电子层结构是 $(n-1)d^{10} ns^{1\sim2}$，即次外层 d 轨道是充满的，最外层轨道上有 1～2 个电子。它们既不同于 p 区，也不同于 d 区，故称为 ds 区，它包括 IB 和 IIB 族，周期表中处于 d 区和 p 区之间。

(5) f 区元素。最后 1 个电子填充在 f 轨道上，它包括镧系和锕系元素，由于本区包括的元素数较多（各有 15 种元素），故常将其列于周期表之下。

3）原子性质的周期性

元素的基本性质如原子半径、电离能、电子亲和能、电负性等都与原子的结构密切相关，因而也呈现明显的周期性变化。

(1) 原子半径。按照量子力学的观点，电子在核外运动没有固定轨道，只是概率分布不同。因此，对原子来说并不存在固定的半径。通常所说的原子半径，是指相邻原子的平均核间距。同一主族元素的原子半径从上到下逐渐增大，这是因为从上到下，元素原子的电子层数增多起主要作用，所以半径增大。副族元素的原子半径从上到下的变化不很明显。第五、第六周期的一些同族元素如铌和钽、钼和钨、锝和铼等它们的原子半径十分相近，这是由于镧系收缩的结果。

(2) 电离能。一个基态的气态原子失去 1 个电子成为 +1 价气态正离子所需要的能量，称为该元素的第一电离能。元素原子的第一电离能随原子序数的增加呈现明显的周期性变化。电离能的大小主要取决于原子的核电荷、半径和电子构型。在同一周期中，自左向右核电荷增加，原子核对外层电子的吸引力也增加，半径减小，故电离能也随之增大。在同一主族中，从上到下电子层数增加，原子核对外层电子的引力减小，半径增大，电离能也随之减小。

(3) 元素金属性和非金属性的周期性变化。在同一周期中，各元素原子的核外电子层数相同，从左到右，核电荷数依次增多，原子核对核外电子的吸引力逐渐增大，原子半径逐渐减小，失电子能力逐渐减弱，得电子能力逐渐增强。所以同一周期元素，从左到右,元素的金属性逐渐减弱,非金属性逐渐增强。在同一主族中,各元素原子的最外层电子数相同,从上到下,电子层数逐渐增多,原子半径逐渐增大,失去电子的能力逐渐增强,得到电子的能力逐渐减弱,所以,同一主族元素,从上到下,元素的金属性逐渐增强,非金属性逐渐减弱。

1.2 化学键与物质的性质

原子在结合成分子时,相邻原子之间存在强烈的相互作用,我们把这种相邻原子之间的强烈相互作用称为化学键。按原子间结合方式的不同,将化学键分为离子键、共价键和金属键三种类型。

1.2.1 离子键与离子晶体

离子键是阴阳离子之间通过静电作用形成的化学键。

离子键是由电子转移(失去电子者为阳离子,获得电子者为阴离子)形成的,即正离子和负离子之间由于静电作用所形成的化学键。活泼金属如钾、钠、钙等跟活泼非金属如氯、溴等化合时,都能形成离子键。离子既可以是单离子,也可以由原子团形成,如硫酸根离子、硝酸根离子等。离子键的作用力强,无饱和性,无方向性。

离子化合物在室温下是以晶体形式存在,离子间通过离子键结合而成的晶体叫做离子晶体。离子键往往是金属与非金属之间的化学键,但铵根离子也可形成离子键,离子键存在于离子化合物中。

在离子晶体中,阴、阳离子按照一定的格式交替排列,具有一定的几何外形,如NaCl是正立方体晶体(图1-3),Na^+与Cl^-相间排列,每个Na^+同时吸引6个Cl^-,每个Cl^-同时吸引6个Na^+。不同的离子晶体,离子的排列方式可能不同,形成的晶体类型也不一定相同。

离子晶体中不存在分子,通常根据阴、阳离子的数目比,用化学式表示该物质的组成,如NaCl表示氯化钠晶体中Na^+与Cl^-个数比为1∶1,$CaCl_2$表示氯化钙晶体中Ca^{2+}与Cl^-个数比为1∶2。

图1-3 氯化钠晶体

离子晶体是由阴、阳离子组成的,离子间的相互作用是较强烈的离子键。离子晶体的代表物主要是强碱和多数盐类。我们常见的离子晶体有强碱($NaOH$、KOH)、活泼金属氧化物(Na_2O、MgO、Na_2O_2)、大多数盐类[$BeCl_2$、$AlCl_3$、$Pb(Ac)_2$等除外]。

离子晶体的结构特点是:晶格上质点是阳离子和阴离子;晶格上质点间作用力是离子键,它比较牢固;晶体里只有阴离子、阳离子,没有分子。离子晶体的性质特点:有较高的熔点和沸点,因为要使晶体熔化就要破坏离子键,离子键作用力较强大,所以要加热到较高温度,硬而脆;多数离子晶体易溶于水。离子晶体在固态时有离子,但不能自由移动,不能导电,溶于水或熔化时离子能自由移动而能导电。

1.2.2 共价键与原子晶体

共价键是原子间通过电子云重叠（共用电子对）所形成的化学键。

同种元素的原子形成共价键时，它们吸引电子对的能力相同，共用电子对处在正中间，不偏向任何一个原子，由于电荷在 2 个原子核附近均匀分布，因此成键的分子不显电性，这样的共价键叫非极性共价键。非极性键可以存在于单质之中，如 H_2 中的 H—H 键；也可以存在于共价化合物之中，如 H_2O_2 中的 O—O 键；还可以存在于离子化合物之中，如 Na_2O_2 中的 O—O 键。

不同种元素的原子形成共价键时，由于它们吸引电子对的能力不同，共用电子对必然偏向吸引电子能力强的原子一方，因而吸引电子能力强的原子一方相对地显负电性，吸引电子能力弱的原子一方相对地显正电性。这样的共价键叫极性共价键，简称极性键。极性键既可以存在于共价化合物之中，如 HCl、H_2O，也可以存在于离子化合物之中，如 NaOH 中的 O—H 键、K_2SO_4 中的 S—O 键。

以非极性键结合的分子，因共用电子对不偏向任何原子，整个分子不显电性，这样的分子称为非极性分子，如 H_2、O_2、N_2 等。以极性键结合的双原子分子，共用电子对偏向吸引电子能力较强的原子，使分子中一端带部分负电荷，另一端带部分正电荷，整个分子电荷分布不均匀，正、负电荷重心不重合，这样的分子是极性分子。如 NO、HCl、CO。以极性键结合的多原子分子，可能是极性分子，也可能是非极性分子，这要取决于分子中各键的空间排列。具体的区分方法如下：

(1) 同种元素的原子形成的双原子分子一定是非极性分子，如 H_2、O_2。

(2) 不同种元素的原子形成的双原子分子一定是极性分子，如 HCl、NO、CO。

(3) 不同种元素的原子形成的多原子分子的极性主要取决于分子的空间构型，若为对称结构，则是非极性分子；若为不对称结构，则为极性分子。如直线形的 CO_2、CS_2、C_2H_2，平面正三角形的 BF_3，正四面体的 CH_4、CCl_4，都是非极性分子，因为它们的分子结构是对称的；而折线型的 H_2O、H_2S；三角锥型的 NH_3 都是极性分子，它们的分子结构都不对称。

凡靠共价键结合而成的晶体统称为原子晶体，如金刚石、晶体硅等就是以相邻原子间以共价键结合而形成的空间网状结构的晶体。例如金刚石晶体（图 1-4）是以一个碳原子为中心，通过共价键连接 4 个碳原子，形成正四面体的空间结构，每个碳环有 6 个碳原子组成，所有的 C—C 键键长为 1.55×10^{-10} m，键角为 $109°$，键能也都相等，金刚石是典型的原子晶体，熔点高达 3550℃，是自然界硬度最大的单质。

在原子晶体特性中，组成晶体的微粒是原子，原子间的相互作用是共价键，共价键结合牢固，原子晶体的熔、沸点高，硬度大，不溶于一般的溶剂，多数原子晶体为绝缘体，有些如硅、锗等是优良的半导体材料。

图 1-4 金刚石晶体模型

原子晶体中不存在分子，用化学式表示物质的组成，单质的化学式直接用元素符号表示，两种以上元素组成的原子晶体，按各原子数目的最简比写化学式。

常见的原子晶体是周期系第ⅣA族元素的一些单质和某些化合物，例如金刚石、硅晶体、SiO_2、SiC、B等。对不同的原子晶体，组成晶体的原子半径越小，共价键的键长越短，即共价键越牢固，晶体的熔点、沸点越高，例如金刚石、碳化硅、硅晶体的熔点、沸点依次降低，且原子晶体的熔点、沸点一般要比分子晶体和离子晶体高。

1.2.3 金属键与金属晶体

金属键是主要在金属中存在的一种化学键。

金属键由自由电子及排列成晶格状的金属离子之间的静电吸引力组合而成。由于电子的自由运动，金属键没有固定的方向，因而是非极性键。金属键有金属的很多特性，例如一般金属的熔点、沸点随金属键的强度而升高，其强弱通常与金属离子半径成逆相关，与金属内部自由电子密度呈正相关（可粗略看成与原子外围电子数呈正相关）。

金属晶体是由金属键形成的单质晶体。金属单质及一些金属合金都属于金属晶体，例如镁、铝、铁和铜等。金属晶体中存在金属离子（或金属原子）和自由电子，金属离子（或金属原子）总是紧密地堆积在一起，金属离子和自由电子之间存在较强烈的金属键，自由电子在整个晶体中自由运动，金属具有共同的特性，有光泽，不透明，是热和电的良导体，有良好的延展性和机械强度。大多数金属具有较高的熔点和硬度，金属晶体中，金属离子排列越紧密，金属离子的半径越小、离子电荷越高，金属键越强，金属的熔点、沸点越高。例如周期系ⅠA族金属由上而下，随着金属离子半径的增大，熔点、沸点递减。第三周期金属按 Na、Mg、Al 顺序，熔点、沸点递增。

1.2.4 分子间力与分子晶体

1. 分子间作用力

分子间作用力又被称为范德华力，按其实质来说是一种电性的吸引力。分子间作用力可以分为取向力、诱导力、色散力。

（1）取向力发生在极性分子与极性分子之间。由于极性分子的电性分布不均匀，一端带正电，一端带负电，形成偶极。因此，当2个极性分子相互接近时，由于它们偶极的同极相斥、异极相吸，2个分子必将发生相对转动。这种偶极子的互相转动，就使偶极子的相反的极相对，叫做"取向"。这时由于相反的极相距较近，同极相距较远，结果引力大于斥力，2个分子靠近，当接近到一定距离之后，斥力与引力达到相对平衡。这种由于极性分子的取向而产生的分子间的作用力，叫做取向力。

取向力的大小与偶极距的平方成正比。极性分子偶极矩越大，取向力越大；温度越高，取向力越小。

（2）诱导力存在于极性分子和非极性分子之间以及极性分子和极性分子之间。在极性分子和非极性分子之间，由于极性分子偶极所产生的电场对非极性分子发生影响，使非极性分子电子云变形（即电子云被吸向极性分子偶极的正电的一极），结果使非极性分子的电子云与原子核发生相对位移，本来非极性分子中的正、负电荷重心是重合的，相对位移后就不再重合，使非极性分子产生了偶极。这种电荷重心的相对位移叫做"变形"，因变形而产生的偶极，叫做诱导偶极，以区别于极性分子中原有的固有偶极。诱导偶极和固有偶极就相互吸引，这种由于诱导偶极而产生的作用力，叫做诱导力。

同样，在极性分子和极性分子之间，除了取向力外，由于极性分子的相互影响，每个分子也会发生变形，产生诱导偶极。其结果使分子的偶极矩增大，既具有取向力又具有诱导力。在阳离子和阴离子之间也会出现诱导力。诱导力的大小与非极性分子极化率和极性分子偶极距的乘积成正比。

（3）非极性分子不具有偶极，它们之间似乎不会产生引力，然而事实上非极性分子之间也有相互作用。例如，某些由非极性分子组成的物质，如苯在室温下是液体，碘、萘是固体；在低温下 N_2、O_2、H_2 和稀有气体等都能凝结为液体甚至固体。这些都说明非极性分子之间也存在着分子间的引力。当非极性分子相互接近时，由于每个分子的电子不断运动和原子核的不断振动，经常发生电子云和原子核之间的瞬时相对位移，也即正、负电荷重心发生了瞬时的不重合，从而产生瞬时偶极。而这种瞬时偶极又会诱导邻近分子也产生和它相吸引的瞬时偶极。虽然，瞬时偶极存在时间极短，但上述情况在不断重复着，使得分子间始终存在着引力，这种力的计算公式与光色散公式相似，因此，把这种力叫做色散力。

一般来说，分子质量越大，分子内所含的电子数越多，分子变形性越大，色散力越大。

总的来说，取向力、诱导力和色散力是分子间作用力的来源。一般极性分子与极性分子之间，取向力、诱导力、色散力都存在；极性分子与非极性分子之间，则存在诱导力和色散力；非极性分子与非极性分子之间，则只存在色散力。这三种类型的力的比例大小决定于相互作用分子的极性和变形性。极性越大，取向力的作用越重要；变形性越大，色散力就越重要；诱导力则与这两种因素都有关。但对大多数分子来说，色散力是主要的。

2. 氢键

氢键的本质是强极性键（A—H）上的氢核，与电负性很大的、含孤电子对并带有部分负电荷的原子 B 之间的静电引力。氢原子可以同时与 2 个电负性很大、原子半径较小且带有未共享电子对的原子（如 O、N、F 等）相结合。在 X—H⋯Y，X、Y 都是电负性很大、原子半径较小且带有未共享电子对的原子。X—H 中，X 有极强的电负性，使得 X—H 键上的电子云密度偏向于 X 端，而 H 显示部分正电荷；另一分子中的 Y 上也集中着电子云而显负性，它与 H 以静电力相结合，这就是氢键的本质。所以一般把形成氢键的静电引力也称为范德华力，所不同的是它具有饱和性与方向性。

3. 分子晶体

分子晶体是分子通过分子间作用力（包括范德华力和氢键）构成的晶体。分子晶体是由分子组成，可以是极性分子，也可以是非极性分子。分子间的作用力很弱，分子晶体具有较低的熔点、沸点,硬度小、易挥发,许多物质在常温下呈气态或液态,例如 O_2、CO_2 是气体,乙醇、冰醋酸是液体。同类型分子的晶体,其熔点、沸点随分子质量的增加而升高,例如卤素单质的熔点、沸点按 F_2、Cl_2、Br_2、I_2 顺序递增;非金属元素的氢化物,按周期系同主族由上而下熔点、沸点升高;有机物的同系物随碳原子数的增加,熔点、沸点升高。但 HF、H_2O、NH_3、CH_3CH_2OH 等分子间,除存在范德华力外,还有氢键的作用力,它们的熔点、沸点较高。在固态和熔融状态时都不导电。

分子组成的物质,其溶解性遵守"相似相溶"原理,极性分子易溶于极性溶剂,非极性分子易溶于非极性的有机溶剂,例如 NH_3、HCl 极易溶于水,难溶于 CCl_4 和苯;而 Br_2、I_2 难溶于水,易溶于 CCl_4、苯等有机溶剂。根据此性质,可用 CCl_4、苯等溶剂将 Br_2 和 I_2 从它们的水溶液中萃取、分离出来。

 学习资源

弱者坐待时机,强者制造时机
——居里夫人

在成名的道路上,科学家流的不是汗水而是鲜血,他们的名字不是用笔,而是用生命写成的。我以为人们在每一时期都可以过有趣而有用的生活。我们应该不虚度一生,应该能够说,"我们已经做了我能做的事",人们只能要求我们如此,而且只有这样我们才能有一点快乐。波兰人,当国家遭到奴役的时候,是无权离开自己祖国的。如果能随理想而生活,本着正直自由的精神,勇敢直前的毅力,诚实不自欺的思想而行,一定能臻于至美至善的境地。我们每天都愉快地过着生活,不要等到日子过去了才找出它们的可爱之点,也不要把所有特别合意的希望都放在未来。要把人生变成科学的梦,然后再把梦变成现实。不得不饮食、睡眠、浏览、恋爱,也就是说,我们不得不接触生活中最甜蜜的事情,不过我们必须不屈服于这些事物。人必须要有耐心,特别是要有信心。使生活变成幻想,再把幻想化为现实。人类看不见的世界,并不是空想的幻影,而是被科学的光辉照射的实际存在。尊贵的是科学的力量。在科学上重要的是研究出来的"东西",不是研究者"个人"。体操和音乐两个方面并重,才能够成为完全的人格。因为体操能锻炼身体,音乐可以陶冶精神。科学的基础是健康的身体。人要有毅力,否则将一事无成。我从来不曾有过幸运,将来也永远不指望幸运,我的最高原则是:不论对任何困难都决不屈服!我们生活似乎都不容易,但是那有什么关系?我们应该有恒心,尤其要有自信心!人类也需要富有理想的人。对于这种人说来,无私地发展一种事业是如此的迷人,以至他们不可能去关心他们个人的物质利益。人类也需要梦想者,这种人醉心于一种事业的大公无私的发展,因而不能注意自身的物质利益。荣誉就像玩具,只能玩玩而已,绝不能永远守着它,否则就将一事无成。我把你们的奖金当做荣誉的借款,它帮助我获得了初步的荣誉。借款理应归还,请把它再发给另一些贫寒而又立志争取更大荣誉的波兰青年。荣誉使我变得越来越愚蠢。当然,这种现象是很常见的,就是一个人的实际情况往往与别人认为他是怎样很不相称。比如我,每每小声咕噜一下也变成了喇叭的独奏。

复习与思考

一、填空题

1. 原子是由带正电荷的_____和带负电荷的_____构成。原子核由带正电荷的_____和不带电的_____构成。

2. 元素周期表可以分为_____个周期，_____个主族，_____个区。

3. 离子键是_____之间通过_____所形成的化学键。

二、问答题

1. 请写出下列元素的符号：
(1) 第二周期ⅢA族　　　　(2) 第二周期ⅥA族
(3) 第三周期ⅦA族　　　　(4) 第三周期ⅤA族

2. 什么是量子数，它们的物理意义是什么？

3. 请写出以下元素的电子排布式：Na、Cl、K、Cr、Zn、Cu。

第 2 章　化学物质的命名

> ☞ **能力要求**
> （1）能对实验室出现的药品正确命名。
> （2）能区分无机物的类别。
>
> ☞ **知识要求**
> （1）掌握化学命名总则、化学介词、基和根、离子、特定词条。
> （2）掌握二元化合物命名。
> （3）了解三元、四元等化合物命名。
> （4）掌握常见官能团与结构。
> （5）掌握常见有机物的命名。
>
> ☞ **教学活动建议**
> 可以收集一些药品的盒子，盒子上标明了许多化学结构式或分子式，问问学生，这些化学名称是怎么来的？如何去命名？

2.1　物质的概念与命名

2.1.1　物质的概念

世界上的物质都是化学物质，或者是由化学物质所组成的混合物。元素是物质的基本成分。元素呈游离态时为单质，呈化合态时则形成化合物，分子、原子、离子是构成物质最基本的微粒。分子能独立存在，是保持物质化学性质的一种微粒。原子是化学变化中的最小微粒，在化学反应中，原子可重新组合成新物质。

2.1.2　化学命名总则

化学基础知识告诉我们：物质分为纯净物和混合物。其中由同种元素组成的纯净物叫做单质，例如铁、铜、银。含有不同种元素的纯净物叫做化合物（由两种元素组成的化合物中，其中一种元素是氧元素的叫做氧化物），例如氯化钠、硝酸银、氧化铁。物质中化合物分为有机化合物、无机化合物。无机化合物又分为氧化物、酸、碱、盐等。

GB/T 23955—2009《化学品命名通则》将物质主要分为两类，一类是有准确定义的物质，即可完整的用定性、定量的组分定义的物质；另一类是未知或可变组分物质、复杂反应产物或生物材料物质（简称 UVCB 物质）。

化学名称即指唯一标志一种化学品的名称。这一名称可以是符合国际纯化学与应用化学联合会（IUPAC）或化学文摘社（CAS）的命名制度的名称，也可以是一种技术名称。

1. 有准确定义组成的物质及命名

物质的成分是指存在于物质中具有独特化学特性的任何单一个体。组分则是为组成配制品而有意加入的物质。

为了使物质稳定而有意加入的物质，则称为添加剂。在食品工业等领域，食品添加剂可能还有其他作用，如酸度调节剂或着色剂。

而杂质是指在生产时不希望出现在物质中的成分，它可能来自原材料或者是生产过程中副反应或不完全反应的结果，尽管不是有意加入的，但存在于最终产物中。

物质主要成分是在物质中作为该物质的有效部分的成分，不是添加剂，也不是杂质。

物质根据其组成，可以分为单成分物质和多成分物质。单成分物质是指一种成分质量分数至少为 80%，杂质质量分数不到 20% 的物质。多成分物质是指由多个质量分数 10%～80% 的主要成分组成的物质。配制品是指两种或两种以上物质组成的混合物或溶液，因其是物质的有意混合，因此不是多成分物质。

在单成分物质或多成分物质中不是主要成分的成分（除添加剂外）可被视为杂质，在有些地方也普遍称为"痕量物质"。

有准确定义化学组成的物质根据其主要成分命名。

1) 单成分物质的命名

单成分物质用主要成分命名。原则上其英文名称应按照 IUPAC 命名法命名。此外也可用其他的国际接受的命名法命名。

2) 多成分物质的命名

多成分物质用物质的主要成分的反应混合物命名，不是用生产物质所需的原料。一般格式是："[主成分名称]的混合物"。成分名称按其含量百分比由高到低的顺序排列。只在命名中出现含量高于 10% 的组分。原则上，其英文名称应按照 IUPAC 命名法命名。此外也可用其他的国际接受的命名法命名。

对于无机矿物材料各组分应采用矿物学命名。例如，磷灰石是一种多成分物质，由磷酸盐矿石组成，一般是指经磷灰石、氟磷灰石和氯磷灰石，分别由在晶格中高浓度的 OH^-、F^- 或 Cl^- 命名。这三种共有部分混合物的化学式为 $Ca_5(PO_4)_3(OH, F, Cl)$。另一个例子是霰石，它是一种特殊晶体结构的碳酸钙。

2. UVCB 物质及命名

1) UVCB 物质的通则

未知或可变组分物质、复杂反应产物或生物材料物质，也称 UVCB 物质，不能充分用其化学组分确定,是因为其组分数量相对很大,或者相当一部分组成未知,或是组成的可变性相对很大或难以预知。

(1) UVCB 物质的命名。通常 UVCB 物质的名称是用来源和加工程序合起来的格式表示:前面是来源,后面是加工程序。

生物来源的物质用物种名称表示;非生物来源的物质用原料表示;如果涉及新分子的合成,或是一种精炼步骤,如萃取、分馏、浓缩,或是剩余产物,加工程序用化学反应的类型表示。

一般反应产物的名称格式是"[原料名称]的反应产物"。原则上,其英文名称应按照 IUPAC 命名法命名。此外也可用其他的国际接受的命名法命名。建议在特定反应类型的命名中用一般的描述代替"反应"这个词,例如醋化或成盐等。

(2) 来源。来源分为生物类、化学品或矿物两组。

生物类来源。生物来源的物质要用属、种和科来定义。如瑞士石松,属是松,种是瑞士石松,科是松科,如果有关的话还有株或基因类型。在有可能的情况下还应说明物质提取的器官组织或部分,如骨髓、胰腺、茎、种子或根。

化学品或矿物来源。化学反应的产物的原料应该用 IUPAC 的英文名称描述。矿物原料应该用通用术语描述,如磷矿、铝矾土、瓷土、金属煤气、煤、泥炭。

(3) 加工程序。如果涉及新分子的合成加工程序用化学反应类型或是提炼的步骤类型定义,如提取、分离、浓缩或是提炼的剩余产物。

对于某些物质如衍生化学物质,加工程序应用提炼和合成一起来描述:

① 合成。在原料中发生特定的化学或生物学反应产生某种物质。例如格利雅反应、磺化反应、蛋白酶或脂肪酶的酶分解反应等。许多衍生反应也属于这种类型;对于合成的新物质,无法得到其化学成分,原料和化学反应的种类是其主要标志。化学反应的种类预示了物质中会存在的分子。最终的化学反应有水解、酯化、烷基化、氯化等。

② 提炼。提炼可用于很多自然来源或矿物来源的物质,提炼过程中其化学成分不变,只是它的某成分的浓度发生变化,如冷加工植物组织,然后用酒精萃取。

2) 特殊类型的 UVCB 物质

特殊类型的 UVCB 物质有碳链长度不定的物质、从油或油类来源中提取的物质和酶。

(1) 碳链长度不定的物质的命名。这类 UVCB 物质包括不定碳链长度的长链烷基物质,如烷烃和烯烃。这些物质从天然脂肪、油类中提取或通过合成得到。天然脂肪来源于植物或动物。通常从植物中得到的长碳链物质的碳链长度是偶数,而从动物中得到的长碳链物质的碳链长度还会有奇数。合成的长碳链物质的碳链长度奇数和偶数都有。

这类物质的成分有一个共同结构特征:一个或多个长链烷基带有一个官能团。不同一个或多个的烷基的特征其成分也会彼此不同,不同的烷基特征包括:碳链长度(碳原子数目)、饱和度、结构(直链型或支链型)、官能团位置。

各成分的化学名称可以用以下三个指标完整、系统地命名:

烷基指标，描述烷基的碳链中的碳原子数目。通常烷基指标 $C_{x\sim y}$ 指饱和的烷基，直链烷基包括从 x 到 y 的所有链长，如 $C_{8\sim 9}$ 表示 C_8、C_9、C_{10}、C_{11} 和 C_{12}；如果烷基指标仅指偶数或奇数个碳原子的烷基链，应指出，如 $C_{8\sim 12(偶数)}$；如果烷基指标仅指不饱和的烷基，应指出，如 $C_{12\sim 22(不饱和)}$；短链烷基不涵盖长链的，反之亦然，如 $C_{10\sim 14}$ 与 $C_{8\sim 18}$ 不一致；烷基指标还可以指出烷基链的来源，如可可脂或油脂。然而碳链长度的分布和来源一致。

官能团指标，确定物质性质的官能团，如胺基、铵、羧酸。

盐指标，盐的正/负离子，如钠离子（Na^+）、碳酸根离子（CO_3^{2-}）、氯离子（Cl^-）。

上述系统是 UVCB 类型物质命名的基础，用来描述碳链长度不同的物质，但不适用于有准确定义的物质，有准确定义的物质应用明确的化学结构来定义。

（2）来自油或油类来源的物质的命名。取自油（石油物质）或油类来源（如煤）的物质是组分复杂、可变或部分组分不明确的物质。下面用石油物质作为例子解释如何鉴别这种类型的 UVCB 物质。同样的方法也适用于其他取自油类来源的物质，如煤。

石油加工工业用的原料可能是原油，或经过一道或多道工序精馏而得的油。最终产物的组分取决于生产使用的原油（原油的组分取决于原产地）及后续的精炼程序。因此自然地，加工程序对石油物质的组分有单独的影响。

石油物质的名称建议按照一项已建立的命名法系统命名。名称的组成一般包括精炼程序、流出原料及主要组分或特征。如果物质中的 4 环到 6 环的芳烃质量分数超过 5%，这个信息要出现在描述中。对于有 EINECS 编号的物质，应使用 EC 目录中的名称。

（3）酶的命名。酶通常是通过微生物发酵生产的，有时也来自植物或动物体。液相酶的浓度取决于发酵或提取及后续提纯、除水的程序、活性酶蛋白质和其他发酵后剩余的成分，即蛋白质、缩氨酸、氨基酸、糖类、脂类和无机盐。

酶物质一般含质量分数为 10%～80% 的酶蛋白质。其他成分含量各不相同，取决于所用的生物体产品、发酵中间体、发酵程序的操作参数、还有所用的下游提纯，表 2-1 中列出了典型的组分。

表 2-1　酶物质典型的组分

典型组分	质量分数/%	典型组分	质量分数/%
活性酶蛋白质	10～80	脂类	0～5
其他蛋白质＋缩氨酸和氨基酸	5～55	无机盐	1～45
糖类	3～40	总量	100

由于酶的可变和部分未知组分，它应被视为一种"UVCB 物质"。酶蛋白质应被视为 UVCB 物质的一种成分。高纯酶可被认作有准确定义组分（单成分或多成分）的物质，应按有准确定义物质命名。

酶的名称按照 IUBMB（国际生物化学和分子生物学联合会）命名法规定命名。

IUBMB 分类系统对每种类型的酶和催化反应性质提供了唯一的由 4 个阿拉伯数字组成的编号（如 α-amylase 是 3.2.1.1）。每组编号包含不同的氨基酸次序和来源，但是酶的功能都是一样的。物质的鉴别应使用 IUBMB 命名法中的名称和编号。IUBMB 命名法将酶分为氧化还原酶类、转移酶类、水解酶类、裂合酶类、异构酶类、连接酶类等六大类。

2.2 无机化合物命名

2.2.1 无机化合物命名总则

1. 化学介词的概念

无机化合物的命名，应力求简明并确切地表示出被命名物质的组成和结构。这就需要用元素、根或基的名称来表达该物质中的各个组分；用"化学介词"（起着连接名词的作用）来表达该物质中各组分的连接情况。

化合物的系统名称是由其基本构成部分名称连缀而成的。化学介词在文法上就是连缀基本构成部分名称以形成化合物名称的连缀词。列举如下。

1) 化

表示简单的化合。如氯原子（Cl）与钾原子（K）化合而成的 KCl 就叫氯化钾，氢氧基（HO—）与钠原子（Na）化合而成的 NaOH 就叫氢氧化钠。

2) 合

表示分子与分子或分子与离子相结合。如 $CaCl_2 \cdot H_2O$ 叫水合氯化钙，H_3O^+ 叫水合氢离子。

3) 代

(1) 表示取代母体化合物中的氢原子。如 NH_2Cl 叫氯代氨，$NHCl_2$ 叫二氯代氨，$ClCH_2COOH$ 叫氯代乙酸。

(2) 表示硫（或硒、碲）取代氧。如 $H_2S_2O_3$ 硫代硫酸，$HSeCN$ 叫硒代氰酸。

4) 聚

表示 2 个以上同种的分子互相聚合。如 $(HF)_2$ 叫二聚氟化氢，$(HOCN)_3$ 叫三聚氰酸，$(KPO_3)_6$ 叫六聚偏磷酸钾。

2. 基和根

基和根是指在化合物中存在的原子基团，若以共价键与其他组分结合者叫做基，以电价键与其他组分结合者叫做根。基和根一般均从其母体化合物命名，称为某基或某根。基和根也可以用连缀其所包括的元素名称来命名，价已满的元素名放在前面，未满的放在后面，见表 2-2。

表 2-2　常见基团和根命名

母体化合物	基团	根
NH_3（氨）	—NH_2（氨基）	NH_4^+（铵根）
HOH（水）	—OH（羟基）	OH^-（氢氧根）
HCN（氰化氢）	—CN（氰基）	CN^-（氢氰酸根）
H_2S（硫化氢）	—SH［硫基（氢硫基）］	SH^-（氢硫酸根）
H_2CO_3（碳酸）	＞C=O（羰基）	CO_3^{2-}（碳酸根）、HCO_3^-（碳酸氢根）
HNO_3（硝酸）	—NO_2（硝基）	NO_3^-（硝酸根）
HNO_2（亚硝酸）	—NO（亚硝基）	NO_2^-（亚硝酸根）
H_2SO_4（硫酸）	—SO_2OH（磺酸基）	SO_4^{2-}（硫酸根）
H_2SO_3（亚硫酸）	—SO_2H（亚磺酸基）	SO_3^{2-}（亚硫酸根）

3. 离子

元素的离子，根据元素名称及其化合价来命名。例如 Cl^-、Na^+ 带电的原子团，如上所述称为某根；若需指明其为离子时，则称为某离子或某根离子。

例如 HSO_4^- 为硫酸氢根离子，SiF_6^{2-} 为氟硅酸根离子，SO_4^{2-} 为硫酸根离子。

4. 常用化学词冠

常用化学词冠起修饰作用，以表达此物质的某一特点。见表 2-3。

表 2-3　化学词冠

词冠	含义	举例
正	表示此元素（原子或离子）显示着最常见的化合价态（"正"字常省略）	$SnCl_4$［氯化（正）锡］，$NiCl_2$［氯化（正）镍］
亚	表示某元素的价态低于最常见的价态	$SnCl_2$（氯化亚锡），FeO（氧化亚铁）
过	表示化合物里有过氧基或过硫基	H_2O_2（过氧化氢）
多	表示化合物内某元素的原子数很多	$(NH_4)_2S_x$（多硫化铵）
超	表示化合物中含有超氧基	KO_2（超氧化钾）

2.2.2　二元化合物命名

只含有两种元素的化合物叫做二元化合物。二元化合物的名称是在两种元素的名称中加化学介词"化"字缀合而成的。在名称中，非金属元素名称放在前面，金属元素名称放在后面。

化合物中两种元素的化合物可以有两种方法表示：一种是标明金属性组分的化合价；另一种是标明化学组成。为使二元化合物尽可能只用一种命名方法，特规定如下。

1. 只标明化合物组分

（1）在二元化合物中，金属元素通常仅有一种化合价者，该元素的化合价不需另加词头标明。例如

NaCl 氯化钠　　Al$_2$O$_3$ 氧化铝　　CaCl$_2$ 氯化钙

K$_2$O 氧化钾　　LiH 氢化锂　　　MgS 硫化镁

（2）在二元化合物中，金属元素通常有两种化合价。例如：Fe 的化合物，FeO（氧化亚铁）及 Fe$_2$O$_3$（氧化铁）就用此法命名。

在二元化合物的命名中，经常会使用到"正""亚""高"。金属性元素最常见的化合价，在名称中用词头"正"字表示，"正"字一般均省略。低于常见化合价的价数用词头"亚"字表示，高于常见化合价的价数用词头"高"字表示。例如

HgO（氧化汞）　　SnCl$_4$（氯化锡）　　Hg$_2$O（氧化亚汞）　　SnCl$_2$（氯化亚锡）

Fe$_2$O$_3$（氧化铁）　　Co$_2$O$_3$（氧化高钴）　　FeO（氧化亚铁）　　CoO（氧化钴）

CuCl$_2$（氯化铜）　　Ni$_2$O$_3$（氧化高镍）　　CuCl（氯化亚铜）　　NiO（氧化镍）

2. 标明化学组成

凡不属"1"法命名的二元化合物，都用此方法命名。本方法至少包括一个数字词头，当名称中有两个"一"字时就不能全部略去，而只可略去后一个"一"字。例如一氧化一氮就只能简化成一氧化氮，不宜简化成氧化一氮，更不可简化成氧化氮。

（1）非金属二元化合物都用此法命名。例如

B$_4$C（一碳化四硼）　　NO（一氧化氮）　　　NO$_2$（二氧化氮）

N$_2$O（一氧化二氮）　　N$_2$O$_4$（四氧化二氮）　　N$_2$O$_3$（三氧化二氮）

FeP（一磷化铁）　　Fe$_2$P（一磷化二铁）

（2）二元化合物中，金属元素虽然通常仅有一种或两种化合价，但所形成的二元化合物其组成不符合常见的化合价时（如 AlCl，Fe$_3$O$_4$ 等），或其电价尚不清楚时（如 As$_2$S$_2$）也用此法命名。例如

AlCl（一氯化铝）　　FeS$_2$（二硫化铁）　　AlO（一氧化铝）

Fe$_3$S$_4$（四硫化三铁）　　KO$_2$（二氧化钾）　　Cs$_2$S$_4$（四硫化二铯）

K$_2$O$_3$（三氧化二钾）　　Cs$_2$S$_5$（五硫化二铯）　　Fe$_3$O$_4$（四氧化三铁）

Fe$_7$S$_8$（八硫化七铁）　　CaO$_4$（四氧化钙）　　Cs$_2$S$_3$（三硫化二铯）

（3）化合价通常不止两种的金属元素，其二元化合物用此法命名。例如

MnO［一氧化（一）锰］　　Mn$_2$O$_7$（七氧化二锰）　　Mn$_2$O$_3$（三氧化二锰）

3. 水溶液呈酸性的二元氢化物

水溶液是酸性的二元氢化物，除按一般二元化合物命名外，在水溶液中还可以视作无氧酸（也叫氢酸），命名为氢某酸，见表 2-4。

表 2-4　二元氢化物命名

化学式	气体	水溶液	化学式	气体	水溶液
H$_2$F$_2$	氟化氢	氢氟酸	HCN	氰化氢	氢氰酸
HCl	氯化氢	氢氯酸,盐酸	HBr	溴化氢	氢溴酸
H$_2$S	硫化氢	氢硫酸	HI	碘化氢	氢碘酸

4. 过氧化物和过硫化物

仅含过氧基—O—O—和过硫基—S—S—的二元化合物可分别称为过氧化某和过硫化某。

H_2O_2　　H—O—O—H　　（过氧化氢）
Na_2O_2　　Na—O—O—Na　　（过氧化钠）
Na_2S_2　　Na—S—S—Na　　（过硫化钠）

2.2.3　三元、四元等化合物命名

1. 用特定的根基名称命名

三元、四元等化合物，若其组成的根基具有特定的名称时，则应在尽可能的情况下，采用二元化合物的命名法。例如 KCN（氰化钾）、Co(OH)$_3$（氢氧化高钴）、BaSO$_4$（硫酸钡）。

2. 命名的次序

几种非金属元素同时与一种金属元素结合时，或几种金属元素同时与一种非金属元素结合时，也应在尽可能的情况下，采用二元化合物的命名法，只是在名称中将非金属性较强的组分名放在前面，金属性较强的组分名放在后面。这种名称中的数字词头，在不致误会时，可以略去。例如复盐：KAl(SO$_4$)$_2$（硫酸铝钾）、(NH$_4$)$_2$Fe(SO$_4$)$_2$（硫酸亚铁铵）。

2.2.4　简单含氧酸及简单含氧酸盐命名

1. 简单含氧酸

根据酸中含氧与否，可将酸分为含氧酸和无氧酸。含氧酸含有 X—O—H 键，有的亦含有 X—O 键等。

含氧酸种类繁多，有正酸、原酸、偏酸、亚酸、次酸、高酸、连酸、过氧酸、同多酸、杂多酸、某代酸（代氧，如硫代硫酸）、某取代酸（取代羟基，如卤磺酸）等。例如 H_2SO_4、HNO_3、H_3PO_4 等。命名一般为某酸，例如 H_2SO_4（硫酸）、H_3PO_4（磷酸）。

在含氧酸中，由同一元素生成的各种组成元素相同的酸，可按其中所含氧原子数多少按顺序冠以高、（正）、亚或次。其中最常见的酸定名为（正）某酸，比它氧原子数多的冠以高字，比它少的冠以亚字，更少的冠以次字。例如 $HClO_4$（高氯酸）、$HClO_3$（正氯酸）、$HClO_2$（亚氯酸）或 $HClO$（次氯酸）。

(1) 原酸。含氧酸根的化合价与其中氧原子数相同的酸，称为原酸。命名为原某酸。例如 H_4SiO_4（原硅酸）。

(2) 偏酸。正酸缩去 1 水分子而成的酸，称为偏某酸。例如 H_2SiO_3（偏硅酸）。

(3) 焦酸。由 2 个简单含氧酸缩去 1 分子水。通常命名为焦酸，也有称重酸。例如 $2H_2SO_4 - H_2O = H_2S_2O_7$（焦硫酸）、$2H_2CrO_4 - H_2O = H_2Cr_2O_7$（重铬酸）。

判断含氧酸的强弱的方法是将含氧酸改写成 $(OH)_mXO_n$ 的形式，例如 H_2CO_3 改写成 $(OH)_2CO$。

根据 n 的值的判断含氧酸的强弱，例如

如果 $n=0$，则为极弱酸如 $HClO$—$(OH)Cl$；

如果 $n=1$，则为弱酸如 H_2SiO_3—$(OH)_2SiO$；

如果 $n=2$，则为强酸 H_2SO_4—$(OH)_2SO_2$；

如果 $n=3$，则为超强酸如 $HClO_4$—$(OH)ClO_3$。

2. 简单含氧酸盐

酸中能电离的氢全部被金属根或金属性取代而成的盐，命名为某酸某（金属）。

在含氧酸盐名称中，化合价通常恒定的金属元素，其价数不必标明；化合价通常仅有两种的金属元素，其价数用亚、（正）、高等词头来标明，和二元化合物所规定的相同。

化合价通常不止两种的金属元素，其价数一般用一价、二价、三价等词头标明。但是为了使这些金属元素常见的含氧酸盐名称能够简明起见，特对下述金属元素的某些常见价数规定用亚、（正）或高等词头标明，且正字通常省略。例如

只有一个价态：

Na_2CO_3（碳酸钠）　$ZnSO_4$（硫酸锌）　$AlAsO_4$（砷酸铝）

有两种价态：

Cu_2CO_3（碳酸亚铜）　　$CuCO_3$（碳酸铜）　　$FeSO_4$（硫酸亚铁）

$Fe_2(SO_4)_3$（硫酸铁）　$CoSO_4$（硫酸钴）　　$Co_2(SO_4)_3$（硫酸高钴）

$PbSO_4$（硫酸铅）　　$Pb(SO_4)_2$（硫酸高铅）

化合价通常不止两种者：

$MnSO_4$（硫酸锰）、$Mn_2(SO_4)_3$（硫酸三价锰）

2.2.5　酸式盐与碱式盐命名

酸式盐中的氢用"氢"字表示，羟基盐中的氢氧基用"羟"来表示。其数目用一、二、三等词头表示，一字通常省略。例如

酸式盐：NaH_2PO_4（磷酸二氢钠）　Na_2HPO_4（磷酸氢二钠）

碱式盐：$Cu(OH)IO_4$（碘酸羟铜）　$V(OH)_2(SO_4)_3$［硫酸二羟二钒（V）］

2.2.6　混盐和复盐命名

混盐和复盐命名时，在名称中将电负性较强者放在前面；有几个电正性组分同时存在时，则从右往左命名。混盐和复盐也可视作分子化合物来命名，在名称中将分子质量较小者放前。例如

混盐：

Ca(NO₃)Cl（氯化硝酸钙）　　NH₄MgPO₄（磷酸镁铵）
Ca(OCl)Cl（氯化次氯酸钙）　KCaP₄（磷酸钙钾）
KNaCO₃（碳酸钠钾）
复盐：
KCl·MgCl₂·6H₂O（六水合氯化镁氯化钾，俗名光卤石）
Fe(NH₄)₂(SO₄)₂（硫酸亚铁铵）

2.2.7　硼化合物命名

凡含硼的化合物都用"硼××"或"××硼"字来标明；硼和氢的化合物都用"硼氢××"或"××硼烷"来标明；含硼阴离子都用"硼酸根"来标明。例如
BCl₃（三氯化硼）　　B₂F₄（四氟化二硼）　　TiB₂（二硼化钛）
AlB₁₂（十二硼化铝）　NaBF₄（四氟硼酸钠）　NH₄[B(C₆H₅)₄]（四苯基硼酸铵）
BH₃[甲硼烷（3）]　B₄H₁₀[丁硼烷（10）]

2.2.8　配位化合物命名

对配位化合物命名时，按以下顺序进行命名：配位体数（中文数字）—配位体名称—合—中心原子（金属离子）及电荷数（罗马数字加括号）。若有多种配体，则
（1）不同配体间以"·"分开（若只有2个配体，圆点可省略）。
（2）先无机配体，后有机配体；先阴离子，后中性分子。
例如：　[Cu(NH₃)₄]Cl₂　　[氯化四氨合铜（Ⅱ）]
　　　　K[Co(NH₃)₄Cl₂]　　[二氯·四氨合钴（Ⅰ）酸钾]

2.2.9　同多酸和同多酸盐

由2个或2个以上同种简单含氧酸分子缩水而成的酸叫做同多酸，命名方法是：由 r 分子正某酸 H_mXO_n（或原某酸 H_mXO_n）缩去 q 分子水而成的同多酸，称为"q 缩 r 某酸"（或 q 缩 r 原某酸）。焦酸（重酸）也可以说是属于同多酸之列，但因为比较简单而常见，所以在简单含氧酸中已述及。同多酸盐有两种命名法。

（1）按照同多酸的名称，称为"几缩几某酸几某"（或几缩几原某酸几某）；因为阳离子数已注明，所以几缩二字可以省去。此命名法常用，例如 Na₄B₂O₅ [（一缩）二硼酸四钠]。

（2）将同多酸盐按比例解析成为酸酐或碱酐来命名。在名称中将酸酐与碱酐的比例用阿拉伯数字表示，写在名称前的方括号中，名称为 [X:Y] 某酸某。例如

实验式	按（1）法命名	解析式	按（2）法命名
Na₄B₂O₅	[（一缩）二硼酸四钠]	2Na₂O·B₂O₃	（[1:2]硼酸钠）
Na₂Mo₂O₇	[（一缩）二钼酸二钠]	Na₂O·2MoO₂	（[2:1]钼酸钠）
Na₄V₂O₇	[焦钒酸钠、（一缩）二钒酸四钠]	2Na₂O·V₂O₅	（[1:2]钒酸钠）
Na₂B₄O₇	[（五缩）四硼酸二钠]	Na₂O·2B₂O	（[2:1]硼酸钠）
Na₂W₂O₇	[（一缩）二钨酸二钠]	Na₂O·2WO₃	（[2:1]钨酸钠）

2.2.10 杂多酸和杂多酸盐

杂多酸是由不同的含氧酸缩合而制得的缩合含氧酸的总称。杂多酸杂多酸命名有两种方法。两法都是将杂多酸解析为水、成酸的金属氧化物及非金属或两性金属所成的酸，并据此命名。但以阿拉伯数字在名前记出其数目比例这一方法较好。常见的杂多酸所含的水分子数及各项组分的数目比例通常省略。例如

$2H_3SbO_4 \cdot 5WO_3 \cdot H_2O$　　　　　（一水合五钨二锑酸）

或　$Sb_2O_5 \cdot 5WO_3 \cdot 4H_2O$　　　　（[4:5:2]水合钨锑酸，简称：钨锑酸）

　　$H_3PO_4 \cdot 12MoO_3 \cdot 12H_2O$　（十二水合十二钼磷酸）

或　$P_2O_5 \cdot 24MoO \cdot 27H_2O$　　（[27:24:2]水合钼磷酸，简称：钼磷酸）

杂多酸盐命名法同杂多酸，常见杂多酸盐所含水分子数及各项组分的数目比例通常均予略去。例如

$2K_2WO_4 \cdot 4MoO_3 \cdot 12H_2O$　（十二水合四钼二钨酸钾）

或 $2K_2O \cdot 2WO_3 \cdot 4MoO_3 \cdot 12H_2O$（[12:4:2:2]水合钼钨酸钾，简称：钼钨酸钾）

2.2.11 加成化合物

对于一些结构尚未确定的加成化合物，不应采用"合"介词命名，而是在各组成化合物名称之间加中圆点"·"来命名，并且在名称的最后用加括号的阿拉伯数字来表示各组成化合物的分子数。当这种加成化合物的结构一旦确定之后，就应该按照配位化合物的命名规则来命名。例如

$3CdSO_4 \cdot 5H_2O$　　　　　　　　　[硫酸镉·水(3/5)]

$Na_2CO_3 \cdot 10H_2O$　　　　　　　　[碳酸钠·水(1/10) 或 十水合碳酸钠]

$K_2SO_4 \cdot Al_2(SO_4)_3 \cdot 24H_2O$　　[硫酸钾·硫酸铝·水(1/1/24) 或 钾铝矾]

笼形化合物：

$8H_2S \cdot 46H_2O$　　　　　　　　　[硫化氢·水(8/46)]

$8CHCl_3 \cdot 16H_2S \cdot 136H_2O$　　　[氯仿·硫化氢·水(8/16/136)]

$C_6H_6 \cdot NH_3 \cdot Ni(CN)_2$　　　　　[苯·氨·氰化镍(1/1/1)]

$8Kr \cdot 46H_2O$　　　　　　　　　　[氪·水(8/46)]

$6Br_2 \cdot 46H_2O$　　　　　　　　　[溴·水(6/46)]

学习资源

营 养 素

营养素（nutrient）是指食物中可给人体提供能量、机体构成成分和组织修复以及生理调节功能的化学成分。凡是能维持人体健康以及提供生长、发育和劳动所需要的各种物质均称为营养素。现代医学研究表明，人体所需的营养素不下百种，其中一些可由自身合成、制造，但无法自身合成、制造必须由外界摄取的有40余种，精细分后，可

概括七大营养素：人体所必需的营养素有蛋白质、脂肪、糖、无机盐（矿物质）、维生素、水和纤维素。健康的继续是营养，营养的继续是生命。不论男女老幼，皆为生而食，为了延续生命现象，必须摄取有益于身体健康的食物。

1. 蛋白质

蛋白质是维持生命不可缺少的物质。人体组织、器官由细胞构成，细胞结构的主要成分为蛋白质。机体的生长、组织的修复、各种酶和激素对体内生化反应的调节、抵御疾病的抗体的组成、维持渗透压、传递遗传信息，无一不是蛋白质在起作用。婴幼儿生长迅速，蛋白质需要量高于成人，平均每天每公斤体重需要 2g 以上。肉、蛋、奶、豆类含丰富优质蛋白质，是每日必须提供的。

2. 脂肪

脂肪是储存和供给能量的主要营养素。每克脂肪所提供的热能为同等重量碳水化合物或蛋白质的 2 倍。机体细胞膜、神经组织、激素的构成均离不开它。脂肪还起保暖隔热；支持保护内脏、关节、各种组织；促进脂溶性维生素吸收的作用。

3. 碳水化合物

碳水化合物是为生命活动提供能源的主要营养素，它广泛存在于米、面、薯类、豆类、各种杂粮中，是人类最重要、最经济的食物。这类食物每日提供的热卡应占总热卡的 60%～65%。

4. 维生素

维生素对维持人体生长发育和生理功能起重要作用，可促进酶的活力或为辅酶之一。

5. 矿物质

矿物质是人体主要组成物质，碳、氢、氧、氮约占人体重总量的 96%，钙、磷、钾、钠、氯、镁、硫占 3.95%，其他则为微量元素共 41 种，常为人们提到的有铁、锌、铜、硒、碘等。每种元素均有其重要的、独特的、不可替代的作用。

 复习与思考

一、填空题

请正确命名下列化合物：

HCN ____ H_2O_2 ____ K_2O ____ Mn_2O_3 ____ $ZnSO_4$ ____

二、问答题

请根据下列名称写出正确的化合物：

磷酸氢二钠　　磷酸二氢钠　　硫酸铁　　硫酸亚铁　　过氧化钠　　铵根离子

氢氰酸根离子　　巯基　　　　硝基　　　硫酸根　　　亚硫酸根

第3章 物质的状态与相变

> ☞ **能力要求**
> (1) 能够计算气体压强。
> (2) 能够在实际生产当中控制压强。
> (3) 能够在实际生产当中,做到加快水分蒸发,延长食品储藏期。
> (4) 可以正确地使用超临界萃取设备。
> (5) 可以分离提纯溶液。
>
> ☞ **知识要求**
> (1) 了解气体状态方程及气体的分压定律和分体积定律。
> (2) 掌握液体的蒸发、蒸汽压、沸点、凝固。
> (3) 掌握气体的液化——临界现象。
> (4) 了解晶体的一般特性及分类。
> (5) 了解晶格和晶格的分类。
>
> ☞ **教学活动建议**
> 带学生参观仪器实验室,让学生了解液相色谱仪、气相色谱仪等仪器。

物质重要的存在形态有固态、液态、气态、等离子态等。固态物质具有形状和体积,它们的分子紧紧地结合在一起。液态物质也有体积,但没有形状,相比之下,它们的分子结合得要松散一些,因而液体可以被倾倒到一个容器中以测量它们的体积。气体既没有体积也没有形状,它们的分子会自由地移动,从而充满任何一个可以封闭它们的容器。等离子态是由等量的带负电的电子和带正电的离子组成。

1. 气态物质

我们的生活空间被大量气体包围着。许多古人观察到:风能够将较细的树干吹弯了腰,烧开的水中会冒出气泡。因此早期的哲学家相信有一种称为"空气"的元素存在,并具有上升的倾向。17世纪时,托里切利证明空气和固体、液体一样具有重量。到了18世纪,化学家证明了空气是多种气体的混合物,并且在化学反应中发现了许多气体。这些新发现的气体立刻就有了实际的应用,例如从煤中提炼出的气体就可以产生光与热。

2. 液态物质

液体的粒子会互相吸引而且离得很近,所以不易将固定体积的液体压缩成更小的体积或是拉大成更大的体积。受热时，液体粒子间的距离通常都会增加，因而造成体积膨胀。当液体冷却时，则会发生相反的效应而使体积收缩。液体可以溶解某些固体，例如将食盐放入水中，食盐颗粒好像会渐渐消失。其实是因为食盐溶于水后电离出钠离子与氯离子，并均匀分布在水中，形成一种水溶液。此外，液体还可以溶解气体或其他液体。

3. 固态物质

固态物质具有固定的形状，液体和气体则没有。想要改变固体的形状，就必须对它施力。例如挤压或拉长可以改变固体的体积，但通常变化不会太大。大部分固体加热到某种程度都会变成液体，若是温度继续升高则会变成气体。不过有些固体在受热之后就会分解，例如石灰石。晶体与金属是最重要的两种固体。

4. 等离子态物质

将气体加热，当其原子达到几千甚至上万摄氏度时，电子就会被原子"甩"掉，原子变成只带正电荷的离子。此时，电子和离子带的电荷相反，但数量相等，这种状态称做等离子态。人们常年看到的闪电、流星以及荧光灯点燃时，都是处于等离子态。人类可以利用它放出大量能量产生的高温、切割金属、制造半导体元件、进行特殊的化学反应等。在茫茫无际的宇宙空间里，等离子态是一种普遍存在的状态。宇宙中大部分发光的星球内部温度和压力都很高，这些星球内部的物质差不多都处于等离子态。宇宙中绝大部分物质都处于等离子态，固、液、气才是真正的比较稀少的物质状态。只有那些昏暗的行星和分散的星际物质里才可以找到固态、液态和气态的物质。

3.1 气 体

3.1.1 理想气体与实际气体

1. 理想气体

理想气体是指分子本身的体积和分子间作用力都可以忽略不计的气体，又称"完全气体"，是理论上假想的一种把实际气体性质加以简化的气体。人们把在任何情况下都严格遵守三定律（玻意耳定律、查理定律和盖·吕萨克定律）的气体称为理想气体，一般可认为温度不低于0℃、压强不高于1.01×10^5Pa时的气体。也就是说一切实际气体并不严格遵循这些定律，只有在温度较高、压强不大时，偏离才不显著。

当实际气体的状态变化规律与理想气体比较接近时，在计算中常把它看成是理想气体。这样，可使问题大为简化而不会发生大的偏差。

2. 实际气体

实际气体分子本身有一定体积，其真正体积比表观的体积小，实际气体分子间有相互作用力,因此其真正压力比表观的压力大。

实验表明,一切实际气体都只是近似地遵守玻意耳定律、查理定律和盖·吕萨克定律。当气体压强不太大(与大气压比较)、温度不太低(与室温比较)时,实际测量的结果与上述定律得出的结果相差不大。当压强很大、温度很低时,实际测量结果和由上述定律得出的结果有很大差别。表 3-1 列出了几种常见气体在 0℃ 和不同压强下,压强和体积的乘积 pV 的实验值。实验所取的气体在 0℃、1.013×10^5 Pa 时的体积为 1L。

从表 3-1 可见,在气体压强为 $1.013\times10^5 \sim 1.013\times10^7$ Pa 时,实验结果与玻意耳定律相差不大;压强超过 1.013×10^7 Pa 时,实验值跟理论值之间已有显著的偏离;当压强达到 1.013×10^8 Pa 时,玻意耳定律已完全不能适用了。

表 3-1 不同气体压强与 pV 乘积变化

$p/1.013\times10^5$ Pa	$pV/1.013\times10^5$ Pa·L			
	H_2	N_2	O_2	空气
1	1.000	1.000	1.000	1.000
100	1.0690	0.9941	0.9265	0.730
200	1.1380	1.0483	0.9140	1.0100
500	1.3565	1.3900	1.1560	1.3400
1000	1.7200	2.0685	1.7355	1.9920

为什么实际气体在压强很大时不能遵守玻意耳定律呢?这是因为玻意耳定律只适用于理想气体。理想气体是一个理论模型,从分子动理论的观点来看,这个理论模型主要有如下三个特点:

(1) 分子本身的大小比起分子之间的平均距离来可以忽略不计。

(2) 气体分子在做无规则运动过程中,除发生碰撞的瞬间外,分子相互之间以及分子与容器器壁之间,都没有相互作用力。

(3) 分子之间以及分子与器壁之间的碰撞是完全弹性的,即气体分子的总动能不因碰撞而损失。

这个模型,对于压强很大、体积大大缩小的真实气体,显然是不适用的。主要原因是:

第一,分子本身占有一定的体积。分子半径的数量级为 10^{-10} m,把它看成小球,每个分子总的固有体积为 $n_0 V \approx 1.2\times10^{-4}$ m^3,跟气体的体积比较,约为它的万分之一,可以忽略不计。这时,实际气体的性质近似于理想气体,能遵守玻意耳定律。当压强很大时,例如 $p=1000\times1.013\times10^5$ Pa,假定玻意耳定律仍能适用,气体的体积将缩小为原来的 1/1000,分子的固有体积约占气体体积的 1/10(按实验结果看,气体体积也缩小为原来的 1/500,分子的固有体积约占气体体积的 1/20)。在这种情况下,分子的固有体积,已经不能忽略不计了。所以在高压下的气体性质表现出与理想气体有偏离。由于气体能压缩的体积只是分子和分子之间的那一部分空间,分子本身的体积是不能压缩的,即气体的可压缩的体积比它的实际体积小,这种效应,使得实际气体的 pV,在压强较大时,比由玻意耳定律给出的理论值偏大。

第二,分子间有相互作用力。当压强较小时,气体分子间距离较大,分子间的相互作用力可以不计，因此实际气体的性质近似于理想气体。但当压强很大时，分子间距离变小，分子间的相互吸引力增大，靠近器壁的气体分子受到向内的吸引力，使分子在垂直于器壁方向上的动量减小，因而气体对器壁的压强比不存在分子间的吸引力时的压强要小。这种效应，使得实际气体在压强较大时实测的 pV 值比由玻意耳定律计算出来的理论值偏小。

同样，查理定律和盖·吕萨克定律用于实际气体也有偏差，任何一种气体的相对压力系数和体胀系数并不总是等于 $1/273℃$，都随温度略有变化。各种气体的压强系数和体胀系数也略有差异，如表 3-1 所示。这种差异，也是前面讲的两个原因造成的。

3.1.2 气体状态方程

1. 理想气体状态方程

理想气体状态方程式也称理想气体定律、克拉佩龙方程，是描述理想气体在处于平衡态时，压强、体积、物质的量、温度间关系的状态方程。

理想气体状态方程式为

$$pV=nRT$$

由于 $n=m/M$，所以上式可改写成

$$pV=\frac{m}{M}RT$$

式中　　p——气体压强，Pa；

V——气体体积，m^3；

m——理想气体质量，g；

M——摩尔质量，g/mol；

n——气体的物质的量，mol；

T——体系温度，K；

R——为比例系数，J/(mol·K)；摩尔表示状态方程中，对任意理想气体而言 R 是一定的，约为 8.314J/(mol·K)。

【例 3.1】　水银气压计中混进了空气，因而在 27℃，外界大气压为 758mmHg（1mmHg=133.32Pa）时，这个水银气压计的读数为 738mmHg，此时管中水银面距管顶 80mm，当温度降至 −3℃ 时，这个气压计的读数为 743mmHg，求此时的实际大气压值为多少毫米汞柱？

解　根据题意有：

$p_1=758-738=20$mmHg

$V_1=80S$mm³（S 是管的横截面积）

$T_1=273+27=300$K

$p_2=p-743$mmHg

$V_2=(738+80)S-743S=75S$（mm³）

$T_2=273+(-3)=270$K

$n_1=n_2$

将数据代入理想气体状态方程：$\dfrac{p_1 V_1}{T_1} = \dfrac{p_2 V_2}{T_2}$

$$\frac{20 \times 82S}{300} = \frac{(p-743) \times 75S}{270}$$

解得 $p = 762.2 \text{mmHg}$

理想气体状态方程式只适用于理想气体，对实际气体仅在高温、低压下近似适用。

2. 实际气体状态方程式

1873 年范德瓦尔斯针对理想气体模型的两个假定，考虑了分子自身占有的体积和分子间的相互作用力，对理想气体状态方程进行了修正。分子自身占有的体积使其自由活动空间减小，在相同温度下分子撞击容器壁的频率增加，因而压力相应增大。如果用 $V_m - b$ 表示每摩尔气体分子自由活动的空间，参照理想气体状态方程，气体压力应为 $p = RT/(V_m - b)$。另一方面，分子间的相互吸引力使分子撞击容器壁面的力量减弱，从而使气体压力减小。压力减小量与一定体积内撞击器壁的分子数成正比，又与吸引它们的分子数成正比，这两个分子数都与气体的密度成正比。因此，压力减小量应与密度的平方成正比，也就是与摩尔体积的平方成反比，用 a/V_m^2 表示。这样考虑上述两种作用后，气体的压力为

$$p = \frac{RT}{V_m - b} - \frac{a}{V_m^2}$$

或

$$\left[p + \frac{a}{V_m^2}\right](V_m - b) = RT$$

这就是范德瓦尔斯状态方程式。它在理想气体状态方程的基础上又引入两个常数：$a[(\text{m}^6 \cdot \text{Pa})/\text{mol}^2]$、$b(\text{m}^3/\text{mol})$ 称为范德瓦尔斯常数，其值可由实验测定的数据确定。

3.1.3 气体的分压定律和分体积定律

1. 分压定律

气体的分压定律即道尔顿定律，即理想气体中某一组分 B 的分压等于该组分单独存在于混合气体的温度 T 及总体积 V 的条件下所具有的压力。而混合气体的总压即等于各组分单独存在于混合气体的温度、体积条件下产生压力的总和。

1801 年，道尔顿指出混合气体的总压等于组成混合气体的各气体的分压之和。

分压是指组分气体单独占有混合气体体积时所呈现的压力。

$$p_1 + p_2 + p_3 + \cdots + p_i = p_总$$

在等温等容下，组分气体的分压与混合气体总压之比，应等于它们相应的"物质的量"之比。

$$\frac{p_i}{p_总} = \frac{n_i}{n_总} \quad \text{或} \quad p_i = \frac{n_i}{n_总} p_总 = x_i p_总$$

式中，n_i/n 总称组分气体的"物质的量分数"（也称"摩尔分数"），用 x_i 表示。这一原

理,称为道尔顿分压定律。

2. 分体积定律

气体的分体积定律即阿马加定律,即理想气体混合物的总体积 V 为各组分分体积之和。

根据理想气体的气态方程式,同温同压下,各气体物质体积比必等于它们的"物质的量"之比。即

$$V_i/V_总 = n_i/n_总 = x_i$$

分体积与总体积之比 $V_i/V_总$,称组分气体的体积分数,它在数值上即等于其摩尔分数,即

$$p_i = \frac{n_i}{n_总}p_总 = x_i p_总 = \frac{V_i}{V_总}p_总$$

3.2 液 体

3.2.1 液体的蒸发和蒸汽压

1. 蒸发过程

蒸发指的是物质从液态转化为气态的相变过程。当一液体分子接近液体表面,具有适当的运动方向和足够大的动能时,摆脱邻近分子的引力逃逸到液面上方的空间变为蒸汽分子。

蒸发量是指在一定时段内,水分经蒸发而散布到空中的量,通常用蒸发掉的水层厚度的毫米数表示。一般温度越高、湿度越小、风速越大、气压越低、则蒸发量就越大;反之蒸发量就越小。在蒸发过程中,液体蒸发不仅吸热还有使周围物体冷却的作用。当液体蒸发时,从液体里跑出来的分子,要克服液体表面层的分子对它们的引力而做功。这些分子能做功,是因为它们具有足够大的动能。比平均动能大的分子飞出液面,速度大的分子飞出去,而留存液体内部的分子所具有的平均动能变小了。所以在蒸发过程中,如外界不给液体补充能量,液体的温度就会下降。这时,它就要通过热传递方式从周围物体中吸取热量,于是使周围的物体冷却。

影响蒸发的主要因素有三点:

其一是与温度高低有关。温度越高,蒸发越快。无论在什么温度,液体中总有一些速度很大的分子能够飞出液面而成为汽分子,因此液体在任何温度下都能蒸发。如果液体的温度升高,分子的平均动能增大,从液面飞出去的分子数量就会增多,所以液体的温度越高,蒸发得就越快。

其二是与液面面积大小有关。如果液体表面面积增大,处于液体表面附近的分子数目增加,因而在相同的时间里,从液面飞出的分子数就增多,所以液面面积增大,蒸发就加快。

其三是与空气流动有关。当飞入空气里的汽分子和空气分子或其他汽分子发生碰撞

时，有可能被碰回到液体中来。如果液面空气流动快，通风好，分子重新返回液体的机会越小，蒸发就越快。

2. 饱和蒸汽压

液体中的液态分子在一定外界条件下会蒸发为气态分子，同时气态分子也会撞击液面回归液态。这是单组分系统发生的两相变化，一定时间后，即可达到平衡。平衡时，气态分子含量达到最大值，这些气态分子对液体产生的压强称为饱和蒸汽压，简称蒸汽压。其主要特征是：

（1）液体中能量较高的分子有脱离液面进入气相的倾向，是产生气态分子的原因。蒸汽压正是用来衡量这一倾向程度的量，它是液体的自有属性，如外界温度、压力条件一定，就有确定的数值。比如若在密闭容器中装满液体，液体没有空间形成蒸汽，自然也不会对液体产生压力，但蒸汽压作为液体本质属性依然存在，不能说此时液体的蒸汽压为0。

（2）蒸汽压本质上是描述单组分体系气液两相平衡时具备的特征，具有热力学上的意义。

（3）若将液体放入一真空容器中，当液体系统气液两相平衡时，外压相当于此条件下的液体蒸汽压。

（4）若液体非在真空容器中，而是在惰性气体中，外压不再相当于液体蒸汽压。

（5）蒸汽压越大表示液体内分子的逃逸倾向越大，即越容易挥发。

3.2.2 液体的沸腾和沸点

温度升高，液体蒸汽压增大，当液体蒸汽压与外界压力相等时，称之为沸腾。在沸腾时，液体的气化是在整个液体中进行，与蒸发在液体表面进行是有区别的。液体的沸腾温度与外界压力密切相关，当外界压力增大，沸腾温度升高；外压减小，沸腾温度降低。我们把外压等于一个标准大气压（101.325kPa）时液体沸腾温度称做正常沸点，简称沸点。水的沸点随外界压力的变化，如表3-2所示。

表3-2 各种压力下水的沸腾温度

压力/kPa	沸腾温度/℃	压力/kPa	沸腾温度/℃	压力/kPa	沸腾温度/℃
47.34	80	270.2	130	792.3	170
71.00	90	361.5	140	1004	180
101.325	100	476.2	150	1554	200
198.6	120	618.3	160	3978	250

利用液体沸腾温度随外界压力而变化的特性，我们可以通过减压或在真空下使液体沸腾点降低的方法来分离和提纯那些在正常沸点下会分解或正常沸点很高的物质。工业上及实验室中所使用的减压（或真空）蒸馏操作就是基于这一原理。

3.2.3 气体的液化——临界现象

气体变成液体的过程叫做液化或凝聚。液化有降低温度和压缩体积两种方式。任何气体在温度降到足够低时都可以液化；在一定温度下，压缩气体的体积也可以使某些气体液化（或两种方法兼用）。但压缩体积时，如果气体温度高于其临界温度，则无法压缩使其液化。

临界状态指纯物质的气、液两相平衡共存的极限热力状态。在此状态时，饱和液体与饱和蒸气的热力状态参数相同，气-液之间的分界面消失，因而没有表面张力，气化潜热为零。处于临界状态的温度、压力和比容，分别称为临界温度、临界压力和临界比容。例如水的临界温度 T 为 647.30K、临界压力 T_c 为 22.1287MPa、临界比容 v_c 为 0.00317m^3/kg。

在临界温度，降温加压是使气体液化的条件。但只加压，不一定能使气体液化，应视当时气体是否在临界温度以下。如果气体温度超过临界温度，无论怎样增大压强，气态物质也不会液化。例如，水蒸气的临界温度为 374℃，远比常温度要高，因此水蒸气平常极易冷却成水。其他如乙醚、氨、二氧化碳等的临界温度高于或接近室温，这样的物质在常温下很容易被压缩成液体。但也有一些临界温度很低的物质，如氧、空气、氢、氦等都是极不容易液化的气体，其中氦的临界温度为 -268℃。要使这些气体液化，必须具备一定的低温技术和设备，使它们达到它们各自的临界温度以下，而后再用增大压强的方法使其液化。

物质的压力和温度同时超过它的临界压力（p_c）和临界温度（T_c）的状态，或者说，物质的对比压力（p/p_c）和对比温度（T/T_c）同时大于 1 的状态称为该物质的超临界状态。超临界状态是一种特殊的流体。在临界点附近，它有很大的可压缩性，适当增加压力，可使它的密度接近一般液体的密度，因而有很好的溶解其他物质的性能，例如超临界水中可以溶解正烷烃。另一方面，超临界态的黏度只有一般液体的 1/12～1/4，但它的扩散系数却比一般液体大 7～24 倍，近似于气体。

3.2.4 相图

1. 相与态

被人为划定作为研究对象的物质叫系统。在一个系统中，物理性质和化学性质完全相同并且组成均匀的部分称为相。如果系统中只有一个相叫做单相系统，含有两个或两个以上相的系统则称为多相系统。

系统中若只有一种液体，无论是纯液体（如水）还是真溶液（如 NaCl 水溶液）也总是单相的。若系统里有两种液体，则情况较复杂。酒精和水这两种液体能以任意比例混合，则是单相系统，而乙醚与水其中间有液-液界面隔开，为互不相溶的油和水在一起构成两相系统。

相和态是两个不同的概念，态是指物质的聚集状态，如上述由乙醚和水所构成的系统，只有一个状态——液态，却包含有两个相。

相和组分也不是一个概念。例如同时存在水蒸气、液态水和冰的系统是三相系统，但这个系统中只有一个组分——水。

2. 相平衡

在一定的条件下,当一个多相系统中各相的性质和数量均不随时间变化时,称此系统处于相平衡。一个系统可以是多组分的并含有许多相。当相与相间达到物理的和化学的平衡时,则称系统达到了相平衡。

相平衡的热力学条件是各相的温度和压力相等,任一组分在各相的化学势相等。化工热力学研究的两相系统的平衡,有气-液平衡、气-固平衡、汽-液平衡、汽-固平衡、液-液平衡、液-固平衡和固-固平衡;相数多于二的系统,有气-液-固平衡、汽-液-液平衡等。系统处于相平衡状态时,各相的温度、压力都相同,它们的组成一般不相同。

3. 水的相图

冰、水、水蒸气的化学组成相同,三者之间的转化没有发生化学变化,却发生了相的变化。固、液、气三相之间的转化称为相变,相变达到平衡状态时称为相平衡。为了表示水的固、液、气三态之间在不同温度和压力下的平衡关系,以压力为纵坐标,温度为横坐标,表达系统状态及温度和压力间关系的图称为相图或状态图。

水的相图由三条线、三个区和一个点组成,如图 3-1 所示。OC 线是水的蒸汽压曲线,它代表了水和蒸气两相平衡关系随温度和压力的变化。OC 线上的各点表示在某一温度下所对应的水的蒸汽压,或达到水的某一蒸汽压时,所需的对应温度。所以 OC 线上的各点表示的是水和其蒸汽长久共存的温度和压力条件。C 点为临界点,该点的温度是 374℃,称临界温度(高于此温度时,不论多大的压力也不能使水蒸气液化);此点的压力是 2.21×10^4 kPa,称临界压力(临界温度时使水蒸气液化所需要的压力)。

图 3-1 水的相图

OA 线是冰的蒸汽压曲线(又称为冰的升华曲线),线上各点表示冰与其蒸气长期共存的温度和压力条件。OB 线是水的凝固曲线,线上各点表示水与冰达成平衡时对应的温度和压力条件。OB 线几乎与纵坐标平行,说明压力变化对水的凝固点变化影响不大。

三条曲线的交点 O 点表示冰、水、水蒸气三相共存时的温度和压力,故称为三相点。三相点是纯水在它自己饱和蒸汽压力下的凝固点,其蒸汽压为 0.611kPa,温度为 0.00981℃。要维持三相平衡,须保持此温度和压力,改变任何一个条件则会使三相平衡遭到破坏,而冰点是在 101.325kPa 下被空气饱和的水和冰的平衡温度,冰点的温度为 0℃。纯水三相点的温度和压力是由我国物理化学家黄子卿教授首先精确测定的。

三条曲线将图分为三个区,AOC 是气相区,BOC 是液相区,AOB 为固相区。每个区内只存在水的一种状态,称单相区。如在 AOC 区域内,在每一点相应的温度和压力下，水都呈气态。在单相区中，温度和压力可以在一定范围内同时改变而不引起状态变化即相变，因此，只有同时指明温度和压力，系统的状态才能完全确定。

3.3 固　　体

固体是物质存在的一种状态，与液体和气体相比固体有比较固定的体积和形状、质地比较坚硬。通过其组成部分之间的相互作用，固体的特性可以与组成它的粒子的特性有很大的区别。

根据固体内部质点排列可将固体分为晶体和非晶体。呈有规则的空间排列形成晶体；毫无规律排列形成非晶体（温度突然下降到液体的凝固点以下，物质内部的质点来不及进行有规则地排列时形成），如玻璃、石蜡、沥青等。

3.3.1　晶格和晶格的分类

晶体内部原子是按一定的几何规律排列的。为了便于理解，把原子看成是一个小球，则金属晶体就是由这些小球有规律堆积而成的物体。为了形象地表示晶体中原子排列的规律，可以将原子简化成一个点，用假想的线将这些连接起来，构成有明显规律性的空间格架。这种表示原子在晶体中排列规律的空间格架叫做晶格。

1. 14 种晶格

晶体的外形是晶体内部结构的反映，是构成晶体的质点（离子、分子或原子）在空间有一定规律的点上排列的结果。这些有规律的点称为空间点阵，空间点阵中的每一个点都叫做结点。

晶体就其点阵形式而言有 14 种：

(1) 立方 P、四方 P、正交 P、单斜 P、三斜 P（P 表示"不带心"）。
(2) 立方 I、四方 I、正交 I（I 表示有"体心"）。
(3) 立方 F、四方 F、正交 F（F 表示有"面心"）。
(4) 正交 C、单斜 C（C 表示"有底心"）。
(5) 六方 H、三方 R（R 和 H 表示三方和六方点阵）。
(6) 三方、六方、三斜都"不带心"，它们只有一种形式。

如图 3-2 所示正交 C，上下面中心均有结点；正交 I，立体中心有结点。

正交C

正交I

图 3-2　晶格示意图

2. 晶胞

晶格是实际晶体的所属点阵结构的代表，晶体结构的代表是晶胞。整个晶体可以看成是由平行六面体的晶胞并置而成的，因此每个晶胞中各种质点的比应与晶体一致。另外晶胞在结构的对称性也要与晶体一致。只有这样最小的平行六面体才为晶胞。

在 CsCl 晶胞中只有 1 个 Cs$^+$ 处于体心处,8 个顶点有 8 个 Cl$^-$。在 NaCl 晶胞中,Na$^+$ 4 个,Cl$^-$ 4 个 晶胞是晶体的代表,通过晶胞判断点阵属于 14 晶格中的哪一种,首先要把晶胞中环境不同的质点分开来,观察它们的排列方式,如图 3-3 所示。

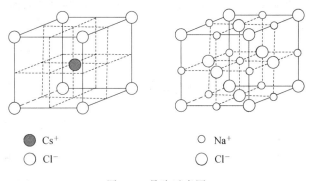

图 3-3 晶胞示意图

3.3.2 晶体的一般特性

1. 有一定的几何外形

自然界的许多晶体都有规则的几何外形。发育完整的食盐是立方体,水晶(即石英晶体,SiO$_2$)是六角棱柱,方解石(CaCO$_3$)晶体是菱形体(也称三方晶体)。

不过,有一些物质,在形成晶体时由于受到外界条件的影响,并不具备整齐的外形,却具有晶体的性质。如很多矿石和土壤的外形不像水晶等那样有规则,但它们基本上属于结晶形态的物质。大多数无机化合物和有机化合物,甚至植物的纤维和动物的蛋白质都可以以结晶形态存在。

非晶体如玻璃、松香、石蜡、动物胶和沥青等,无一定的几何外形,所以常称之为无定形态。可见,几何外形并不是晶体与非晶体的本质区别。

2. 有固定的熔点

在一定的外界压力下,将晶体加热到某一温度(熔点)时,晶体开始熔化。在全部熔化之前,继续加热,温度不会升高,直到晶体全部熔化。然后,继续加热,温度才能升高。这一事实说明晶体具有固定的熔点。

而非晶体则不同,加热时非晶体首先软化(塑化),继续加热,黏度变小,最后成为流动性的熔体。从开始软化到全熔化的过程中温度不断升高,没有固定的熔点。我们把非晶体开始软化时的温度叫软化点。

3. 某些性质各向异性

晶体的某些性质如光学性质、力学性质和电学性质等有各向异性。如云母呈片状分裂,石墨晶体的电导率沿石墨层方向比垂直层方向大得多。非晶体是各向同性的。

4. 有一定的对称性

通过一定的操作，晶体的结构能完全复原，我们把这一性质称之为对称性。若晶体和它在镜中的像完全相同，且没有像左右手那样的差别，则晶体具有平面对称性。若晶体中任一原子（或离子）与晶体中某一点连一直线，将此线延长，在和此点等距离的另一侧有相同的另一原子（或离子），那么晶体具有中心对称性，此点叫对称中心，除此还有其他的对称性。

晶体可有一种或几种对称性，而非晶体则没有。

5. 面角守恒

晶体内部的有规则的平面称为晶面。对于特定的晶体来说，它的晶面与晶面之间夹角（晶面角）是特定的。对于某一确定物质的晶体来说，不论是完整的晶体，还是外形不规则的晶体，其晶面角总是不变的。如果把晶体破坏，甚至碾成粉末，最后所得的每一颗粒仍具有相同的晶面角。因此，只要我们能测出晶面间的夹角，即知晶轴的夹角，也就能准确推测出任一晶体所属的晶系种类。

3.3.3 液体的凝固

凝固点是晶体物质凝固时的温度，不同晶体具有不同的凝固点。在一定压强下，任何晶体的凝固点，与其熔点相同。同一种晶体，凝固点与压强有关。凝固时体积膨胀的晶体，凝固点随压强的增大而降低；凝固时体积缩小的晶体，凝固点随压强的增大而升高。在凝固过程中，液体转变为固体，同时放出热量。所以物质的温度高于熔点时将处于液态；低于熔点时，就处于固态。非晶体物质则无凝固点。

液-固共存温度浓度越高，凝固点越低。液体变为固体的过程叫凝固。

凝固点指的是一个温度，在这个温度时，液体会逐渐变成固体。各种液体的凝固点是不一样的。酒精的凝固点是$-117.3℃$，当在$-117.3℃$以下的酒精就是固体。

3.3.4 固体的熔化

熔化是通过对物质加热，使物质从固态变成液态的相变过程。熔化要吸收热量，是吸热过程。

晶体有固定的熔化温度，叫做熔点，与其凝固点相等。晶体吸热温度上升，达到熔点时开始熔化，此时温度不变。晶体完全熔化成液体后，温度继续上升。熔化过程中晶体是固-液共存态。

熔点是晶体的特性之一，不同的晶体熔点不同。同一晶体的熔点与大气压有关。压力越大，熔点越低；压力越小，熔点越高。

非晶体没有固定的熔化温度。非晶体熔化过程与晶体相似，只不过温度持续上升，但需要持续吸热。

学习资源

约翰·道尔顿

化学是在近代兴起的一门学科,无数的科学先驱者为这门学科奠定了理论基础,英国物理学家、化学家约翰·道尔顿就是其中的一位。道尔顿既具有敏锐的理论思维头脑,又具有卓越的实验才能,尤其是在对原子的研究方面取得了非凡的成果,因而被称为"近代化学之父",成为近代化学的奠基人。

1766年9月6日,道尔顿生于英格兰北方坎伯雷鹰田庄,1844年在曼彻斯特过世,终生未娶。父亲是一位兼种一点薄地的织布工人,母亲生了6个孩子,有3个因生活贫困而夭折。道尔顿6岁起在村里教会办的小学读书。刚读完小学,就因家境困难而辍学,生活艰辛,还是一个红绿色盲患者。但是他酷爱读书,以惊人的毅力,在农活的空隙还坚持读书,自学成才。

 复习与思考

一、填空题

1. 理想气体分子和分子之间、分子和器壁之间的碰撞是_____的,分子体积和分子间作用力_____。

2. 理想气体总体积V与各组分气体体积之和_____。

3. 理想气体某一组分的分压与总压之比_____相应物质的量之比。

4. 晶体有_____的熔点,非晶体的熔点_____。

5. 固体的熔化需要_____热量,液体凝固需要_____热量。

6. 当液体的蒸汽凝聚速度和蒸发速度相等时,体系可以达到动态平衡,这时蒸汽产生的压强叫做_____。

7. 液体蒸汽压随温度升高而_____,当液体蒸汽压与外界相等时,称之为_____。

二、问答题

1. 什么是理想气体?什么是实际气体?它们有什么区别?

2. 某温度下,将 1.013×10^5 Pa 的 N_2 2L 和 0.5065×10^5 Pa 的 O_2 3L 放入6L的真空容器中,求 N_2 和 O_2 的分压及混合气体总压。

第 4 章　化学反应基本理论

☞ **能力要求**
(1) 可以正确确认化学反应速率的表示方法。
(2) 可以灵活地选择改变化学反应速率的方法。
(3) 在可逆反应中，能采取方法有效的提高转化率和生产率。

☞ **知识要求**
(1) 了解化学反应速率的概念并掌握化学反应速率的表示方法。
(2) 掌握碰撞理论，了解过渡态理论。
(3) 掌握浓度、压强、温度、催化剂对化学反应速率的影响。
(4) 掌握及应用化学平衡移动。

☞ **教学活动建议**
在课堂现场演示实验，如钠与水的反应，钠的快速旋转，提问学生这是什么原因？也可以观看录像，许多食品原料进入食品厂后，为什么要放到冷库里？

4.1　化学反应速率

对于一个化学反应，当判断出反应方向后，并不表示该反应一定能用于生产实际，因为一个在热力学上可进行的化学反应，其反应速率的快慢将直接决定该反应的应用前景。化学反应的速度千差万别，有的反应可以在瞬间完成，如酸碱中和反应；有的反应可以很慢，需要几年、几十年甚至几万年。而在实际生产中，人们总是希望那些有利的反应进行得越快越好，那些不利的反应，如金属腐蚀等，进行得越慢越好。

4.1.1　化学反应速率的基本概念

化学反应速率用单位时间内反应物浓度或生成物浓度的变化来表示。在容积不变的反应器中，通常是指在单位时间内反应物浓度的减小或生成物浓度的增加来表示，即

$$v = \frac{\Delta c}{\Delta t}$$

式中　v——反应速率，mol/(L·s)，或 mol/(L·min) 和 mol/(L·h)；

c——反应物或生成物的浓度，Δc 表示其浓度变化（取其绝对值），单位常用 mol/L；

t——时间，Δt 表示时间变化，单位可选 s、min、h 等。

1. 化学反应平均速率的表示方法

绝大多数的化学反应在进行中，反应速率是不断变化的，因此在描述化学反应速率时可选用平均速率。对于反应 $m\text{A} + n\text{B} = p\text{C} + q\text{D}$ 以各种物质表示的平均速率为

$$v_A = \frac{\Delta c_A}{\Delta t}, v_B = \frac{\Delta c_B}{\Delta t}, v_C = \frac{\Delta c_C}{\Delta t}, v_D = \frac{\Delta c_D}{\Delta t}$$

【例 4.1】 在测定 $K_2S_2O_8$ 与 KI 反应速率的实验中，所得数据为

$$S_2O_8^{2-}(\text{aq}) + 3I^-(\text{aq}) = 2SO_4^{2-}(\text{aq}) + I_3^-(\text{aq})$$

c_0/(mol/L)	0.077	0.077	0	0
c_{90s}/(mol/L)	0.074	0.068	0.006	0.003

计算反应开始后 90s 内的平均速率？

解
$$v_{S_2O_8^{2-}} = \frac{\Delta c_{S_2O_8^{2-}}}{\Delta t} = \frac{0.074 - 0.077}{90 - 0} = 3.3 \times 10^{-5} \text{mol/(L·s)}$$

$$v_{I^-} = \frac{\Delta c_{I^-}}{\Delta t} = -\frac{0.068 - 0.077}{90 - 0} = 1.0 \times 10^{-4} \text{mol/(L·s)}$$

$$v_{S_2O_4^{2-}} = \frac{\Delta c_{S_2O_4^{2-}}}{\Delta t} = \frac{0.006 - 0}{90 - 0} = 6.7 \times 10^{-5} \text{mol/(L·s)}$$

$$v_{I_3^-} = \frac{\Delta c_{I_3^-}}{\Delta t} = \frac{0.003 - 0}{90 - 0} = 3.3 \times 10^{-5} \text{mol/(L·s)}$$

$$v_{S_2O_8^{2-}} = \frac{1}{3} v_{I^-} = \frac{1}{2} v_{S_2O_4^{2-}} = v_{I_3^-}$$

计算表明，反应速率用不同物质表示时，其数值不相等，而实际上它们所表示的是同一反应速率。因此在表示某一反应速率时，应标明是哪种物质的浓度变化。但是，若都除以反应物前的计量系数，则得到相同的反应速率值。

【例 4.2】 在 400℃ 下，把 0.1mol CO 和 0.1mol NO_2 引入体积为 1L 的容器中，每隔 10s 抽样，快速冷却，终止反应，分析 CO 的浓度结果如表 4-1 所示。

表 4-1 实验数据

c_{CO}/(mol/L)	0.100	0.067	0.050	0.040	0.033
t/s	0	10	20	30	40

解

0～10s CO 平均速率：$v_{CO} = -\frac{\Delta c_{CO}}{\Delta t} = -\frac{0.067 - 0.100}{10 - 0} = 0.0033 \text{mol/(L·s)}$

10～20s CO 平均速率：$v_{CO} = -\frac{\Delta c_{CO}}{\Delta t} = -\frac{0.05 - 0.067}{20 - 10} = 0.0017 \text{mol/(L·s)}$

20～30s CO 平均速率：$v_{CO} = -\frac{\Delta c_{CO}}{\Delta t} = -\frac{0.040 - 0.050}{30 - 20} = 0.0010 \text{mol/(L·s)}$

30~40s CO 平均速率：$v_{CO}=-\dfrac{\Delta c_{CO}}{\Delta t}=-\dfrac{0.033-0.040}{40-30}=0.0007\text{mol}/(\text{L}\cdot\text{s})$

从计算结果可以看出，同一物质在不同的反应时间内，其反应速率不同。随着反应的进行，反应速率在减小，而且始终在变化；因此平均速率不能准确地表达出化学反应在某一瞬间的真实反应速率。

2. 速率方程与反应级数

从大量的实验中发现，大多数化学反应，反应物浓度增大，反应速率增大。因此得到了质量作用定律：在恒温下，反应速率与各反应物浓度的相应幂的乘积成正比。

对于一般反应 $mA+nB=pC+qD$

$$v = k c_A^\alpha \cdot c_B^\beta \tag{4-1}$$

式 (4-1) 称为反应速率方程。式中比例常数 k 称为反应的速率常数，其数值与浓度无关，但受反应温度的影响；不同的反应 k 值不同，同一反应 k 与浓度无关，但同一反应不同温度下 k 也不同。其单位由反应级数来确定，通式为：$\text{mol}^{1-n}\cdot\text{L}^{n-1}\cdot\text{s}^{-1}$，$\alpha$ 和 β 称为反应物 A 和 B 的反应级数，$\alpha+\beta$ 称为总反应级数。反应级数可以是整数，也可以是分数，它表明了反应速率与各反应物浓度之间的关系，即某一反应物浓度的改变对反应速率的影响程度。反应的速率方程一般是通过实验得到的，但对于基元反应，可以根据反应方程式直接写出。速率方程所表示的为瞬时反应速率。

3. 基元反应与反应机理

在化学上，把从反应物经一步反应就直接转变为生成物的反应称为基元反应。而把从反应物经多步反应才转变为生成物的反应称为复杂反应（非基元反应）；显然，复杂反应是由两个或两个以上的基元反应组成的。对于一个化学反应，是否是基元反应，与反应进行的具体历程有关，是通过实验确定的。

质量作用定律适用于基元反应，速率方程可以直接根据反应方程式写出，并应用其进行计算。但对于复杂反应来说，不能直接根据化学方程式写出速率方程，其速率方程的获得是通过实验得到的。人们通过研究发现，质量作用定律的速率方程适用于复杂反应中的每一步基元反应。如反应：

基元反应　$2NO(g)+O_2(g)=\!=\!=2NO_2(g)$　　　$v=kc_{NO}^2\cdot c_{O_2}$
复杂反应　$2NO(g)+2H_2(g)=\!=\!=N_2(g)+2H_2O(g)$　　　$v=kc_{NO}^2\cdot c_{H_2}$

对于基元反应，可直接由质量作用定律写出速率方程；而对于非基元反应，反应速率与氢气浓度的一次方成正比，而不是二次方，不适用质量作用定律，不能直接根据反应式写出速率方程。原因在于，该反应是分步进行的，具体反应历程为

$2NO(g)+H_2(g)=\!=\!=N_2(g)+H_2O_2(g)$　　　慢反应
$H_2O_2(g)+H_2(g)=\!=\!=2H_2O(g)$　　　快反应

在两个反应中，第二个反应进行得很快，即 $H_2O_2(g)$ 一旦出现，反应迅速发生，生成 $H_2O(g)$；而第一个反应进行得较慢，因此总的反应速率取决于第一步慢反应的速率，由于每一步反应均为基元反应，所以根据质量作用定律，可以得到反应的速率方程为

$$v = kc_{NO}^2 \cdot c_{H_2}$$

大多数复杂反应的速率方程中,浓度的指数与方程式的计量系数是不一致的,其反应级数必须由实验来确定;但如果知道了复杂反应的机理,即知道了它是由那些基元反应组成的,就可以根据质量作用定律写出其速率方程。

需要注意的是,以上的讨论都是基于均相反应,对于有固体或纯液体参与的反应,如果它们不溶于反应介质中,则不出现在表达式中。

4.1.2 化学反应速率理论

化学反应速率千差万别,除了浓度、温度及催化剂外,其本质原因还是物质本身性质决定的,是微观粒子相互作用的结果。如何去阐明这些微观现象的本质,这属于反应速率理论的问题。为了解决这个问题,化学家提出了各种揭示化学反应内在联系的模型,其中最重要、应用最广泛的是有效碰撞理论和过渡状态理论。

1. 碰撞理论

该理论认为,发生化学反应的先决条件是反应物分子之间要相互碰撞,但是当分子间发生碰撞的部位不匹配或碰撞的能量不足时,往往是碰撞的结果不能引发化学反应。实验证明只有当某些具有比普通分子能量高的分子在一定的方位上相互碰撞后,才有可能引起化学反应。在动力学中,把能导致化学反应发生的碰撞称为有效碰撞,能发生有效碰撞的分子称为活化分子。由气体分子运动论可知,气体分子在容器中不断地做无规则运动,它们通过无数次的碰撞进行能量交换,并使每个分子具有不同的能量。

图 4-1 用统计方法得出了在一定温度下,气体分子能量分布的规律,即分子能量分布曲线。它表示在一定温度下,气体分子具有不同的能量。图中 $E_{平}$ 表示分子的平均能量,E_1 表示活化分子的平均能量,它是发生化学反应分子所必须具有的能量,即只有当气体中有些能量大于或等于 E_1 的分子相互碰撞后,才能发生有效碰撞,才能引起化学反应。图中的 $E_1 - E_{平} = E_a$,E_a 称活化能。对于任何一个具体的化学反应,在一定温度下,均有一定的 E_a。E_a 越大的反应,由于能满足这样大的能量的分子数越少,因而有效碰撞次数越少,使化学反应速率越慢。反之亦然。

图 4-1 气体分子能量分布规律

具备了足够能量的碰撞也并不都发生反应,碰撞的取向也将影响碰撞的结果,只有当碰撞处于有利取向时才发生反应。如 CO 与 NO_2 碰撞时,只有 CO 中的 C 与 NO_2 中的 O 迎头相碰时才会发生化学反应。有效碰撞理论为深入研究化学反应速率与活化能的关系提供了理论依据,但它并未从分子内部原子重新组合的角度来揭示活化能物理意义。

2. 过渡态理论

反应速率的另一个理论是过渡状态理论，又称为活化配合物理论。该理论认为：在化学反应过程中，当反应物分子充分接近到一定的程度时，分子所具有的动能转变为分子内相互作用的势能，而使反应物分子中原有的旧化学键被削弱，新的化学键在逐步形成，形成一个势能较高的过渡状态 [ON⋯O⋯CO]，该过渡态极不稳定，因此，活化配合物一经形成就极易分解。它既可分解为产物 NO 和 CO_2，也可分解为原反应物 NO_2 和 CO 分子。当活化配合物 [ON⋯O⋯CO] 中靠近 C 原子的那一个 N—O 键完全断开，新形成的 O—C 键进一步强化时，即形成了产物 NO 和 CO_2，此时整个体系的势能降低，反应即告完成。

$$NO_2 + CO \rightleftharpoons [N\overset{O}{\underset{|}{-}}O\cdots C\text{—}O] \longrightarrow CO_2 + NO$$

图 4-2　反应过程中热能变化示意图

图 4-2 为反应过程中势能变化示意图。图中 M 点对应的能量为基态活化配合物 [ON⋯O⋯CO] 的势能。A 点对应的能量为基态反应物（NO_2+CO）分子对的势能，B 点对应的能量为基态生成物（NO+CO_2）分子对的势能。在过渡状态理论中，所谓活化能是指使反应进行所必须克服的势能垒，即图中 M 与 A 的能量差，因而属理论活化能范畴。由此可见，过渡状态理论中活化能的定义与分子碰撞理论中活化能的定义有所不同，但其含义实质上是一致的。

4.1.3　影响化学反应速率的因素

化学反应的速率大小，主要取决于物质的本性，也就是内因起主要作用。比如，一般的无机反应速率较快，而有机反应相对较慢。但一些外部条件，如浓度、压力、温度和催化剂等，其对反应速率的影响也是不可忽略的。

1. 浓度对化学反应速率的影响

当增加反应物的浓度时，化学反应的速率增大时，除正反应速率增大外，逆反应速率也相应增大，这是因为，随着反应的进行，反应物的一部分转化为生成物，因此，生成物的浓度比原浓度也相应增大，故而，逆反应速率也相应增大。但正逆反应速率增大的倍数是不同的。正反应速率增大的倍数要大于逆反应速率增大的倍数。对于零级反应，由于其反应级数为零，所以其反应速率与浓度无关。

2. 压强对化学反应速率的影响

对于有气体参与的化学反应，其他条件不变时（除体积），增大压强，即体积减小，反应物浓度增大,单位体积内活化分子数增多,单位时间内有效碰撞次数增多,反应速率加快;反之则减小。若体积不变,加压(加入不参加此化学反应的气体)反应速率就不变。因为浓度不变,单位体积内活化分子数就不变。但在体积不变的情况下,加入反应物,同样是加压,增加反应物浓度,速率也会增加。

3. 温度对化学反应速率的影响

浓度改变,可以引起反应速率的变化,对于反应级数较大的反应比较明显,而对于反应级数较小的反应则影响较小,所以在实际生产中的应用受到了较大的限制。对于大多数反应,温度升高,反应速率增大,只有极少数反应(如 NO 氧化生成 NO_2)例外。实验证明,反应温度每升高 10℃,反应速率增大 2~4 倍。

1889 年阿仑尼乌斯提出了反应速率常数与温度之间关系式——阿仑尼乌斯方程:

$$k = Ae^{-E_a/RT} \tag{4-2}$$

式中　k——特定的反应速率常数,min^{-1};

　　　A——指前因子,min^{-1};

　　　E_a——活化能,J/mol;

　　　R——摩尔气体常数,为 8.32J/(mol·K);

　　　T——热力学温度。

在温度变化不大的范围内,A 与 E_a 不随温度而变化,可以视为常数;从式中看出,温度的微小变化,都将导致 k 的较大变化,从而引起反应速率的较大变化。

4. 催化剂对化学反应速率的影响

增大反应物浓度、升高反应温度均可使化学反应速率加快,但是,浓度增大,使反应物的量加大,反应成本提高;有些时候升高温度,又会产生副反应。所以,在有些情况下,上述两种手段的利用受到限制。如果采用催化剂,则可以有效地增大反应速率。

催化剂是那些能显著改变反应速率,而在反应前后自身的组成、质量和化学性质基本不变的物质。其中,能加快反应速率的称为正催化剂;能减慢反应速率的称为负催化剂。例如合成氨生产中使用的铁,硫酸生产中使用的 V_2O_5 以及促进生物体化学反应的各种酶(如淀粉酶、蛋白酶、脂肪酶等)均为正催化剂;减慢金属腐蚀的缓蚀剂,防止橡胶、塑料老化的抗老化剂等均为负催化剂。不过通常所说的催化剂一般是指正催化剂。

催化剂之所以能显著地增大化学反应速率,是由于催化剂的加入,与反应物之间形成一种势能较低的活化配合物,从而改变了反应的历程,与无催化反应的历程相比较,所需的活化能显著地降低;如图 4-3 所示。从而使活化分子百分数和有效碰撞次数增多,导致反应速率增大。对于反应 A+B ─→ C 原反应历程为:A+B ─→ [A…B] ─→ C 其反应活化能

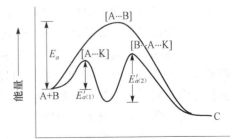

图 4-3 催化反应活化能示意

为 E_a。加入催化剂 K 后,改变了反应历程:

$A+K \longrightarrow [A\cdots K] \longrightarrow AK$ 反应的活化能为 $E'_{a(1)}$

$AK+B \longrightarrow [B\cdots A\cdots K] \longrightarrow C+K$ 反应的活化能为 $E'_{a(2)}$

由于 $E'_{a(1)} < E_a$,$E'_{a(2)} < E_a$,所以有催化剂 K 参与的反应是一个活化能较低的反应途径,因而反应速率加快了。

对于催化反应应注意以下几个方面:

(1) 催化剂只能通过改变反应途径来改变反应速率,但不能改变反应的焓变反应方向和限度。

(2) 在反应速率方程中,催化剂对反应速率的影响体现在反应速率常数 (k) 内。对确定的反应来说,反应温度一定时,采用不同的催化剂一般有不同的 k。

(3) 对同一可逆反应来说,催化剂等值地降低了正、逆反应的活化能。

(4) 催化剂具有选择性。某一反应或某一类反应使用的催化剂往往对其他反应无催化作用。例如,合成氢使用的铁催化剂无助于 SO_2 的氧化。化工生产上,在复杂的反应系统中常常利用催化剂加速反应并抑制其他反应的进行,以提高产品的质量和产量。

催化剂在现代化学工业中起着极为重要的作用。据统计,化工生产中约有 85% 的化学反应需要使用催化剂。尤其在当前的大型化工、石油化工中,很多化学反应用于生产都是在找到了优良的催化剂后才付诸实现的。

4.2 化学平衡

4.2.1 化学平衡系统

1. 平衡状态

在一定的反应条件下,一个反应既能由反应物转变为生成物;也能由生成物转变为反应物,这样的反应称为可逆反应。几乎所有的化学反应都是可逆的,只是可逆的程度不同而已。通常把自左向右进行的反应称为正反应,将自右向左进行的反应为逆反应。

可逆反应 $CO(g)+H_2O(g) \rightleftharpoons CO_2(g)+H_2(g)$,若反应开始时,体系中只有 CO 和 $H_2O(g)$ 分子,则此时只能发生正反应,随着反应的进行,CO 和 $H_2O(g)$ 分子数目减少;另一方面,一旦体系中出现 CO_2 和 H_2 分子,就开始出现逆反应,随着反应的进行,CO_2 和 H_2 分子增多。当体系内正反应速率等于逆反应速率时,体系中各种物质的浓度不再发生变化,即单位时间内有多少反应物分子变为产物分子,就同样有多少产物分子转变成反应物分子,这样就建立了一种动态平衡,称做化学平衡。

与上述相似,若反应开始时体系中只有 CO_2 和 H_2 分子,此时,只能进行逆反应;随着反应的进行,CO_2 和 H_2 分子数目减少;CO 和 $H_2O(g)$ 分子的数目逐渐增大,直到体系内正反应速率等于逆反应速率,此时也可以建立一种动态平衡。

无论是哪一种情况下,当反应经过无限长时间后,反应体系中最终的物质组成是相同的,并且不再发生变化(只要反应条件不发生变化)。

所有参与反应的物质均处于同一相(化学中,把物理性质与化学性质完全相同的部分称作相）中的化学平衡叫均相平衡，如上例。而把处于不同相中的物质参与的化学平衡叫多相平衡，如碳酸钙的分解反应。化学平衡具有以下特征：

（1）化学平衡是一种动态平衡。当体系达到平衡时，表面看似乎反应停止了，但实际上正逆反应始终在进行，只不过由于两者的反应速率相等，单位时间内每一种物质的生成量与消耗量相等，从而使得各种物质的浓度保持不变。

（2）化学平衡可以从正逆反应两个方向达到，即无论从反应物开始还是由生成物开始，均可达到平衡。

（3）当体系达到化学平衡时，只要外界条件不变，无论经过多长时间，各物质的浓度都将保持不变；而一旦外界条件改变时，原有的平衡会被破坏，将在新的条件下建立新的平衡。

2. 平衡常数

人们通过大量的实验发现，任何可逆反应不管反应的始态如何，在一定温度下达到化学平衡时，各生成物平衡浓度的幂的乘积与反应物平衡浓度幂的乘积之比为一个常数，称为化学平衡常数。它表明了反应体系内各组分的量之间的相互关系。对于反应：

$$mA + nB \rightleftharpoons pC + qD$$

若为溶液中溶质反应

$$K_c = \frac{c_C^p \cdot c_D^q}{c_A^m \cdot c_B^n} \tag{4-3}$$

若为气体反应

$$K_p = \frac{p_C^p \cdot p_D^q}{p_A^m \cdot p_B^n} \tag{4-4}$$

由于 K_c、K_p 都是把测定值直接代入平衡常数表达式中计算所得，因此它们均属实验平衡常数（或经验平衡常数）。其数值和量纲随所用浓度、压力单位不同而不同，其量纲不为 1（仅当反应的 $\Delta n = 0$ 时量纲为 1），由于实验平衡常数使用非常不方便，因此国际上现已统一改用标准平衡常数。

标准平衡常数（也称热力学平衡常数）$K^\ominus$ 的表达式（也称为定义式）为

若为气体反应

$$K^\ominus = \frac{(p_C/p^\ominus)^p \cdot (p_D/p^\ominus)^q}{(p_A/p^\ominus)^m \cdot (p_B/p^\ominus)^n} \tag{4-5}$$

若为溶液中溶质反应

$$K^\ominus = \frac{(c_C/c^\ominus)^p \cdot (c_D/c^\ominus)^q}{(c_A/c^\ominus)^m \cdot (c_B/c^\ominus)^n} \tag{4-6}$$

与实验平衡常数表达式相比，$K^\ominus$ 不同之处在于每种溶质的平衡浓度项均应除以标准浓度（$c^\ominus = 1.0 \text{mol/L}$），每种气体物质的平衡分压均应除以标准压力（$p^\ominus = 101 \text{kPa}$）。也就是对于气体物质用相对分压表示，对于溶液用相对浓度表示，这样标准平衡常数没有量纲，即量纲为 1。

对于固体、纯液体，它们不出现在标准平衡常数的表达式中。如

$$Zn(s) + 2H^+(aq) \rightleftharpoons Zn^{2+}(aq) + H_2(g)$$

$$K^\ominus = \frac{(c_{Zn^{2+}}/c^\ominus) \cdot (p_{H_2}/c^\ominus)}{(c_{H^+}/c^\ominus)^2}$$

标准平衡常数只与温度有关，而与压力和浓度无关。在一定温度下，每个可逆反应

均有其特定的标准平衡常数。标准平衡常数表达了平衡体系的动态关系。标准平衡常数数值的大小表明了在一定条件下反应进行的程度,标准平衡常数数值很大,表明反应向右进行的趋势很大,达到平衡时体系将主要由生成物组成;反之,标准平衡常数数值很小,达到平衡时体系将主要为反应物。

书写标准平衡常数表达式时,应注意以下几点:

(1) 标准平衡常数中,一定是生成物相对浓度(或相对分压)相应幂的乘积作分子;反应物相对浓度(或相对分压)相应幂的乘积作分母;其中的幂为该物质化学计量方程式中的计量系数。

(2) 标准平衡常数中,气态物质以相对分压表示,溶液中的溶质以相对浓度表示,而纯固体、纯液体不出现在标准平衡常数表达式中(视为常数)。

(3) 标准平衡常数表达式必须与化学方程式相对应,同一化学反应,方程式的书写不同时,其标准平衡常数的数值也不同。

$$N_2(g)+3H_2(g) \rightleftharpoons 2NH_3(g) \quad K^\ominus = \frac{(p_{NH_3}/p^\ominus)^2}{(p_{H_2}/p^\ominus)^3 \cdot (p_{N_2}/p^\ominus)}$$

$$\frac{1}{2}N_2(g)+\frac{3}{2}H_2(g) \rightleftharpoons NH_3(g) \quad K^\ominus = \frac{(p_{NH_3}/p^\ominus)}{(p_{H_2}/p^\ominus)^{3/2} \cdot (p_{N_2}/p^\ominus)^{1/2}}$$

$$2NH_3(g) \rightleftharpoons N_2(g)+3H_2(g) \quad K^\ominus = \frac{(p_{H_2}/p^\ominus)^3 \cdot (p_{N_2}/p^\ominus)}{(p_{NH_3}/p^\ominus)^2}$$

三者的表达式不同,但存在如下关系:

$$K^\ominus = (K^\ominus)^2 = 1/K^\ominus$$

【例 4.3】 实验测得 SO_2 氧化为 SO_3 的反应在 1000K 时,各物质的平衡分压为 $p_{SO_2}=27.2kPa$,$p_{O_2}=40.7kPa$,$p_{SO_3}=32.9kPa$,计算 1000K 时反应 $2SO_2(g)+O_2(g) \rightleftharpoons 2SO_3(g)$ 的标准平衡常数 $K^\ominus$?

解 $2SO_2(g)+O_2(g) \rightleftharpoons 2SO_3(g)$

根据标准平衡常数的定义式:

$$K^\ominus = \frac{(p_{SO_3}/p^\ominus)^2}{(p_{SO_2}/p^\ominus)^2 \cdot (p_{O_2}/p^\ominus)} = \frac{(32.9/100)^2}{(27.2/100)^2 \times (40.7/100)} = 3.59$$

4.2.2 化学平衡的移动

化学反应是一种动态平衡,平衡时正反应速率等于逆反应速率,体系内各组分的浓度不再随时间而变化。但这种平衡是暂时的、相对的和有条件的;如果反应条件发生变化时,正逆反应速率就不再相等,可逆反应的平衡状态将发生变化,直至反应体系在新的条件下建立新的动态平衡。但在新的平衡体系中,各反应物和生成物的浓度已不同于原来的平衡状态时的数值。这种由于条件变化,使可逆反应从一种反应条件下的平衡状态转变到另一种反应条件下的平衡状态,这种变化过程称为化学平衡的移动。这里所说的条件是指浓度、压力和温度。

在改变反应条件后,化学反应由原来的平衡状态变为不平衡状态,此时反应将继续进行，其移动的方向是使反应的 Q 趋近于标准平衡常数 $K^\ominus$。我们可以根据下列关系判定化学平衡移动的方向。

$Q<K^\ominus$　平衡能够正向移动，直到新的平衡。
$Q>K^\ominus$　平衡能够逆向移动，直到新的平衡。
$Q=K^\ominus$　处于平衡状态，不移动。

下面分别讨论浓度、压力、温度对化学平衡的影响。

1. 浓度对化学平衡的影响

在一定条件下，反应 $mA+nB \rightleftharpoons pC+qD$ 达到平衡时，按式（4-6）计算，可得标准平衡常数 $K^\ominus$，若增加反应物浓度或降低产物浓度。计算浓度商 Q，此时 $Q<K^\ominus$，系统不再处于平衡状态，为了达到平衡，则必须增加生成物的浓度或降低反应物的浓度，因此，反应体系向正反应方向移动；直至 Q 重新达到 $K^\ominus$，使体系建立新的化学平衡，若降低反应物浓度或增加产物浓度，此时 $Q>K^\ominus$，反应朝着生成反应物的方向进行，即反应逆向进行。

【例 4.4】 反应 $Fe^{2+}(aq)+Ag^+(aq) \rightleftharpoons Fe^{3+}(aq)+Ag(s)$ 在 25℃时标准平衡常数为 5.0，$AgNO_3$ 和 $Fe(NO_3)_2$ 的起始浓度均为 0.10mol/L，$Fe(NO_3)_3$ 的起始浓度为 0.010mol/L，求：（1）平衡时 Ag^+、Fe^{2+}、Fe^{3+} 的平衡浓度和 Ag^+ 的平衡转化率？（2）如果保持 Ag^+ 和 Fe^{3+} 浓度不变，向体系中加入 Fe^{2+}，使其浓度增加 0.20mol/L，求 Ag^+ 在新条件下的平衡转化率？

解（1）　　　　　　　　$Fe^{2+}(aq) + Ag^+(aq) \rightleftharpoons Fe^{3+}(aq) + Ag(s)$
开始时浓度/(mol/L)　　　0.10　　　　0.10　　　　　0.010
变化浓度/(mol/L)　　　　$-x$　　　　$-x$　　　　　$+x$
平衡时浓度/(mol/L)　　　$0.10-x$　　$0.10-x$　　　$0.010+x$
平衡时相对浓度　　　　　$0.10-x$　　$0.10-x$　　　$0.010+x$

根据标准平衡常数的表达式：$K^\ominus = \dfrac{c_{Fe^{3+}}/c}{(c_{Fe^{2+}}/c)(c_{Ag^+}/c)} = \dfrac{0.010+x}{(0.10-x)^2} = 5.0$

$$x=0.021\text{mol/L}$$

$c_{Fe^{2+}}=c_{Ag^+}=0.10-0.021=0.08\text{(mol/L)} \qquad c_{Fe^{3+}}=0.010+0.021=0.031\text{(mol/L)}$

$$Ag^+ \text{的转化率} = \dfrac{0.021}{0.10} \times 100\% = 21\%$$

（2）　　　　　　　　　　$Fe^{2+}(aq) + Ag^+(aq) \rightleftharpoons Fe^{3+}(aq) + Ag(s)$
开始时浓度/(mol/L)　　　0.30　　　　0.10　　　　　0.010
变化浓度/(mol/L)　　　　$-y$　　　　$-y$　　　　　$+y$
平衡时浓度/(mol/L)　　　$0.30-y$　　$0.10-y$　　　$0.010+y$
平衡时相对浓度　　　　　$0.30-y$　　$0.10-y$　　　$0.010+y$

根据标准平衡常数的表达式：

$$K^\ominus = \dfrac{c_{Fe^{3+}}/c}{(c_{Fe^{2+}}/c)(c_{Ag^+}/c)} = \dfrac{0.010+y}{(0.10-y)(0.30-y)} = 5.0$$

$$y = 0.051 \text{(mol/L)}$$

$$\text{Ag}^+ \text{在新条件下的平衡转化率} = \frac{0.051}{0.10} \times 100\% = 51\%$$

从计算可知，反应系统中增加反应物的量，平衡正向移动，可以提高 Ag^+ 的转化率。

2. 压强对化学平衡的影响

压强的变化会影响气体物质的浓度。在化学平衡体系中，若可逆反应前后气体分子数不相等，改变平衡体系的压强，则使正反应速率与逆反应速率变化的倍数不同，使化学平衡发生移动。

例如 $2\text{NO}_2(\text{g}) \rightleftharpoons \text{N}_2\text{O}_4(\text{g})$

反应前气体分子数为 2，反应后气体分子数为 1，所以正反应方向为气体分子数减少的方向，即气体体积减小的方向；相反，逆反应方向为气体分子数增大的方向，即气体体积增大的方向。

从大量的实验事实可以得出结论：在其他条件不变时，增大压强，化学平衡向着气体分子数减少（气体体积缩小）的方向移动；减小压强，化学平衡向着气体分子数增大（气体体积增大）的方向移动。

在讨论压强对化学平衡移动的影响时，应注意压强只对反应前后气体分子数不等的平衡产生影响，若反应气体前后分子数相等，则压强的改变不会使化学平衡发生移动。同时，对于一般的只有液体、固体参加的反应，由于压力的影响很小，所以平衡不发生移动，因此，可以认为压力对液、固相的反应平衡无影响。

3. 温度对化学平衡的影响

化学反应往往伴随着放热或吸热现象的发生。放出热量的化学反应称为放热反应，吸收热量的化学反应称为吸热反应。反应中放出的热量或吸收的热量称为反应热。常常在化学式后用"Q"将反应热表示出来。若反应吸热，则 Q 值取"$+$"；若反应放热，则 Q 值取"$-$"。这种能够表示化学反应过程所吸收或放出热量的化学方程式称为热化学方程式。例如

$$\text{C(s)} + \text{H}_2\text{O(g)} \rightleftharpoons \text{CO(g)} + \text{H}_2(\text{g}) \qquad Q = +131.3 \text{kJ/mol}$$

说明在进行上述反应的同时，反应体系需吸收热量 131.3kJ/mol。

在有反应热的可逆反应达到平衡时，改变平衡体系温度，会使正反应速率与逆反应速率改变不同的倍数，从而使化学平衡发生移动。例如

$$2\text{NO}_2(\text{g}) \rightleftharpoons \text{N}_2\text{O}_4(\text{g}) \qquad Q = -56.9 \text{kJ/mol}$$

　　　红棕色　　　无色

将装有上述混合气体的烧瓶放入热水中，实验结果表明：热水中烧瓶里的气体颜色变深，说明 NO_2 的量增多，即升高温度平衡向生成 NO_2 的方向（即逆反应方向、吸热方向）移动。总结大量实验事实，可以得出结论：在其他条件不变时，升高温度，化学平衡向吸热反应方向移动；降低温度，化学平衡向放热反应方向移动。

根据浓度、温度、压强对化学平衡影响的结果，法国化学家勒夏特列概括出一个普

遍规律：当体系达到平衡后，如果改变平衡体系的条件之一（如浓度、压力或温度），平衡就向着减弱这些改变的方向移动。这个规律称为平衡移动原理，又称为勒夏特列原理。

例如，在平衡体系中增大反应物的浓度，则平衡向减小反应物浓度的方向也就是向转变成生成物的方向（即正反应方向）移动；若增大压强，平衡向能够减小压强的方向也就是减小气体体积的方向（即减小气体分子数的方向）移动；若升高温度，平衡向能够降低温度，也就是吸收热量的方向移动。

由于催化剂能够同等倍数地影响正反应速率和逆反应速率，因此，加入催化剂，体系中正反应速率和逆反应速率仍然保持相等，化学平衡不发生移动，所以使用催化剂不能提高原料的转化率。但加入催化剂，加快了正、逆反应速率，从而缩短了反应到达平衡所需的时间。

【**例 4.5**】 反应 $2CO(g)+O_2(g) \rightleftharpoons 2CO_2(g)$，$Q=-566kJ/mol$ 达到平衡时，如果（1）增加压强；（2）增加氧气的浓度；（3）减少二氧化碳的浓度；（4）升高温度；（5）加入催化剂。问平衡是否移动？若平衡发生移动，指出移动的方向。

解 （1）由化学方程式可知：该反应前后气体分子数不相等，正反应方向为分子数减少的方向，因此增加压强，平衡向正反应方向移动。

（2）增加氧气的浓度即增加反应物的浓度，平衡向正反应方向移动。

（3）减少二氧化碳的浓度即减少生成物的浓度，平衡向正反应方向移动。

（4）反应为放热反应，逆反应为吸热反应，升高温度，平衡向逆反应方向移动。

（5）加入催化剂对正、逆反应产生同等的影响，正反应速率仍等于逆反应速率，平衡不移动。

学习资源

生命活动的催化剂——酶

酶，早期是指在酵母中的意思，指由生物体内活细胞产生的一种生物催化剂。大多数由蛋白质组成（少数为 RNA）。能在机体中十分温和的条件下，高效率地催化各种生物化学反应，促进生物体的新陈代谢。生命活动中的消化、吸收、呼吸、运动和生殖都是酶促反应过程。酶是细胞赖以生存的基础。细胞新陈代谢包括的所有化学反应几乎都是在酶的催化下进行的。其酶的特性主要体现在：

（1）高效性：酶的催化效率比无机催化剂更高，使得反应速率更快。

（2）专一性：一种酶只能催化一种或一类底物，如蛋白酶只能催化蛋白质水解成多肽。

（3）多样性：酶的种类很多，大约有 4000 多种。

（4）温和性：是指酶所催化的化学反应一般是在较温和的条件下进行的。

（5）活性可调节性：包括抑制剂和激活剂调节、反馈抑制调节、共价修饰调节和变构调节等。

(6) 有些酶的催化性与辅因子有关。

(7) 易变性，由于大多数酶是蛋白质，因而会被高温、强酸、强碱等破坏。

一般来说，动物体内的酶最适温度在 35～40℃，植物体内的酶最适温度在 40～50℃；细菌和真菌体内的酶最适温度差别较大，有的酶最适温度可高达 70℃。动物体内的酶最适 pH 大多在 6.5～8.0，但也有例外，如胃蛋白酶的最适 pH 为 1.8，植物体内的酶最适 pH 大多在 4.5～6.5。

酶在我们的生产和生活中起到了重要的作用，如酿酒工业中使用的酵母菌，就是通过有关的微生物产生的，酶的作用将淀粉等通过水解、氧化等过程，最后转化为酒精；酱油、食醋的生产也是在酶的作用下完成的；用淀粉酶和纤维素酶处理过的饲料，营养价值提高；洗衣粉中加入酶，可以使洗衣粉效率提高，使原来不易除去的汗渍等很容易除去……

由于酶的应用广泛，酶的提取和合成就成了重要的研究课题。目前酶可以从生物体内提取，如从菠萝皮中可提取菠萝蛋白酶。但由于酶在生物体内的含量很低，因此，它不能适应生产上的需要。工业上大量的酶是采用微生物的发酵来制取的．一般需要在适宜的条件下，选育出所需的菌种，让其进行繁殖，获得大量的酶制剂。另外，人们正在研究酶的人工合成。总之随着科学水平的提高，酶的应用将具有非常广阔的前景。

复习与思考

一、填空题

1. 影响化学反应速率大小的决定性因素是_____，影响化学反应速率的主要外观因素有_____、_____、_____和_____。

2. 压强只对有_____参加的化学反应速率有影响。

3. 可逆反应的特点是_____，达到化学平衡时的特点是_____。

4. 反应中加入催化剂的作用是_____。

二、问答与计算题

1. 在一体积固定的密封容器中加入 A、B 物质，发生反应如下：$A+2B \Longrightarrow 3C$。反应经过 2min 后，A 的浓度从开始浓度的 1.0mol/L 降到 0.8mol/L。已知反应开始时 B 的浓度是 1.2mol/L。求：

(1) 2min 末 B、C 浓度？

(2) 以单位时间内 A 的浓度减小来表示 2min 内该反映的平均速率？

2. 将 6mol H_2 和 3mol CO 充入容积为 0.5L 的密闭容器中，进行如下反应：$2H_2(g)+CO(g) \Longrightarrow CH_3OH(g)$，6s 末时容器内压强为开始时的 0.6 倍。试计算：

(1) H_2 的反应速率是多少？

(2) CO 的转化率为多少？

3. 反应 $CO(g)+H_2O(g) \Longrightarrow H_2+CO_2$ 在某温度下发生反应时，$K_c=1$，反应物的初始浓度分别为 1mol/L，2mol/L，计算 CO 的转化率。

第5章 溶 液

> ☞ **能力要求**
>
> (1) 可以正确计算溶液的浓度。
> (2) 可以正确选购试剂。
> (3) 能对各种浓度的溶液进行相互换算。
> (4) 能够配制缓冲溶液。
>
> ☞ **知识要求**
>
> (1) 掌握溶液的表示方法与相互换算。
> (2) 了解蒸汽压降低、溶液的沸点升高、溶液的凝固点降低。
> (3) 掌握溶液的渗透压与反渗透技术。
> (4) 掌握溶液pH的计算。
> (5) 掌握酸碱缓冲溶液配制与相关计算。
>
> ☞ **教学活动建议**
>
> 让学生到实验室为其他专业的学生进行实验准备工作,包括让学生了解市售盐酸、硫酸是如何配制成稀溶液,及如何配制缓冲溶液。

5.1 溶液及其浓度表示法

5.1.1 溶液的一般概念和分类

溶液是由两种或多种组分组成的均匀体系。所有溶液都是由溶质和溶剂组成,溶剂是一种介质,在其中均匀地分布着溶质的分子或离子。

溶质和溶剂只有相对的意义。通常将溶解时状态不变的组分称做溶剂,而状态改变的称溶质。如糖溶于水时,糖是溶质,水是溶剂。若组成溶液的两种组分在溶解前后的状态皆相同,则将含量较多的组分称为溶剂。如在100mL水中加入10mL的酒精组成溶液,水是溶剂。若体积调换一下,则酒精为溶剂。有时两种组分的量差不多,此时可将任一种组分看作是溶剂。

所有溶液都具有均匀性、无沉淀、组分皆以分子或离子状态存在等特性。

溶液有许多不同种类。将一种气体溶解在另外一种气体中可形成气体溶液,如空气;也可以将一种或几种固体溶解在另外一种固体之中形成固体溶液;如各种合金钢分别是少量碳、镍、铬和锰等溶于铁中而形成的固体溶液，通常所说的12K金是等量的金与银形成的固体溶液。通常化学工作者所考虑的溶液是气体（如HCl）、液体（如C_2H_5OH）或固体（如NaCl）等溶于液体中形成的液体溶液。

固体溶液中的反应速度一般很慢（至少是室温下如此），气体间的反应快慢又难于控制。液体溶液则不同，液体溶液中的原子、离子和分子可自由地运动，因而其反应速率通常比固体溶液中的反应快得多，却又很少像气体反应那样难于控制。基于这种原因，液体溶液尤其是水为溶剂的水溶液在化学上占有重要地位。我们一般所指的液体溶液，没有特别说明时溶剂均为水。

5.1.2 溶液组成的表示方法

在生产和实验中，常用溶液中溶质的量与溶液（或溶剂）的量之比表示溶液的组成。当我们使用不同的物理量表示溶质或溶剂的量时，就得到不同组成的表示方法。一般情况下，使用同一物理量表示溶质和溶液（或溶剂）的量的方法，称为分数；使用不同物理量表示溶质和溶剂的量的方法，称为浓度，常用的下溶液组成的表示方法有以下几种。

1. 体积分数

纯溶质B的体积V_B与溶液总体积V_0之比称为溶质B的体积分数，用符号ϕ_B表示。即

$$\phi_B = V_B/V_0$$

当纯溶质为液态（如乙醇、甘油等）时，常用体积分数表示溶液的组成。体积分数可以用小数表示，亦可用百分数表示。例如，市售普通药用乙醇为$\phi_{乙醇}=0.95$或$\phi_{乙醇}=95\%$的溶液。

2. 质量分数

溶质的质量分数是溶质质量与溶液质量之比，也指混合物中某种物质质量占总质量的百分比，用符号w_B表示。即

$$w_B = m_B/m = m_B/(m_A + m_B)$$

式中 m_B、m、m_A——溶质B、溶液、溶剂A的质量。

质量分数可以用小数表示，也可以用百分数表示。例如，市售浓硫酸的质量分数为0.98或98％。

【例5.1】 浓盐酸的质量分数为0.36，密度为1.18kg/L，500mL浓盐酸中含氯化氢多少克？

解 $m = \rho \cdot V = 1180 \times 0.5 = 590$ (g)

又 $w_B = m_B/m$

$m_B = w_B \cdot m = 0.36 \times 590 = 212.4$ (g)

3. 摩尔分数

溶质的物质的量与溶液物质的量之比，也可以指混合物中某一组分的摩尔数与混合

物总摩尔数之比用符号 X_B 表示，即

$$X_B = n_B/n \quad 或 \quad X_B = n_B/(n_A + n_B)$$

例如，丙三醇-水体系中，丙三醇摩尔分数为 0.19，即 0.19mol 乙醇/mol（溶液）

4. 物质的量浓度

物质的量浓度，简称浓度，是指溶质 B 物质的量 n_B 与溶液的体积 V 之比。单位为 mol/m^3，常用 mol/L。用符号 c_B 表示，也可用符号 [B] 表示。

$$c_B = \frac{n_B}{V}$$

例如，0.5L 氢氧化钠溶液中含有 0.5mol NaOH，则该溶液的浓度是 1.0mol/L，表示为 c_{NaOH}=1.0mol/L，也可写出 [NaOH]=1.0mol/L。

在分析测试中，溶液的配制经常需要物质的量浓度与其他表示方法进行换算。

1）溶液中溶质的质量分数与溶质的物质的量浓度的换算

二者都表示溶液的组成，可以通过一定关系进行相互换算，将溶质的质量分数换算成物质的量浓度时，首先要计算 1L 溶液中含溶质的质量，换算成相应物质的量，有时还需将溶液的质量换算成溶液的体积，最后才换算成溶质的量浓度。

将溶质的物质的量浓度换算成溶质的质量分数时，首先要将溶质的物质的量换算成溶质的质量，有时还将溶液的体积换算成质量，然后换算成溶质的质量分数。

$$n = m/M = V \cdot \rho \cdot w/M$$
$$c = n/V$$
$$c = (V \cdot \rho \cdot w/M)/V = \rho \cdot w/M$$

式中 ρ——溶液的密度，g/L 或 g/cm^3；

  w——溶质的质量分数；

  M——溶质的摩尔质量，数值等于物质的式量，g/mol。

【例 5.2】 浓盐酸的质量分数为 0.36，密度为 1.18kg/L，该浓盐酸物质的量浓度为多少？

解 $$c = \rho \cdot w/M = \frac{0.36 \times 1.18 \times 1000}{36.5} = 11.64(mol/L)$$

2）一定物质的量浓度溶液的稀释

由溶质的物质的量在稀释前后不变得 $c_1 \times V_1 = c_2 \times V_2$（$c_1$、$c_2$ 为稀释前后溶质的物质的量浓度）。

【例 5.3】 将例 5.2 中浓盐酸稀释成 500mL 的 0.1mol/L 稀盐酸，需市售浓盐酸多少毫升？

解 $$c_1 V_1 = c_2 V_2$$
$$V_1 = c_2 V_2/c_1 = \frac{500 \times 0.1}{11.64} = 4.3(mL)$$

3）一定物质的量浓度溶液中，溶质微粒的浓度

（1）非电解质在其水溶液中以分子形式存在，溶液中溶质微粒的浓度即为溶质分子

的浓度。如 1mol/L 乙醇溶液中，乙醇分子的物质的量浓度为 1mol/L。

（2）强酸、强碱、可溶性盐等强电解质在其水溶液中以阴离子和阳离子形式存在，各种微粒的浓度要根据溶液的浓度和溶质的电离方程式来确定。例如

1mol/L NaCl 溶液中：$c_{Na^+}=1mol/L \quad\quad c_{Cl^-}=1mol/L$

1mol/L H_2SO_4 溶液中：$c_{H^+}=2mol/L \quad\quad c_{SO_4^{2-}}=1mol/L$

5. 质量摩尔浓度

质量摩尔浓度（b）是指溶质 B 的物质的量 n_B 与溶剂 A 的质量 m_A 之比。单位为 mol/kg，常用 mmol/kg。

$$b_B = \frac{n_B}{m_A}$$

质量摩尔浓度与物质的量浓度相比，前者不随温度变化，在要求精确浓度时，必须用质量摩尔浓度表示。对于一般稀溶液来说，其密度近似等于水的密度，因此常在计算中可近似认为 $c(mol/L)=b(mol/kg)$。

6. 质量浓度

质量浓度（ρ）是指物质 B 的总质量 m 与相应混合物的体积 V（包括物质 B 的体积）之比。单位为 kg/m^3，常用 g/L。

$$\rho = \frac{m}{V}$$

【例 5.4】 我国药典规定，生理盐水的规格是 0.5L 生理盐水含有 4.5gNaCl。生理盐水的质量浓度是多少？若配制生理盐水 1.2L，需要多少克氯化钠？

解 $\quad\quad\quad\quad \rho_B = m_B/V = 4.5 \div 0.5 = 9 \text{ (g/L)}$

$\quad\quad\quad\quad\quad m_B = \rho_B \cdot V = 9 \times 1.2 = 10.8 \text{ (g)}$

5.2 溶 解 度

5.2.1 溶解度的概念

溶解度是指在一定温度下，某物质 B 在 100g 溶剂 A 中达到饱和状态时所溶解的质量，叫做这种物质 B 在这种溶剂 A 中的溶解度。目前所指的溶解度有固体溶解度和气体溶解度，如果没有特别说明，一般指固体溶解度。一种物质在某种溶剂中的溶解度主要决定于溶剂和溶质的性质。例如，水是最普通、最常用的溶剂，甲醇和乙醇可以任何比例与水互溶。大多数碱金属盐类都可以溶于水；苯几乎不溶于水。溶解度明显受温度的影响，大多数固体物质的溶解度随温度的升高而增大；气体物质的溶解度则与此相反，随温度的升高而降低。物质的溶解度对于化学和化学工业都很重要，在固体物质的重结晶和分级结晶、化学物质的制备和分离、混合气体的分离等工艺中都要利用物质溶解度的差别。

1. 固体溶解度

固体物质的溶解度是指在一定的温度下，某物质在 100g 溶剂里达到饱和状态时所溶解的质量，用字母"s"表示，其单位是"g/100g 水"。

在未注明的情况下，通常溶解度指的是物质在水里的溶解度。例如在 20℃时，100g 水里最多能溶 36g 氯化钠（这时溶液达到饱和状态），我们就说在 20℃时，氯化钠在水里的溶解度是 36g。

大部分固体物质随温度升高溶解度增大，如硝酸钾。少部分固体溶解度受温度影响不大，如食盐（氯化钠）。只有极少数物质溶解度随温度升高反而减小，如氢氧化钙。

2. 气体溶解度

在一定温度和压强下，气体在一定量溶剂中溶解的最高量称为气体的溶解度。常用定温下一定体积溶剂中所溶解的气体最多体积数来表示。如 20℃时 100mL 水中能溶解 1.82mL 氢气，则表示为 1.82mL/100mL 水。气体的溶解度有两种表示方法，一种是在一定温度下，气体的压强（或称该气体的分压，不包括水蒸气的压强）是 1.013×10^5 Pa 时，溶解于 1 体积水里，达到饱和的气体的体积（并需换算成在 0℃时的体积数），即这种气体在水里的溶解度。另一种气体的溶解度的表示方法是，在一定温度下，该气体在 100g 水里，气体的总压强为 1.013×10^5 Pa（气体的分压加上当时水蒸气的压强）所溶解的克数。

气体的溶解度除与气体本性、溶剂性质有关外，还与温度、压强有关，其溶解度一般随着温度升高而减少，由于气体溶解时体积变化很大，故其溶解度随压强增大而显著增大。这是因为当压强增大时，液面上的气体的浓度增大，因此，进入液面的气体分子比从液面逸出的分子多，从而使气体的溶解度变大。而且，气体的溶解度和该气体的压强（分压）在一定范围内成正比（在气体不跟水发生化学变化的情况下）。例如在 20℃时，氢气的压强是 1.013×10^5 Pa，氢气在 1L 水里的溶解度是 0.01819L；同样在 20℃，在 $2 \times 1.013 \times 10^5$ Pa 时，氢气在 1L 水里的溶解度是 $0.01819 \times 2 = 0.03638$（L）。

溶解度和溶解性是一种物质在另一种物质中的溶解能力，通常用易溶、可溶、微溶、难溶或不溶等粗略的概念来表示。溶解度是衡量物质在溶剂里溶解性大小的尺度，是溶解性的定量表示。

5.2.2 相似相溶原理

相似相溶原理是指由于极性分子间的电性作用，使得极性分子组成的溶质易溶于极性分子组成的溶剂，难溶于非极性分子组成的溶剂；非极性分子组成的溶质易溶于非极性分子组成的溶剂，难溶于极性分子组成的溶剂。例如 a、b、c 三种物质，a、b 是极性物质，c 是非极性物质，则 a、b 之间溶解度大，a、c 或 b、c 之间溶解度小。

相似相溶原理是一个关于物质溶解性的经验规律。例如水和乙醇可以无限制地互相溶解，乙醇和煤油只能有限地互溶。因为水分子和乙醇分子都有一个—OH，分别跟一个小的原子或原子团相连，而煤油则是由分子中含 8~16 个碳原子组成的混合物，其烃基部分与乙醇的乙基相似,但与水毫无相似之处。结构的相似性并不是决定溶解度的唯一原因。分子间作用力的类型和大小相近的物质,往往可以互溶;溶质和溶剂分子的偶极距相似性也是影响溶解度的因素之一。具体可以这样理解:

(1) 极性溶剂(如水)易溶解极性物质(离子晶体、分子晶体中的极性物质如强酸等)。

(2) 非极性溶剂(如苯、汽油、四氯化碳等)能溶解非极性物质(大多数有机物、Br_2、I_2等)。

(3) 含有相同官能团的物质互溶,如水中含羟基(—OH)能溶解含有羟基的醇、酚、羧酸。

另外,极性分子易溶于极性溶剂中,非极性分子易溶于非极性溶剂中。例如非极性、弱极性溶质易溶于非极性、弱极性溶剂,如 I_2(非极性)分别在 H_2O(强极性)、C_2H_5OH(弱极性)、CCl_4(非极性)中的溶解度(g/100g 溶剂)依次为:0.030、20.5、2.91。又如白磷 P_4(非极性)能溶于 CS_2(非极性),但红磷(巨型结构)却不溶。

5.3 非电解质稀溶液的依数性

溶质溶解于溶剂形成溶液的过程中,不仅溶质的性质发生改变,溶剂的性质,如蒸气压、沸点、凝固点等,也会发生相应的变化。当溶液较稀时,这些性质的改变值与溶质的本质无关,而仅仅取决于溶液中溶质的质点数,我们称其为稀溶液的"依数性"。稀溶液的依数性包括溶液的蒸气压下降、沸点升高、凝固点降低和溶液的渗透压。

5.3.1 溶液蒸气压的降低

由实验可测出,若往溶剂(如水)中加入任何一种难挥发的溶质,使它溶解而生成溶液时,溶剂的蒸气压力便下降。即在同一温度下,溶有难挥发溶质 B 的溶液中,溶剂 A 的蒸气压力总是低于纯溶剂 A 的蒸气压力。在这里,所谓溶液的蒸气压力实际是指溶液中溶剂的蒸气压力,(因为溶质是难挥发的,其蒸气压可忽略不计)。同一温度下,纯溶剂蒸气压力与溶液蒸气压力之差叫做溶液的蒸气压下降。

溶液的蒸气压力比纯溶剂的要低的原因可以理解如下:由于溶剂溶解了难挥发的溶质后,溶剂的一部分表面或多或少地被溶质的微粒所占据,从而使得单位时间内从溶液中蒸发出的溶剂分子数比原来从纯溶剂中蒸发出的分子数要少,也就是使得溶剂的蒸发速率变小。纯溶剂气相与液相之间原来势均力敌的蒸发与凝聚两个过程,在加入难挥发溶质后,由于溶剂蒸发速率的减小,使凝聚占了优势,结果使系统在较低的蒸气浓度或压力下,溶剂的蒸汽(气相)与溶剂(液相)重建平衡。因此,在达到平衡时,难挥发溶质的溶液中溶剂的蒸气压力低于纯溶剂的蒸气压力。显然,溶液的浓度越大,溶液的蒸气压下降越多。

难挥发、非电解质稀溶液的蒸气下降与溶质的摩尔分数成正比,与溶质的本性无关,这一定量关系称拉乌尔定律。

$$\Delta p = p^* \cdot x_B$$

在稀溶液中因为

$$x_B = \frac{n_B}{n_B + n_A} \approx \frac{n_B}{n_A} = \frac{n_B \cdot m_A}{n_A \cdot m_A} = b \cdot M_A$$

所以存在有关系

$$\Delta p = p^* \cdot x_B = p^* \cdot b \cdot M_A = K \cdot b$$

即拉乌尔定律还可表述为：一定温度下，难挥发非电解稀溶液的蒸气压下降与溶质的质量摩尔浓度成正比。

5.3.2 溶液的沸点升高和凝固点降低

沸点上升指溶液的沸点要高于纯溶剂的沸点，上升值为

$$\Delta T_b = T_b - T_B^*$$

凝固点下降指溶液的凝固点要低于纯溶剂的凝固点，下降值为 $\Delta T_f = T_f^* - T_f$ 难挥发、非电解稀溶液的沸点上升和凝固点下降的定量关系可根据拉乌尔定律证明，即

$$\Delta T_b = K_b \cdot b_B$$
$$\Delta T_f = K_f \cdot b_B$$

式中 K_b——溶剂的沸点升高常数，$(K \cdot kg)/mol$；

K_f——溶剂的凝固点下降常数，$(K \cdot kg)/mol$；

K_b、K_f 与溶剂有关，而与溶质无关。

常见溶剂的沸点 (T_b^0) 及沸点升高常数 (K_b) 和凝固点 (T_f^0) 及凝固点降低常数 (K_f) 见表 5-1。

表 5-1 常见溶剂的沸点 (T_b^0) 及沸点升高常数 (K_b) 和凝固点 (T_f^0) 及凝固点降低常数 (K_f)

溶剂	T_b^0/K	$K_b/[(K \cdot kg)/mol]$	T_f^0/K	$K_f/[(K \cdot kg)/mol]$
乙酸	391.15	2.93	290.15	3.90
水	373.15	0.512	273.15	1.86
苯	353.15	2.53	278.65	5.10
乙酸	351.55	1.22	115.85	2.10
四氯化碳	349.85	5.03	250.25	32.0
乙醚	307.85	2.02	156.95	1.80
萘	491.15	5.80	353.15	6.90

【例 5.5】 将 2.76g 甘油溶于 200g 水中，测得凝固点为 $-0.279℃$，求甘油的摩尔质量。

解 设甘油的摩尔质量为 M_G，则甘油的质量摩尔浓度为

$$b = \frac{2.76g/M_G}{0.2kg}$$

$$\Delta T_f = K_f \times b = K_f \times \frac{2.76g/M_G}{0.2kg}$$

查表得水的 $K_f = 1.86(K \cdot kg)/mol$

$$M_G = \frac{k_f \times 13.8}{\Delta T_f} = \frac{1.86 \times 13.8}{0.279} = 91.7(g/mol)$$

5.3.3 溶液的渗透压与反渗透技术

1. 溶液的渗透压

半透膜是只允许溶剂分子透过而不允许溶质透过的物质（如动物的膀胱膜、肠膜、植物细胞原生质膜或人造羊皮纸等）。在膜两边分别放入蔗糖水和纯水，并使两边液面高度相等。经过一段时间以后，可以观察到纯水液面下降，而糖水的液面上升，这似乎说明纯水中有一部分水分子通过半透膜进入了溶液，产生了渗透。其实水分子不但从纯水透过半透膜向糖水扩散，同时也有水分子从糖水侧向纯水侧扩散，只是由于糖水中水分子浓度较纯水低，溶液的蒸汽压小于纯溶剂的蒸汽压，致使单位时间内纯水中水分子透过半透膜进入溶液的速率大于溶液中水分子透过半透膜进入纯水的速率，故使糖水体积增大，液面升高。当糖水液面上升了某一高度 h 时，水分子向2个方向的渗透速度相等，此时水柱高度不再改变，渗透处于平衡状态。换句话说，水柱所产生的静水压阻止了纯水向溶液的渗透。

若在糖水液面上加一活塞并施加恰好阻止水分子渗透的压力，这个压力就是该溶液的渗透压。因此，为了阻止渗透作用的进行而施加于溶液的最小压力称为渗透压，用符号 π 表示。

1886年，荷兰物理学家范特霍夫（Van't Hoff）总结大量实验结果后指出，稀溶液的渗透压与溶液浓度及温度的关系与理想气体方程相似：

$$\pi V = nRT$$

或

$$\pi = \frac{n}{V}RT = cRT$$

当溶液浓度很稀时，$c \approx b$，$\pi = bRT$。

渗透不仅可以在纯溶剂与溶液之间进行，同时也可以在两种不同浓度的溶液之间进行。因此，产生渗透作用必须具备两个条件：一是有半透膜存在；二是半透膜两侧单位体积内溶剂的分子数目不同（如水和水溶液之间或稀溶液和浓溶液之间）。

如果半透膜两侧溶液的浓度相等，则渗透压相等，这种溶液称为等渗溶液。如果半透膜两侧溶液的浓度不等，则渗透压就不相等，渗透压高的溶液称为高渗溶液，渗透压低的溶液称为低渗溶液，渗透是从稀溶液向浓溶液方向扩散。

如果外加在溶液上的压力超过了溶液的渗透压，则溶液中的溶剂分子可以通过半透膜向纯溶剂方向扩散，纯溶剂的液面上升，这一过程称为反渗透。反渗透原理广泛应用于海水淡化，工业废水处理和溶液的浓缩等方面。

与凝固点下降、沸点上升实验一样，溶液的渗透压下降也是测定溶质的摩尔质量的经典方法之一，而且特别适用于摩尔质量大的分子。

【例5.6】 在1L溶液中含有5.0g血红素，298K时测得该溶液的渗透压为182Pa，求血红素的平均摩尔质量。

解 由 $\pi = cRT$

$$c = \frac{\pi}{RT} = \frac{182\text{Pa}}{8.314(\text{kPa}\cdot\text{L})/(\text{mol}\cdot\text{K})\times 298\text{K}} = 7.3\times 10^{-5}(\text{mol/L})$$

$$\text{平均摩尔质量} = \frac{5.0\text{g/L}}{7.3\times 10^{-5}\text{mol/L}} = 6.8\times 10^{4}(\text{g/mol})$$

2. 反渗透技术

反渗透技术（RO）是先进和节能的有效膜分离技术。其原理是在高于溶液渗透压的作用下，依据其他物质不能透过半透膜而将这些物质和水分离开来。

渗透是一种物理现象，当两种含有不同盐类的水，如用一张半渗透性的薄膜分开就会发现，含盐量少的一边的水分会透过膜渗到含盐量高的水中，而所含的盐分并不渗透，这样，逐渐把两边的含盐浓度融合到均等为止。然而，要完成这一过程需要很长时间，这一过程也称为渗透压力。但如果在含盐量高的水侧，试加一个压力，其结果也可以使上述渗透停止，这时的压力称为渗透压力。如果压力再加大，可以使方向相反方向渗透，而盐分剩下。因此，反渗透除盐原理，就是在有盐分的水中（如原水），施以比自然渗透压力更大的压力，使渗透向相反方向进行，把原水中的水分子压力到膜的另一边，变成洁净的水，从而达到除去水中杂质、盐分的目的。

由于反渗透膜的膜孔径非常小（仅为 0.1nm 左右），因此能够有效地去除水中的溶解盐类、胶体、微生物、有机物等（去除率 97%～98%）。反渗透是目前高纯水设备中应用最广泛的一种脱盐技术，它的分离对象是溶液中的离子范围和分子质量几百的有机物。

反渗透、超过滤（UF）、微孔膜过滤（MF）和电渗析（EDI）技术都属于膜分离技术。近年来，这些膜分离技术已进入工业应用，主要应用于电子、化工、食品、制药及饮用纯水等领域。

5.4 电解质溶液

电解质是指在水溶液中或在熔融状态下能离解成带电离子的物质。它们所组成的溶液称为电解质溶液。

5.4.1 酸碱质子理论

酸碱质子理论是丹麦化学家布朗斯特和英国化学家汤马士·马丁·劳里于 1923 年各自独立提出的一种酸碱理论。他们认为，酸：凡是能释放质子（H^+）的任何含氢原子的分子或离子的物种，即质子的给予体。碱：任何能与质子结合的分子或离子的物种，即质子的接受体。

$$HAc \rightleftharpoons H^+ + Ac^-$$
$$H_3PO_4 \rightleftharpoons H^+ + H_2PO_4^-$$
$$NH_4^+ \rightleftharpoons H^+ + NH_3$$

酸　　　　　碱

共轭酸碱对：酸给出质子生成相应的碱，而碱结合质子后又生成相应的酸；酸与碱之间的这种依赖关系称共轭关系。相应的一对酸碱被称为共轭酸碱对。

例如，HAc 的共轭碱是 Ac^-，Ac^- 的共轭酸是 HAc，HAc 和 Ac^- 是一对共轭酸碱对。

通式表示为

$$酸 \rightleftharpoons 质子 + 共轭碱$$

既能给出质子，也能接受质子的物质为两性物质，例如 HPO_4^{2-}、$H_2PO_4^-$、H_2O 等。根据酸碱质子理论，酸碱解离反应是质子转移反应。

例如，HF 在水溶液中的解离反应是由给出的质子的半反应和接受质子的半反应组成的。

$$HF(aq) \rightleftharpoons H^+(aq) + F^-(aq)$$
$$H^+(aq) + H_2O(l) \rightleftharpoons H_3O^+(aq)$$
$$\overline{HF(aq) + H_2O(l) \rightleftharpoons H_3O^+(aq) + F^-(aq)}$$

水是两性物质，它的自身解离反应也是质子转移反应，即

$$\underset{酸1 \quad\quad 碱2}{H_2O(l) + H_2O(l)} \rightleftharpoons \underset{酸2 \quad\quad 碱1}{H_3O^+(aq) + OH^-(aq)}$$

5.4.2 水的解离平衡

水是一种既能释放质子也能接受质子的两性物质。水在一定程度上也微弱地离解，质子从一个水分子转移给另一个水分子，形成 H_3O^+ 和 OH^-。按照酸碱质子理论，水的自身解离平衡可表示为

$$H_2O + H_2O \rightleftharpoons H_3O^+ + OH^-$$

或

$$H_2O \rightleftharpoons H^+ + OH^-$$

标准平衡常数表达式：

$$K_w = c_{H^+} \cdot c_{OH^-}$$

式中 K_w——水的离子积常数，简称水的离子积，又叫水的自电离常数；

c_{H^+}、c_{OH^-}——整个溶液中氢离子和氢氧根离子的物质的量浓度。

K_w 不仅适用于纯水，也适用于所有的稀水溶液。K_w 只受温度的影响，是温度常数。温度升高，K_w 增大。

如 25℃，$c_{H^+} = c_{OH^-} = 1 \times 10^{-7}$ mol/L，$K_w = 1 \times 10^{-14}$；100℃时，$K_w = 1 \times 10^{-12}$。

5.4.3 溶液的 pH

氢离子或氢氧根离子浓度的改变能引起水的解离平衡的移动。溶液中 H^+ 浓度或 OH^- 浓度的大小反映了溶液的酸碱性的强弱。一般稀溶液中，c_{H^+} 的范围在 $10^{-1} \sim$

10^{-14} mol/L。通常习惯于以 c_{H^+} 的负对数来表示其很小的数量级,即

$$pH = -\lg c_{H^+}$$

【例 5.7】 0.1mol/L HCl 溶液,pH 为多少?

解
$$c_{H^+} = c_{HCl} = 0.1(\text{mol/L})$$
$$pH = -\lg H^+ = 1$$

与 pH 对应的还有 pOH。即

$$pOH = -\lg c_{OH^-}$$

【例 5.8】 0.1mol/L NaOH 溶液,pH 为多少?

解
$$c_{OH^-} = c_{NaOH} = 0.1(\text{mol/L})$$
$$pOH^- = -\lg OH^- = 1$$
$$pH = 14 - pOH = 14 - 1 = 13$$

25℃时,$K_w = c_{H^+} \cdot c_{OH^-} = 1.0 \times 10^{-14}$
$-\lg K_w = -\lg(c_{H^+} \cdot c_{OH^-}) = 14.00$
$pK_w = -\lg K_w$
$pK_w = pH + pOH = 14.00$
酸性溶液 $c_{H^+} > c_{OH^-}$,$c_{H^+} > 1.0 \times 10^{-7}$ mol/L,pH < 7 < pOH
中性溶液 $c_{H^+} = c_{OH^-} = 1.0 \times 10^{-7}$ mol/L,pH = 7 = pOH
碱性溶液 $c_{H^+} < c_{OH^-}$,$c_{H^+} < 10^{-7}$ mol/L,pH > 7 > pOH

pH 是用来表示水溶液酸碱性的一种标度。pH 越小,c_{H^+} 越大,溶液的酸性起强,碱性越弱。

pH 仅适用于 c_{H^+} 或 c_{OH^-} 在 1mol/L 以下的溶液酸碱性。

如果:$c_{H^+} > 1$ mol/L,则 pH < 0;$c_{OH^-} > 1$ mol/L,则 pH > 14。

在这种情况下,就直接写出浓度,而不用 pH 表示这类溶液的酸碱性。

5.4.4 一元弱酸、弱碱的解离平衡

通常所说的弱酸和弱碱是指酸、碱的基本存在形式为中性分子。它们大部分以分子形式存在于溶液中,只有少部分与水发生质子转移反应,解离为阳、阴离子。通常所说的盐多数为强电解质,在水中完全解离为阳、阴离子,其中有些阳离子或阴离子与水能发生质子转移反应,或者给出质子或接受质子,称它们为离子酸或离子碱。另外,从每个酸(和碱)分子或离子能否给出(和接受)多个质子来划分:只能给出一个质子的称为一元弱酸,能给出多个质子的为多元弱酸;只能接受一个质子的为一元弱碱,能接受多个质子的为多元弱碱。

1. 一元弱酸的解离平衡

在一元弱酸 HAc-HA 的水溶液中存在着下列质子转移反应:

$$HA(aq) + H_2O(l) \rightleftharpoons H_3O^+(aq) + A^-(aq)$$

其平衡常数:

$$K_a = \frac{c_{H_3O^+} \cdot c_{A^-}}{c_{HA}}$$

K_a 表示弱酸的 HA 的解离常数；其平衡常数的数值表明了酸的相对强弱，受温度的影响变化不大。而弱酸的解离常数可用 pH 计测定溶液的 pH 来确定。

通过计算一定浓度的弱酸溶液的平衡组成。计算弱酸的 c_{H^+}，通常情况下 $K_a \gg K_w$，只要 c_{HA} 不是很小，c_{H^+} 主要由 HA 解离产生，可以不考虑水的解离平衡。

2. 一元弱碱溶液的解离平衡

一元弱碱的解离平衡组成计算与一元弱酸的解离平衡组成的计算没有本质上的差别。在弱碱 B 的溶液中：

$$B(aq) + H_2O \rightleftharpoons BH^+(aq) + OH^-(aq)$$

$$K_b = \frac{c_{BH^+} \cdot c_{OH^-}}{c_B}$$

式中 K_b——一元弱碱的解离平衡常数。

5.5 缓冲溶液

5.5.1 缓冲溶液的缓冲作用和组成

缓冲溶液是一种酸度相对稳定的溶液，当溶液中加入少量强酸或强碱，或稍加稀释时，溶液的 pH 只引起很小的改变，这种对 pH 稳定的作用称为缓冲作用。

缓冲溶液一般是由足够浓度的共轭酸碱对的两种物质组成的。例如 HAc-NaAc、NH_3-NH_4Cl、NaH_2PO_4-Na_2HPO_4 等。在实际应用中，往往还可采用酸碱反应的生成物与剩余的反应物组成缓冲系，如 HAc（过量）+NaOH、HCl+NaAc（过量）组成缓冲溶液的共轭酸碱对的两种物质合称为缓冲系或缓冲对。在缓冲系中弱酸（如 HAc）起着抗碱作用，称为抗碱成分；弱酸的共轭碱（如 Ac^-）起着抗酸作用，称为抗酸成分。

5.5.2 缓冲机制

缓冲溶液为什么具有缓冲作用呢？以 HAc-NaAc 缓冲系为例来说明缓冲溶液的缓冲机制。在缓冲溶液中的质子转移平衡及其大量 Ac^-（来自 NaAc）存在而引起平衡移动的总结果可用下式表示：

$$HAc + H_2O \rightleftharpoons H_3O^+ + Ac^-$$
$$NaAc \longrightarrow Na^+ + Ac^-$$

由上式可知，在 HAc-NaAc 缓冲溶液中，存在大量的 HAc 和 Ac^-，且二者是以质子转移平衡互相联系存在于溶液中，当在该溶液中加入少量强酸时，Ac^-（抗酸成分）与 H_3O^+ 结合生成 HAc，使上述平衡向左移动。当在该溶液中加入少量强碱时，H_3O^+（由抗碱成分 HAc 解离）与 OH^- 结合生成 H_2O，使上述平衡向右移动。当该溶液稍加稀释时，HAc 解离度增大，上述平衡向右移动。因此，缓冲溶液中的 pH 不至于因外加少量强酸、强碱，或稍加稀释而发生明显的改变。

5.5.3 缓冲溶液 pH 的计算公式

由 HB-NaB 组成的缓冲溶液中，HB 和 B^- 建立的质子转移平衡用下式表示

$$HB + H_2O \rightleftharpoons H_3O^+ + B^-$$
$$NaB \longrightarrow Na^+ + B^- \tag{5-1}$$

由平衡可得

$$[H_3O^+] = K_a \times \frac{[HB]}{[B^-]}$$

$$pH = pK_a + \lg\frac{[B^-]}{[HB]} = pK_a + \lg\frac{[共轭碱]}{[共轭酸]} \tag{5-2}$$

此式就是计算缓冲溶液 pH 的 Henderson-Hasselbalch 方程式。[HB] 和 $[B^-]$ 均为平衡浓度。$[B^-]$ 与 [HB] 的比值称为缓冲比，$[B^-]$ 与 [HB] 之和称为缓冲溶液的总浓度。

下列各式是式（5-2）另外几种表示形式，并用于缓冲溶液 pH 的有关计算。在式（5-3）中，c_{B^-} 和 c_{HB} 均为原始浓度。

酸碱溶液等体积混合

$$pH = pK_a + \lg\frac{[B^-]}{[HB]} = pK_a + \lg\frac{c_{B^-}}{c_{HB}} \tag{5-3}$$

酸碱固体等体积混合

$$pH = pK_a + \lg\frac{n_{B^-}/V}{n_{HB}/V} = pK_a + \lg\frac{n_{B^-}}{n_{HB}} \tag{5-4}$$

酸碱等浓度混合

$$pH = pK_a + \lg\frac{c_{B^-} \cdot V_{B^-}}{c_{HB} \cdot V_{HB}} = pK_a + \lg\frac{V_{B^-}}{V_{HB}} \tag{5-5}$$

由上面各式可知：

(1) 缓冲溶液的 pH 首先取决于弱酸的解离常数 K_a，同时温度对缓冲溶液 pH 也有影响。

(2) 同一缓冲系的缓冲溶液，pK_a 一定，其 pH 随着缓冲比的改变而改变。当缓冲比等于 1 时，缓冲溶液的 pH 等于 pK_a。

(3) 缓冲溶液加水稀释时，c_{B^-} 与 c_{HB} 的比值不变，则由式（5-3）计算的 pH 也不变。但因稀释而引起溶液离子强度的改变，因此缓冲溶液的 pH 也随之有微小的改变。

5.5.4 缓冲溶液的配制

配制一定 pH 近似值且具有足够缓冲能力的缓冲溶液，一般应按下述原则和步骤进行：

(1) 选择合适的缓冲系。选择缓冲系要考虑两个因素。一个是使所需配制的缓冲溶液的 pH 在所选缓冲系的缓冲范围（$pK_a \pm 1$）之内，并尽量接近弱酸的 pK_a，这样所配制的缓冲溶液可有较大缓冲容量。另一个是所选缓冲系物质应稳定、无毒，不能与溶液中的反应物或生成物发生作用。

(2) 配制的缓冲溶液的总浓度要适当。总浓度太低，缓冲容量过小；总浓度太高，一方面离子强度太大或渗透压力过高而不适用，另一方面造成试剂的浪费。因此，在实际工作中，一般选用总浓度在 0.05～0.2mol/L。

(3) 计算所需缓冲系的量。选择好缓冲系之后，就可根据公式计算所需弱酸及其共

轭碱的量或体积。一般为配制方便，常常使用相同浓度的弱酸及其共轭碱。

（4）校正 按照计算结果，分别量取体积为 V_{HB} 的 HB 溶液和 V_{B^-} 的 B^- 溶液相混合，即得 V 体积的所需 pH 近似值的缓冲溶液。如果对 pH 要求严格的实验，还需在 pH 计监控下对所配缓冲溶液的 pH 加以校正。

 学习资源

表面活性剂和乳化作用

表面活性剂是指具有固定的亲水亲油基团，在溶液的表面能定向排列，并能使表面张力显著下降的物质。表面活性剂分子的结构特点：分子结构具有不对称性，由非极性的（亲油的或疏水的）碳氢链和极性的（亲水的或疏油的）基团两部分组成，而且两部分通常分处分子链的两端。表面活性剂常用的分类方法：按表面活性剂分子的化学结构和它在水中的离解状态来进行分类。

溶于水时，亲油基和亲水基将分别受到极性水分子的排斥和吸引。在两种力的作用下，表面活性剂分子将不停地运动，以寻求受排斥力最小的稳定状态。

表面活性剂分子聚集到水的表面层，形成定向排列的分子膜（单分子膜：1 分子厚的膜）。

表面活性剂在水表面（界面）聚集达到"饱和"时，再增加浓度，其分子将以胶束的形式存在于水中，与水相互作用小，能稳定地溶于水中。

乳化作用是将一种液体分散到第二种不相溶的液体中去的过程。最大一类的乳化剂是肥皂、去污粉和其他化合物，其基本构造系末端是极性基团的烷烃链。

由于表面活性剂的作用，使本来不能互相溶解的两种液体能够混到一起的现象称为乳化现象，具有乳化作用的表面活性剂称为乳化剂。乳化机理：加入表面活性剂后，由于表面活性剂的两亲性质，使之易于在油水界面上吸附并富集，降低了界面张力。界面张力是影响乳状液稳定性的一个主要因素。因为乳状液的形成必然使体系界面积大大增加，也就是对体系要做功，从而增加了体系的界面能，这就是体系不稳定的来源。因此，为了增加体系的稳定性，可减少其界面张力，使总的界面能下降。由于表面活性剂能够降低界面张力，因此是良好的乳化剂。

凡能降低界面张力的添加物都有利于乳状液的形成及稳定。在研究一系列的同族脂肪酸作乳化剂的效应时也说明了这一点。随着碳链的增长，界面张力的降低逐渐增大，乳化效应也逐渐增强，形成较高稳定性的乳状液。但是，低的界面张力并不是决定乳状液稳定性的唯一因素。有些低碳醇（如戊醇）能将油-水界面张力降至很低，但却不能形成稳定的乳状液。有些大分子（如明胶）的表面活性并不高，但却是很好的乳化剂。固体粉末作为乳化剂形成相当稳定的乳状液，则是更极端的例子。因此，降低界面张力虽使乳状液易于形成，但单靠界面张力的降低还不足以保证乳状液的稳定性。

总之，可以这样说，界面张力的高低主要表明了乳状液形成之难易，并非为乳状液稳定性的必然的衡量标志。改变了界面状态，从而使本来不能混合在一起的"油"和

"水"两种液体能够混合到一起,其中一相液体离散为许多微粒分散于另一相液体中,成为乳状液。

起乳化作用的有乳化香料,赋予饮料以香气和浊度,用高 HLB 的聚甘油脂肪酸酯及皂树皂苷,可调制成乳化香料。添加乳化香料的饮料多属酸性,而聚甘油脂肪酸酯和皂树苷耐酸性优,因而十分合适。亲水性好与耐酸性高的卵磷脂也可使用。

酒精饮料、咖啡饮料、人造炼乳可使用甘油酸酯、山梨糖醇酐脂肪酸酯、丙二醇酯肪酸酯等低 HLB 的亲油性乳化剂和其他亲水性乳化剂配合,可提高饮料及炼乳的乳化稳定性。乳状液是一种液体以液珠形式分散在另一种与它不互溶的液体中形成的分散体系。液珠称分散相(也称内相或不连续相),另一种连成一片的液体称分散介质(也称外相或连续相)。液珠半径一般为 $10^{-7} \sim 10^{-5}$ m,所以乳状液属于粗分散系统。乳状液一般由水和与水不互溶的有机液体(统称为油)所组成。根据分散相和连续相的不同,将乳状液分为水包油和油包水两种类型。前者油是分散相而水是连续相,表示为油/水(O/W);后者水是分散相而油是连续相,表示为水/油(W/O)。例如牛奶和石油原油就分别是油/水型和水/油型乳状液。

乳状液是多相分散系统,具有很大的液-液界面,因而有高的界面能,是热力学不稳定系统,其中的液珠有自发合并的倾向。如果液珠相互合并的速率很慢,则认为乳状液具有一定的相对稳定性。另外,由于分散相和连续相的密度一般不等,因而在重力作用下液珠将上浮或下沉,结果使乳状液分层。为了制备较稳定的乳状液,除了两种不互溶液体外还必须加入乳化剂。常用的乳化剂是表面活性剂、高分子物质或固体粉末,其主要作用是通过在油-水界面上吸附,从而降低界面能同时在液珠表面形成一层具有一定强度的保护膜。

 复习与思考

一、填空题

1. 0.01mol/L NaOH 标准溶液,pH 为_____。
2. 0.001mol/L HCL 标准溶液,pH 为_____。

二、问答与计算题

1. 今有酒精溶液若干,如果加水 20g,浓度变成 20%;或者加酒精 10g,浓度变成 40%。问原来酒精溶液的浓度是多少?原来溶液的质量是多少克?
2. 配制 500mL、浓度为 0.1mol/L 的 NaOH 溶液,需要氢氧化钠固体多少克?
3. 配制 500mL、浓度为 0.1mol/L 的盐酸,需市售浓盐酸的量为多少?已知市售浓盐酸相对质量分数为 0.36,密度为 1.18kg/L。(M_{HCl} = 36.5)
4. 简述配制 1000mL、pH 为 10 的缓冲溶液过程。(要求计算、仪器、剂量及实验过程)

第6章　化学工业与化学品

> ☞ **能力要求**
> 能够对化学工业中的化学反应有所了解，丰富化学知识内涵。
>
> ☞ **知识要求**
> (1) 了解化学工业的定义。
> (2) 了解常见的无机化学反应基本类型。
> (3) 了解重要的有机化学反应。
>
> ☞ **教学活动建议**
> 可以到一些食品厂参观，了解企业的发展。

6.1　我国化学工业概况

6.1.1　化学工业的分类

化学工业的定义和范围大体上有广义、狭义的理解。广义的化学工业指凡生产中主要表现为化学反应过程或生产过程中化学反应占优势的过程工业，它们都属于化学加工工业（chemical processing industries，CPI），或称化学工业（chemical industry）。这就把诸如炼钢、造纸、酿酒、制革等一些虽然具有化学加工性质，但早已形成独立的工业门类也列入化学工业的范畴。在我国有时一种工业往往被狭义地理解为某个工业行政管理部门所管辖的部分行业，即指归我国"中国石油与化学工业联合会管理"的相关行业，这就是狭义的化学工业。

根据 GB/T 4754—2002《国民经济行业分类》，化学工业主要是指制造业门类中的石油加工、炼焦及核燃料加工业、化学原料及化学制品制造业、化学纤维制造业、橡胶制品业、塑料制品业等，化学工业也涵盖医药制造业等行业大类。其中化学原料及化学制品制造业包括：基础化学原料制造、肥料制造、农药制造、涂料、油墨、颜料及类似产品制造、合成材料制造、专用化学产品制造、日用化学产品制造等7个种类。

根据 GB/T 7635—2002《全国主要产品分类与代码第1部分：可运输产品》的规定，化工产品属于第三大部类"除金属制品、机械和设备外的其他可运输物品"。包括：(33) 炼焦产品，炼油产品，核燃料；(34) 基础化学品；(35) 其他化学产品，化学纤维；(36) 橡胶和塑料制品等四个大类、25个种类的产品。其中基础化学品包括：基础有机化学品；基础无机化学品；鞣料或染料，鞣酸及其衍生物，不另分类的着色料；活性天然矿产品、动物炭黑、妥尔油，针叶木制得的萜烯油，粗制二聚戊烯、粗制异丙基苯甲烷，松油，松香和树脂酸及其衍生物，松香精和松香油，朗姆树胶、木焦、木焦油、木杂酚油、木石脑油，植物沥青，啤酒桶沥青等林产化工品；其他各种基础化学产品；肥料和农药；初级形态的塑料；初级形态的合成橡胶或板、片、条状合成橡胶和从油类中得到的油、膏，及其与天然橡胶和类似天然树胶的混合物，胶黏剂及其产品，其他高分子聚合物等8个种类产品。

6.1.2 我国化学工业概况

石化和化学工业是我国国民经济重要的支柱产业和基础产业，资源、资金、技术密集，产业关联度高，经济总量大，产品应用范围广，在国民经济中占有十分重要的地位。

据初步统计，截至2010年底，我国石化和化学工业规模以上企业约3.5万家，全部从业人员约608万人，资产总计约5.25万亿元。2010年，全行业实现工业总产值7.64万亿元（现行价格），"十一五"年均增长22.3%。

根据《石化和化学工业"十二五"发展规划》，"十二五"期间，全行业经济总量继续保持稳步增长，总产值年均增长13%左右。到2015年，石化和化学工业总产值增长到14万亿元左右。《规划》提出，到2015年，全国炼厂平均规模超过600万t/年，石油路线乙烯装置平均规模达到70万t/年以上。氮肥、农药、氯碱、纯碱、电石、轮胎等行业产业集中度进一步提高；全行业销售收入过千亿的企业达到10个以上。

2015年主要产品生产能力目标：

（1）石化。全国一次原油加工能力6亿t/年左右。乙烯生产能力达到2700万t/年左右。对二甲苯总产能达到1200万t/年以上。聚丙烯、聚乙烯、ABS（丙烯腈-丁二烯-苯乙烯共聚物）、聚苯乙烯、聚氯乙烯等五大通用合成树脂与合成橡胶的产能分别达到6800万t和460万t，己内酰胺、乙二醇、丙烯腈等合成纤维单体国内供应能力显著提高。

（2）化工。化肥总产能控制在7760万t左右，其中氮肥5110万t/年，磷肥2150万t/年，钾肥500t/年。其他化工产品总量得到有效控制，烧碱、纯碱、甲醇、电石的产能分别控制在3100t/年、3000t/年、4000t/年、2800万t/年，农药、染料总体生产规模基本控制在现有水平。

6.2 化学品的分类与标签制度

6.2.1 全球化学品统一分类和标签制度

《全球化学品统一分类和标签制度》（globally harmonized system of classification and lablling of chemicals，GHS）实际上是根据化学品本身的物理化学特性、健康及生态毒理数据来进行分类的一套标准体系。GHS是联合国为降低化学品产生的危害，保障人民的生命和财产安全而推出的一项针对化学品的管理制度，是各国按全球统一的观点科学地处置化学品的指导性文本。GHS的目的在于通过提供一种都能理解的国际系统来表述化学品的危害，提高对人类和环境的保护，为尚未制定相关系统的国家提供一种公认的系统框架，同时可以减少对化学品的测试和评估，并且有利于化学品的国际贸易。

GHS的主要技术要素包括：按照物质和混合物对健康、环境的危害和物理危险来建立分类物质和混合物的协调的分类准则；协调统一的危险信息表述要素包括对标签和安全数据表的要求。

我国现有化学品4.5万多种，每年申报数百种新化学物质，实施GHS一方面有利于与国际标准接轨，改变我国注重易燃易爆、急性中毒等即时性危害，忽视对人体健康及环境潜在危害的现有化学品分类和标签体系，通过完善化学品健康和生态毒理数据，提高对化学品危害的认识，通过更详尽的分类和标志，将危害告知化学品生产、使用、运输人员及公众，起到有效预防、控制和减少化学品对健康和环境危害的作用。另一方面由于目前欧盟、美国、日本等主要国家和地区已实施GHS，出口到上述国家和地区的化学品必须按照GHS进行分类，并在包装物上贴统一的标签，我国是化学品进出口大国，实施GHS可避免由于分类和标签不一致导致的货物滞港等情况，减少贸易成本。因此，实施GHS对健全我国化学品管理体制机制，加强化学品行业管理起到重要作用。

6.2.2 化学品分类

化学品是由各种化学元素、由元素组成的化合物及其混合物。危险化学品则是指具有爆炸、燃烧、助燃、毒害、腐蚀、环境危害等性质且对接触的人员、设施、环境可能造成伤害或者损害的化学品。

GHS依据化学品内在危险特性，危险分为物理危险、健康和环境危险三类。

我国GB 13690—2009《化学品分类和危险性公示通则》规定了有关GHS的化学品分类及其危险公示。

1. 物理危险

物理危险是指化学品所具有的爆炸性、燃烧性（易燃或可燃性、自燃性、遇湿易燃性）、自反应性、氧化性、高压气体危险性、金属腐蚀性等危险性。

危险物质和混合物按物理危险分为以下几种：

（1）爆炸物。爆炸物质（或混合物）是这样一种固态或液态物质（或物质的混合物），其本身能够通过化学反应产生气体，而产生气体的温度、压力和速度能对周围环境造成破坏。其中也包括发火物质，即使它们不放出气体。

发火物质（或发火混合物）是这样一种物质或物质的混合物，它指在通过非爆炸自持放热化学反应产生的热、光、声、气体、烟或所有这些的组合来产生效应。

爆炸性物品是含有一种或多种爆炸性物质或混合物的物品。烟火物品是包含一种或多种发火物质或混合物的物品。

(2) 易燃气体。易燃气体是在20℃和101.3kPa标准压力下，与空气混合有一定易燃范围的气体。

(3) 易燃气溶胶。气溶胶是指气溶胶喷雾罐，是任何不可重新灌装的容器，该容器由金属、玻璃或塑料制成，内装强制压缩、液化或溶解的气体，包含或不包含液体、膏体或粉末，配有释放装置，可使所装物质喷射出来，形成在气体中悬浮的固态或液态微粒或形成泡沫、膏剂或粉末或处于液态或气态。

(4) 氧化性气体。氧化性气体是一般通过提供氧气，比空气更能导致或促使其他物质燃烧的任何气体。

(5) 压力下气体。压力下气体是指高压气体在压力等于或大于200kPa（表压）下装入储器的气体，或是液化气体或冷冻液化气体。包括压缩气体、液化气体、溶解液态、冷冻液化气体。

(6) 易燃液体。易燃液体是指闪点不高于93℃的液体。

(7) 易燃固体。易燃固体是容易燃烧或通过摩擦可能引燃或助燃的固体。易于燃烧的固体为粉状、颗粒状或糊状物质，它们在燃烧着的火柴等火源短暂接触即可点燃和火焰迅速蔓延的情况下，都非常危险。

(8) 自反应物质和混合物。自反应物质或混合物是即使没有氧（空气）也容易发生激烈放热分解的热不稳定液态或固态物质或者混合物。但不包括根据统一分类为爆炸物、有机过氧化物或氧化物质的物质和混合物。自反应物质或混合物如果在实验室试验中其组分容易起爆、迅速爆燃或在封闭条件下加热时显示剧烈效应，应视为具有爆炸性质。

(9) 自燃液体。自燃液体是即使量小也能在与空气触后5min之内引燃的液态。

(10) 自燃固体。自燃固体是即使量小也能在与空气触后5min之内引燃的固态。

(11) 自热物质和混合物。自热物质是自燃液体或固体以外，与空气反应不需要能源供应就能够自己发热的固体或液体物质或混合物。该物质或混合物与自燃液体或固体不同之处在于只在大量（几千克）和较长的时间周期（数小时或数天）时才会燃烧。

物质或混合物的自热，导致自燃，是由该物质或混合物与氧（空气中的）反应和产生的热不能足够迅速地传导至周围环境中引起的。当产生热的速度超过散失热的速度和达到了自燃温度时就会发生自燃。

(12) 遇水放出易燃气体的物质和混合物。遇水放出易燃气体的物质或混合物是通过与水作用，容易具有自燃性或放出危险数量的易燃气体的固态或液态物质或混合物。

(13) 氧化性液体。氧化性液体是本身未必燃烧，但通常因放出氧气可能引起或促使其他物质燃烧的液体。

(14) 氧化性固体。氧化性固体是本身未必燃烧，但通常因放出氧气可能引起或促使其他物质燃烧的固体。

(15) 有机过氧化物。有机过氧化物是含有二价—O—O—结构的液态或固态有机物质，可以看作是1个或2个氢原子被有机基替代的过氧化氢衍生物。也包括有机过氧化物配方（混合物）。有机过氧化物是热不稳定物质或混合物，容易放热自加速分解。另外，它们可能具有下列一种或几种性质：①易于爆炸分解；②易于迅速燃烧；③对撞击或摩擦敏感;④与其他物质发生危险反应。

如果有机过氧化物在实验室实验中。在封闭条件下加热时组分容易爆炸,迅速燃爆或表现出剧烈效应,则可认为它具有爆炸性质。

(16) 金属腐蚀剂。腐蚀金属的物质或混合物是通过化学作用显著损坏或毁坏金属的物质或混合物。

2. 健康危害

健康危害是指根据已确定的科学方法进行研究,由得到的统计资料证实,接触某种化学品对人员健康造成的急性或慢性危害。

(1) 急性毒性。急性毒性是指在单剂量或在 24h 内多剂量口服或皮肤被接触一种物质,或吸入接触 4h 之后出现的有害效应。

(2) 皮肤腐蚀/刺激。皮肤腐蚀是对皮肤造成不可逆损伤;即施用试验物质达到 4h 后,可观察到表皮和真皮坏死。腐蚀反应的特征是溃疡、出血、有血的结痂,而且在观察期 14d 结束时,皮肤、完全脱发区域和结痂处由于漂白而退色。应考虑通过组织病理学来评估可疑的病变,

皮肤刺激是施用试验物质达到 4h 后对皮肤造成可逆损伤。

(3) 严重眼损伤/眼刺激。严重眼损伤是在眼前部表面施加试验物质之后,对眼部造成在施用 21d 内并不完全可逆的组织损伤,或严重的视觉物理衰退。

眼刺激是在眼前部表面施加试验物质之后,在眼部产生在施用 21d 内完全可逆的变化。

(4) 呼吸或皮肤过敏。呼吸过敏物是吸入后会导致器官超过敏反应的物质。皮肤过敏物是皮肤接触后导致过敏反应的物质。

过敏包含两个阶段:第一个阶段是某人因接触某种变应原而引起特定免疫记忆;第二阶段是引发,即某一致敏个人因接触某种变应原而产生细胞介导或抗体介导的过敏反应。

(5) 生殖细胞致突变性。本危险类别涉及的主要是可能导致人类生殖细胞发生可传播给后代的突变的化学品。但在分类时也要考虑活体外致突变性/生殖毒性试验和哺乳动物活体内体细胞中的致突变性/生殖毒性试验。突变是指细胞中遗传物质的数量或结构发生永久性改变。

(6) 致癌性。致癌物一词是指可导致癌症或增加癌症发生率的化学物质或化学物质混合物。在实施良好的动物实脸性研究中诱发良性和恶性肿瘤的物质也被认为是假定的或可疑的人类致癌物,除非有确凿证据显示该肿瘤形成机制与人类无关。

产生致癌危险的化学品的分类基于该物质的固有性质,并不提供关于该化学品的使用可能产生的人类致癌风险水平的信息。

(7) 生殖毒性。生殖毒性包括对成年雄性和雌性性功能和生育能力的有害影响,以及在后代中的发育毒性。

有些生殖毒性效应不能明确地归因于性功能和生育能力受损害或者发育毒性。尽管如此,具有这些效应的化学品将划为生殖有毒物并附加一般危险说明。

（8）特异性靶器官系统毒性——单次接触。特异性靶器官系统毒性一次接触是由一次接触产生特异性的、非致死性靶器官系统毒性的物质。包括产生即时的和/或迟发的、可逆性的和不可逆性功能损害的各种明显的健康效应。

（9）特异性靶器官系统毒性——重复接触。特异性靶器官系统毒性反复接触是由反复接触而引起特异性的非致死性靶器官系统毒性的物质。包括能够引起即时的和/或迟发的、可逆性和不可逆性功能损害的各种明显的健康效应。

（10）吸入危险。"吸入"指液态或固态化学品通过口腔或鼻腔直接进入或者因呕吐间接进入气管和下呼吸系统。吸入毒性包括化学性肺炎、不同程度的肺损伤或吸入后死亡等严重急性效应。

3. 环境危害

环境危害是指化学品进入环境后通过环境蓄积、生物累积、生物转化或化学反应等方式，对环境产生的危害。环境危害主要指对水环境的危害。

危害水生环境的基本要素是：

（1）急性水生毒性。急性水生毒性是指物质对短期接触它的生物体造成伤害的固有性质。

（2）潜在或实际的生物积累。生物积累是指物质以所有接触途径（即空气、水、沉积物/土壤和食物）在生物体内吸收、转化和排出的净结果。

（3）有机化学品的降解（生物或非生物）。降解是指有机分子分解为更小的分子，并最后分解为二氧化碳、水和盐。

（4）慢性水生毒性。慢性水生毒性是指物质在与生物体生命周期相关的接触期间，对水生生物产生有害影响的潜在性质或实际性质。

6.2.3 危险信息的表述手段

我国的 GB 15258—2009《化学品安全标签编写规定》是与全球化学品统一分类和标签制度（GHS）实施相适应的配套标准，标志着全球化学品统一分类和标签制度（GHS）在我国正式开始实施。

1. 标签

化学品安全标签是用于标示化学品所具有的危险性和安全注意事项的一组文字、象形图和编码组合，它可粘贴、挂拴或喷印在化学品的外包装或容器上。

1）标签要素

标签要素是指安全标签上用于表示化学品危险性的一类信息。包括化学品标志、象形图、信号词、危险性说明、防范说明、应急咨询电话、供应商标志、资料参阅提示语等。

2）标签的内容

（1）化学品标志。用中文和英文分别标明化学品的化学名称或通用名称。名称要求醒目清晰，位于标签的上方。名称应与化学品安全技术说明书中的名称一致。

对混合物应标出对其危险性分类有贡献的主要组分的化学名称或通用名、浓度或浓度范围。当需要标出的组分较多时，组分个数以不超过 5 个为宜。对于属于商业机密的成分可以不标明，但应列出其危险性。

（2）象形图。象形图是由图形符号及其他图形要素，如边框、背景图案和颜色组成，表述特定信息的图形组合。

图形符号是旨在简明地传达安全信息的图形要素，GHS 规定应当使用的标准符号见图 6-1。

火焰	圆圈上方火焰	爆炸弹
腐蚀	高压气瓶	骷髅和交叉骨
感叹号	环境	健康危险

图 6-1 GHS 中应使用的标准符号

（3）信号词。信号词是标签上用于表明化学品危险性相对严重程度和提醒接触者注意潜在危险的词语。

根据化学品的危险程度和类别，用"危险""警告"两个词分别进行危害程度的警示。信号词位于化学品名称的下方，要求醒目、清晰。根据 GB 20576—2006～GB 20599—2006，GB 20601—2006～GB 20602—2006，选择不同类别危险化学品的信号词。

（4）危险说明。危险性说明是对危险种类和类别的说明，描述某种化学品的固有危险，必要时包括危险程度。

简要概述化学品的危险特性。居信号词下方。根据 GB 20576—2006～GB 20599—2006，GB 20601—2006～GB 20602—2006，选择不同类别危险化学品的危险性说明。

（5）防范说明。防范说明是用文字或象形图描述的降低或防止与危险化学品接触，确保正确储存和搬运的有关措施。

表述化学品在处置、搬运、储存和使用作业中所必须注意的事项和发生意外时简单有效的救护措施等，要求内容简明扼要、重点突出。该部分应包括安全预防措施、意外情况（如泄漏、人员接触或火灾等）的处理、安全储存措施及废弃处置等内容。

（6）供应商标志。供应商标志主要包含供应商名称、地址、邮编和电话等。

（7）应急咨询电话。填写化学品生产商或生产商委托的 24h 化学事故应急咨询电话。国外进口化学品安全标签上应至少有一家中国境内的24h化学事故应急咨询电话。

（8）资料参阅提示语。提示化学品用户应参阅化学品安全技术说明书。

化学品安全标签样例见图6-2。

图6-2 化学品安全标签样例

2. 危险性公示

1）安全数据单

安全数据单（SDS）是就危害性化学物质和混合物，写明其成分、产品名、供货商、危害性、安全上的预防措施、发生意外时的预防措施等内容的文字措施，这些综合信息以供工作场所化学品控制管理使用。

应当为符合GHS中物理、健康或环境危险统一标准的所有物质和混合物及含有符合致癌性、生殖毒性或靶器官系统毒性标准且浓度超过混合物标准所规定的安全数据单临界极限的物质的所有混合物制作安全数据。还可为不符合危险类别标准但含有某种浓度的危险物质的混合物制作安全数据单。

安全数据单应提供关于化学物质或混合物的，包括16个方面信息。

2）安全数据单最低限度的信息

（1）物质或化合物和供应商的标志。GHS产品标志符；其他标志手段；化学品使用建议和使用限制；供应商的详细情况（名称、地址、电话号码等）；紧急电话号码。

（2）危险标志。物质/混合物的 GHS 分类和任何国家或区域信息；GHS 标签要素，包括防范说明（危险符合可为黑白两色的符合图形或符号名称，如火焰、骷髅和交叉骨）；不导致分类的其他危险（例如尘爆危险）或不为 GHS 覆盖的其他危险。

（3）成分构成/成分信息。物质：化学名称；普通名称、同物异名等；化学文文摘登记号码，欧洲联盟委员会编号等；本身已经分类并有助于物质分类的稳定添加剂。混合物：在 GHS 含义范围内其有危险和存在量超过其临界水平的所有成分的化学名称和浓质或浓度范围。

（4）急救措施。注明必要的惜施，按不同的接触途径细分，剂吸入、皮肤和眼接触及摄入；最重要的急性和延迟症状/效应；必要时注明要立即就医及所需特殊治疗。

（5）消防措施。适当（和不适当）的灭火介质；化学品产生的其体危险（如任何危险燃烧品的性质）；消防人员的特殊保护设备和防范借施。

（6）事故排除措施。人身防范、保护措施和应急程序；环境防范措施；抑制和清洁的方法和材料。

（7）搬运和存储。安全搬运的防范措施；安全存储的方法，包括任何不相容性物质。

（8）接触控制/人身保护。控制参数，如职业接触极限值或生物极限值；适当的工程控制；个人保护措施，如人身保护设备。

（9）物理和化学特性。外观（物理状态、颜色等）；气味；气味阈值；pH；熔点/凝固点；初始沸点和沸腾范围；闪点；蒸发速率；易燃性（固态、气态）；上下易燃极限或爆炸极限；蒸气压力；蒸气密度；相对密度；可溶性；分配系数；自动点火温度；分解温度。

（10）稳定性和反应性。化学稳定性；危险反应的可能性；避免的条件（如静态卸载、冲击或振动）；不相容材料；危险的分解产品。

（11）毒理学信息。简洁但完整和全面地说明各种毒理学（健康）效应和可用来确定这此效应的现有数据，其中包括：关于可能的接触途径的信息（吸入、摄入、皮肤和眼接触）；有关物理、化学和毒理学特点的症状；延迟和即时效应以及长期和短期接触引起的慢性效应；毒性的数值度量（如急性毒性估计值）。

（12）生态信息。生态毒性；持久性和降解性；生物积累潜力；在土壤中的流动性；其他不利效应。

（13）处置考虑。废物残留的说明和关于它们的安全搬运和处置方法的信息，包括任何污染包装的处置。

（14）运输信息。联合国编号；联合国专有的装运名称；运输危险种类；海洋污染物（是/否）；在其他地方内外进行运输或传送时，用户需要遵守的特殊防范措施。

（15）管理信息。针对有关产品的安全、健康和环境条例。

（16）其他信息。包括关于安全数据单编制和修订的信息。

6.3 无机反应与化学工业

6.3.1 常见的无机化学反应

1. 基本反应类型

无机化学反应基本类型包括化合反应、分解反应、置换反应和复分解反应。

1) 化合反应

两种或者两种以上的物质生成一种物质的反应，称为化合反应；化合反应的关系式可表示为 A+B⟶C。如 $CaO+H_2O == Ca(OH)_2$。

2) 分解反应

一种物质分解成两种或者两种以上物质的反应，称为分解反应；分解反应的关系式可表示为 A⟶B+C。如 $H_2CO_3 == H_2O+CO_2$。

3) 置换反应

一种单质和一种化合物反应，生成另一种单质和另一种化合物，表示为 A+BC⟶B++C。如 $Fe+2HCl == FeCl_2+H_2\uparrow$；$CuO+H_2 == Cu+H_2O$。

置换反应必定有元素的化合价升高和降低，所以一定是氧化-还原反应。

4) 复分解反应

一种化合物和另一种化合物反应，互相交换成分的反应类型，表示为 AB+CD == AD+B。如 $CuSO_4+BaCl_2 == CuCl_2+BaSO_4\downarrow$。

复分解反应发生需要一定的条件，即参加反应的物质中至少一种可溶于水，生成物至少要有沉淀或者气体或者水。酸碱中和反应属于复分解反应。

2. 氧化还原反应和非氧化还原反应

氧化还原反应是在反应前后元素的化合价具有相应的升降变化的化学反应。在反应过程中有元素化合价变化的化学反应叫做氧化还原反应。这种反应可以理解成由2个半反应构成，即氧化反应和还原反应。此类反应都遵守电荷守恒。在氧化还原反应里，氧化与还原必然以等量同时进行。如 $Fe+S == FeS$。

有机化学中也存在氧化还原反应。如 $CH_3CH_2OH \xrightarrow{[O]} CH_3COOH$。

与"氧化还原反应"相对的，在化学反应中，元素化合价不发生变化的反应称为"非氧化还原反应"。复分解反应都不是氧化还原反应，置换反应都是氧化还原反应，有单质参加的化合反应不一定都是氧化还原反应。

3. 离子反应和非离子反应

有离子参加的化学反应被称作离子反应，其本质是某些离子浓度发生改变。常见离子反应多在水溶液中进行。根据反应原理，离子反应可分为复分解、盐类水解、氧化还原、络合4个类型；也可根据参加反应的微粒，分为离子间、离子与分子间、离子与原子间的反应等。极浓的电解质跟固态物质反应时，应根据反应的本质来确定是否属于离子反应。例如，浓硫酸跟铜反应时，表现的是硫酸分子的氧化性，故不属于离子反应；浓硫酸跟固体亚硫酸钠反应时，实际上是氢离子跟亚硫酸根离子间的作用，属于离子反应。此外，离子化合物在熔融状态也能发生离子反应。

而大多数有机反应都是非离子反应还有一些不在溶液中发生的反应，比如碳在空气中燃烧等。

6.3.2 无机化学工业简介

1. 化肥工业

1) 合成氨工业

合成氨工业是基本无机化工之一。氨是化肥工业和基本有机化工的主要原料。氨可加工成硝酸，现代化学工业中，常将硝酸生产归属于合成氨工业范畴。合成氨主要消费部门为化肥工业，用于其他领域的主要是高分子化工、火炸药工业等非化肥用氨，统称为工业用氨。

2) 尿素

尿素是人工合成的第一种有机化合物，是德国化学家维勒首先合成的。工业上由氨和二氧化碳在高温和高压下制得。

2. 基础化学原料制造工业

基础化学原料制造工业是为化学教学或化学工厂提供原材料的工业部门。是直接对原材料产品进行加工、生产基础原材料的工业部门总称。其生产的产品主要有以下几种。

1) 硫酸

硫酸，化学式为 H_2SO_4，是一种无色、无味油状液体，为高沸点难挥发的强酸，易溶于水，能以任意比与水混溶。硫酸是基本化学工业中重要产品之一，它不仅作为许多化工产品的原料，而且还广泛地应用于其他的国民经济部门。硫酸具有很强的腐蚀性，当大量硫酸与皮肤接触需要先用干布吸去，不能用力按、擦，否则会擦掉皮肤；少量硫酸接触无需用干布，用大量冷水冲洗，再用3%～5%碳酸氢钠溶液冲洗，最后用0.01%的苏打水（或稀氨水）浸泡即可。

2) 硝酸

硝酸分子式为 HNO_3，是一种有强氧化性、强腐蚀性的无机酸。硝酸的酸性较硫酸和盐酸小，易溶于水，在水中完全电离，常温下其稀溶液无色透明，浓溶液显棕色。硝酸不稳定，易见光分解，应在棕色瓶中于阴暗处避光保存，严禁与还原剂接触。硝酸在工业上主要以氨氧化法生产，用以制造化肥、炸药、硝酸盐等。

3) 纯碱

碳酸钠，化学式为 Na_2CO_3，俗名苏打、纯碱、洗涤碱。普通情况下为白色粉末，为强电解质。密度为 $2.532g/cm^3$，熔点为 $851℃$，易溶于水，具有盐的通性。无结晶水的碳酸钠的工业名称为轻质碱,有一个结晶水碳酸钠的工业名称为重质碱。碳酸钠属于盐,不属于碱。因为碳酸钠的水溶液呈碱性,因此又名纯碱。碳酸钠是重要的化工原料之一,广泛应用于轻工日化、建材、化学工业、食品工业、冶金、纺织、石油、国防、医药等领域,用做制造其他化学品的原料、清洗剂、洗涤剂,也用于照相术和分析领域,食用级纯碱用于生产味精、面食等。

4) 烧碱

氢氧化钠($NaOH$),俗称烧碱、火碱、苛性钠,常温下是一种白色晶体,具有强腐蚀性。溶于水、乙醇时或溶液与酸混合时产生剧热,溶液呈强碱性。相对密度为2.13。熔点为318℃。沸点为1390℃。有腐蚀性。其水溶液有涩味和滑腻感,能使酚酞变红。氢氧化钠是一种极常用的碱,是化学实验室的必备药品之一。氢氧化钠在空气中易吸收水蒸气,对其必须密封保存,且要用橡胶瓶塞。它的溶液可以用作洗涤液。广泛应用于污水处理剂、基本分析试剂、配制分析用标准碱液、少量二氧化碳和水分的吸收剂、酸的中和、钠盐制造方面。还可制造其他含氢氧根离子的试剂;在造纸、印染、废水处理、电镀、化工钻探方面均有重要用途。

3. 农药工业

农药是重要的农业生产资料和救灾物资,对防治农业有害生物,保障农业丰收,提高农产品质量,确保粮食安全,以及控制卫生、工业等相关领域的有害生物起着不可或缺的作用。经过半个多世纪的发展,我国农药的生产能力和产量已经处于世界前列,不仅能够满足国内农业和相关领域的需求,而且成为全球重要的农药生产和出口国。

我国严格控制农药安全生产和环境保护,强化工艺创新和污染物治理技术的研发与应用,推进清洁生产和节能减排;加快高安全、低风险产品和应用技术的研发,逐步限制、淘汰高毒、高污染、高环境风险的农药产品和工艺技术;建立和完善农药废弃物处置体系,减轻农药废弃物对环境的影响。重点发展针对常发性、难治害虫、地下害虫、线虫、外来入侵害虫的杀虫剂和杀线虫剂,适应耕作制度、耕作技术变革的除草剂,果树和蔬菜用新型杀菌剂和病毒抑制剂,用于温室大棚、城市绿化、花卉、庭院作物的杀菌剂、种子处理剂和环保型熏蒸剂,积极发展植物生长调节剂和水果保鲜剂,鼓励发展用于小宗作物的农药、生物农药和用于非农业领域的农药新产品。

大力推动农用剂型向水基化、无尘化、控制释放等高效、安全的方向发展,支持开发、生产和推广水分散粒剂、悬浮剂、水乳剂、微胶囊剂和大粒剂(片剂)等新型剂型,以及与之配套的新型助剂,降低粉剂、乳油、可湿性粉剂的比例,严格控制有毒有害溶剂和助剂的使用。

4. 煤化工

煤化工是指以煤为原料,经化学加工使煤转化为气体、液体和固体燃料以及化学品的过程。主要包括煤的气化、液化、干馏,以及焦油加工和电石乙炔化工等。在煤化工可利用的生产技术中,炼焦是应用最早的工艺,并且至今仍然是化学工业的重要组成部分。煤的气化在煤化工中占有重要地位,用于生产各种气体燃料,是洁净的能源,有利于提高人民生活水平和环境保护；煤气化生产的合成气是合成液体燃料等多种产品的原料。煤直接液化，即煤高压加氢液化，可以生产人造石油和化学产品。在石油短缺时，煤的液化产品将替代目前的天然石油。

煤化工开始于18世纪后半叶，19世纪形成了完整的煤化工体系。进入20世纪，许多以农林产品为原料的有机化学品多改为以煤为原料生产，煤化工成为化学工业的重要组成部分。第二次世界大战以后，石油化工发展迅速，很多化学品的生产又从以煤为原料转移到以石油、天然气为原料，从而削弱了煤化工在化学工业中的地位。煤中有机质的化学结构，是以芳香族为主的稠环为单元核心，由桥键互相连接，并带有各种官能团的大分子结构，通过热加工和催化加工，可以使煤转化为各种燃料和化工产品。焦化是应用最早且至今仍然是最重要的方法，其主要目的是制取冶金用焦炭，同时副产煤气和苯、甲苯、二甲苯、萘等芳烃。煤气化在煤化工中也占有重要的地位，用于生产城市煤气及各种燃料气也用于生产合成气；煤低温干馏、煤直接液化及煤间接液化等过程主要生产液体燃料。

5. 盐化工

盐化工是指利用盐或盐卤资源，加工成氯酸钠、纯碱、氯化铵、烧碱、盐酸、氯气、氢气、金属钠，以及这些产品的进一步深加工和综合利用的过程。盐化工产业与针纺织、电子、医药等工业门类相比较，其产业链长、关联度大、技术密集、产品附加值高、带动能力强且财税贡献突出。目前国内外对以化工产品为主要上游原材料的产品需求量猛增，许多化工产业投资者纷纷把目光转向盐化工产业开发。

其中氯碱工业是国民经济中占有重要地位的化工原材料基础工业，其发展与人民生活密切相关。目前国际上成熟的经验是氯碱工业与石油化工、天然气化工在布局上紧密结合，通过石油化工和天然气化工的发展，推动氯碱工业和有机氯产品的发展。发达国家的大型石油化工装置几乎都伴有大型氯碱生产装置，石油化工装置提供的乙烯、丙烯、丁二烯、苯、甲苯、二甲苯等与氯碱工业的氯反应生产出大量有价值的有机氯产品，由于原料充足且价廉，装置具备经济规模，使产品具有较强的竞争力。同时也有利于节能降耗、保护资源与环境，有利于提高产品质量，增强市场竞争力，确保氯碱工业可持续发展，并带动相关工业的快速发展。因此，要加快实施以石油化工和天然气化工产品为原料的先进工艺技术，逐步转换和提升我国氯碱工业以煤炭、农副产品为原料的传统落后工艺技术。

6.4 有机反应与有机化工产业

6.4.1 重要的有机化学反应

1. 取代反应

有机化合物分子中某一原子或基团被其他原子或原子团（直接连接碳原子的原子或原子团）所取代的反应称取代反应。取代反应可分为亲核取代、亲电取代和均裂取代三类。如果取代反应发生在分子内各基团之间，称为分子内取代。有些取代反应中又同时发生分子重排。

$$CH_4 + Cl_2 \rightleftharpoons CH_3Cl + HCl$$

2. 消除反应

消除反应又称脱去反应或消去反应，是一种有机反应。是指一有机化合物分子和其他物质反应，失去部分原子或官能团（称为离去基）。反应后的分子会产生多键，为不饱和有机化合物。消除反应分为较常见生成烯类的β脱去反应和生成卡宾类化合物的α脱去反应。

3. 加成反应

加成反应是一种有机化学反应，它发生在有双键或叁键的物质中。加成反应进行后，重键打开，原来重键两端的原子各连接上一个新的基团。加成反应一般是2分子反应生成1分子，相当于无机化学的化合反应。根据机理，加成反应可分为亲核加成反应、亲电加成反应、自由基加成和环加成。

4. 分子重排

分子重排，又称重排反应。是指某种化合物在试剂、温度或其他因素的影响下，发生分子中某些基团的转移或分子内碳原子骨架的改变的反应。重排的结果可能是：生成原来化合物的同分异构体；失去某些简单的分子（如水等）而生成另一种化合物。

5. 磺化

磺化反应是一种向有机分子中引入磺酸基（—SO_2H）或磺酰氯基（—SO_3Cl）的反应过程。磺化过程中磺酸基取代碳原子上的氢称为直接磺化；磺酸基取代碳原子上的卤素或硝基，称为间接磺化。脂肪族化合物通常用间接的方法磺化。芳香族化合物主要用直接磺化（亲电取代反应）。

6. 硝化

硝化是指用硝酸或硝酸盐处理，与硝酸或硝酸盐结合，尤指将有机化合物转化成硝基化合物或硝酸酯（如用硝酸和硫酸的混合物处理）。有机化学中最重要的硝化反应是芳烃的硝化，向芳环上引入硝基的最主要的作用是作为制备氨基化合物的一条重要途径，进而制备酚、氟化物等化合物。

7. 卤化

卤化是指单质或化合物分子中引入卤素原子以生产卤化物的反应过程。卤化作为一种合成手段，广泛用于有机合成以制取各种重要的原料、中间体以及工业溶剂等。

8. 氧化与还原反应

在有机化学中,通常将有机化合物分子中加入氧原子或脱去氢原子的反应称为氧化反应,通常将有机化合物分子中加入氢原子或脱去氧原子的反应称为还原反应。

9. 烷基化

烷基化是烷基由一个分子转移到另一个分子的过程。是化合物分子中引入烷基(甲基、乙基等)的反应。如汞在微生物作用下在底质下会烷基化生成甲基汞或二甲基汞。工业上常用的烷基化剂有烯烃、卤烷、硫酸烷酯等。

10. 酰化

酰化又称酰基化,是指在有机分子中的氮、氧、碳等原子上引入脂肪族酰基 RCO^- 或芳香族酰基 $ArCO^-$ 的反应,如光化学烟雾形成过程中大气中的碳氢化合物经氧化、硝化及酰化而生成过氧酰基硝酸酯,它们是大气氧化剂污染物。

11. 重氮化及其转化

芳香族伯胺和亚硝酸作用生成重氮盐的反应标为重氮化,芳伯胺常称重氮组分,亚硝酸为重氮化剂,因为亚硝酸不稳定,通常使用亚硝酸钠和盐酸或硫酸使反应时生成的亚硝酸立即与芳伯胺反应,避免亚硝酸的分解,重氮化反应后生成重氮盐。

12. 缩合

2个相同分子或不同分子之间形成一个新键的反应过程。过程中常放出 NH_3、H_2O、HCl 等简单分子(但也有不放出的,如醇-醛缩合)。反应所用的催化剂通常为酸、碱、氰化物离子或络合金属离子。2个相同分子之间的缩合反应称自缩合反应。

6.4.2 有机化学工业简介

1. 烯烃工业

烯烃是国民经济重要的基础原料,在石化和化学工业发展中占有重要的战略地位。目前我国以石油制烯烃为主,煤制烯烃和重油催化热裂解制烯烃示范装置实现工业化运行,烯烃原料呈现多元化。聚烯烃是烯烃的均聚物和共聚物的总称,主要包括聚乙烯、聚丙烯和聚1-丁烯及其他烯烃类聚合物。工业生产的聚乙烯有三个品种:高密度聚乙烯(HDPE)、低密度聚乙烯(LDPE)、线性低密度聚乙烯(LLDPE)。还有一些具有特殊性能的聚乙烯小品种,如高分子质量高密度聚乙烯、乙烯-醋酸乙烯共聚物、甚低密度聚乙烯和超低密度聚乙烯,以及其他以乙烯为主要单体的各种共聚物。聚丙烯根据高分子链立体结构不同有三个品种:等规聚丙烯(iPP)、无规聚丙烯(aPP)和间规聚丙烯(sPP)。

聚烯烃树脂作为重要的合成材料之一,直接影响到国民经济的发展及国民消费水平的提高，尤其是与包装、农业、建筑、汽车、电气和电子等下游行业紧密相关。

2. 合成树脂

合成树脂是由人工合成的一类高分子聚合物。在外力作用下可呈塑性流动状态，某些性质与天然树脂相似。为黏稠液体或加热可软化的固体，受热时通常有熔融或软化的温度范围，在外力作用下可呈塑性流动状态，某些性质与天然树脂相似。合成树脂最重要的应用是制造塑料。为便于加工和改善性能，常添加助剂，有时也直接用于加工成形，故常是塑料的同义语。合成树脂还是制造合成纤维、涂料、胶黏剂、绝缘材料等的基础原料。合成树脂种类繁多，按主链结构有碳链、杂链和非碳链合成树脂；按合成反应特征有加聚型和缩聚型合成树脂。实际应用中，常按其热行为分为热塑性树脂和热固性树脂。生产合成树脂的原料来源丰富，早期以煤焦油产品和电石碳化钙为主，现多以石油和天然气的产品为主，如乙烯、丙烯、苯、甲醛及尿素等。合成树脂的生产方法采用本体聚合、悬浮聚合、乳液聚合、溶液聚合、熔融聚合和界面缩聚等。

3. 合成纤维

合成纤维是将人工合成的、具有适宜分子质量并具有可溶（或可熔）性的线型聚合物，经纺丝成形和后处理而制得的化学纤维。通常将这类具有成纤性能的聚合物称为成纤聚合物。与天然纤维和人造纤维相比，合成纤维的原料是由人工合成方法制得的，生产不受自然条件的限制。合成纤维除了具有化学纤维的一般优越性能，如强度高、质轻、易洗快干、弹性好、不怕霉蛀等外，不同品种的合成纤维各具有某些独特性能。

4. 合成橡胶

合成橡胶是由人工合成的高弹性聚合物。也称合成弹性体，是三大合成材料之一，其产量仅低于合成树脂（或塑料）、合成纤维。

橡胶是制造飞机、军舰、汽车、拖拉机、收割机、水利排灌机械、医疗器械等所必需的材料。根据来源不同，橡胶可以分为天然橡胶和合成橡胶。合成橡胶中有少数品种的性能与天然橡胶相似，大多数与天然橡胶不同，但两者都是高弹性的高分子材料，一般均需经过硫化和加工之后，才具有实用性和使用价值。合成橡胶在20世纪初开始生产，从40年代起得到了迅速的发展。合成橡胶一般在性能上不如天然橡胶全面，但它具有高弹性、绝缘性、气密性、耐油、耐高温或低温等性能，因而广泛应用于工农业、国防、交通及日常生活中。

5. 石油化工

石油化学工业简称石油化工，石油化学工业是基础性产业，它为农业、能源、交通、机械、电子、纺织、轻工、建筑、建材等工农业和人民日常生活提供配套和服务，在国民经济中占有举足轻重的地位。是化学工业的重要组成部分，在国民经济的发展中有重要作用，是我国的支柱产业部门之一。石油化工指以石油和天然气为原料，生产石油产品和石油化工产品的加工工业。石油产品又称油品，主要包括各种燃料油（汽油、煤油、柴油等）和润滑油以及液化石油气、石油焦炭、石蜡、沥青等。生产这些产品的加工过程常被称为石油炼制，简称炼油。石油化工产品以炼油过程提供的原料油进一步化学加工获得。生产石油化工产品的第一步是对原料油和气（如丙烷、汽油、柴油等）进行裂解，生成以乙烯、丙烯、丁二烯、苯、甲苯、二甲苯为代表的基本化工原料。第二步是以基本化工原料生产多种有机化工原料（约200种）及合成材料（塑料、合成纤维、合成橡胶）。这两步产品的生产属于石油化工的范围。有机化工原料继续加工可制得更多品种的化工产品，习惯上不属于石油化工的范围。在有些资料中，以天然气、轻汽油、重油为原料合成氨、尿素，甚至制取硝酸也列入石油化工。

6. 天然气化工

天然气化工以天然气为原料生产化学产品的工业，是燃料化工的组成部分。由于天然气与石油同属埋藏地下的烃类资源，有时且为共生矿藏，其加工工艺及产品相互有密切的关系，故也可将天然气化工归属于石油化工。天然气通过净化分离和裂解、蒸气转化、氧化、氯化、硫化、硝化、脱氢等反应可制成合成氨、甲醇及其加工产品（甲醛、醋酸等）、乙烯、乙炔、二氯甲烷、四氯化碳、二硫化碳、硝基甲烷等。

6.5 生化反应与生物化工

6.5.1 生化反应

生化反应即生物化学反应，就是指在生物的细胞内进行的化学反应。和普通的化学反应相比，它具有以下的特点：

(1) 在生物体中所进行的生物化学反应都是远离平衡点的反应，它需要从外界获取能量或向外界输出物质、能量和熵。

(2) 细胞中生物化学反应的主要类型是氧化还原反应。

(3) 生物大分子只有在特定位置发生反应，其特定功能才能得以发挥。

(4) 细胞内所进行的生物化学反应都需要有酶的催化。酶的催化效率高，反应条件温和，具有方向性，对底物有高度专一性。

例如，RNA转录、加工只在核中一定区域进行；蛋白质生物合成是在细胞质中进行，线粒体和叶绿体只能合成自己需要的一小部分蛋白质，糖酵解发生在细胞质中，三羧酸循环发生在线粒体基质中。

6.5.2 生物化工

生物化工（biological chemistry）是一门以实验研究为基础，理论和工程应用并重，综合遗传工程、细胞工程、酶工程与工程技术理论，通过工程研究、过程设计、操作的优化与控制，实现生物过程的目标产物。因此它在生物技术中有着重要地位。该学科也是生物技术的一个重要组成部分，将为解决人类所面临的资源、能源、食品、健康和环境等重大问题起到积极的作用。

6.5.3 发酵工业

发酵工业多是指利用生物体对于有机物的某种分解过程为原理的生产工业。发酵工业日益引起人们重视。和传统的发酵工艺相比，现代发酵工业更有其优越性。除了使用微生物外，还可以用动植物细胞和酶，也可以用人工构建的"工程菌"来进行反应；反应设备也不只是常规的发酵罐，而是以各种各样的生物反应器而代之，自动化连续化程度高，使发酵水平有所提高和创新。

 学习资源

食 品 工 业

食品工业是指主要以农业、渔业、畜牧业、林业或化学工业的产品或半成品为原料，制造、提取、加工成食品或半成品，具有连续而有组织的经济活动工业体系。食品工业是人类的生命产业，是一个最古老而又永恒不衰的常青产业。随着全球经济发展和科学技术的进步，世界食品工业取得长足发展。尽管新兴产业不断涌现，但食品工业仍然是世界制造业中的第一大产业。食品工业的现代化水平已成为反映人民生活质量高低及国家发展程度的重要标志。

我国食品工业在中央及各级政府的高度重视下，在市场需求的快速增长和科技进步的有力推动下，已发展成为门类比较齐全，既能满足国内市场需求，又具有一定出口竞争能力的产业，并实现了持续、快速、健康发展的良好态势。食品工业总产值年均递增10%以上，产品销售收入快速增长，经济效益大幅度提高，继续保持位列国民经济各产业部门前列的地位，为国民经济建设发挥着支柱产业的重要作用。

2011年前三季度，全国食品工业经济运行总体健康良好，呈现出生产较快增长、价格有所回落、效益不断提高、投资持续增加等特点。2011年1~9月份，规模上万人以上食品工业企业31461家，占同口径全国工业企业10.1%，从业人员644.91万人，占全国工业7.4%；完成现价工业总产值55541.50亿元，同比增长31.40%；实现利润3668.39亿元，同比增长34.8%；完成固定资产投资额6792.55亿元，同比增长34.9%。

社会安定，人民生活水平的不断提高，安全、卫生、营养食品的需求量大幅度增长，将继续推动我国食品制造的快速发展。食品作为生活必需品，受到我国政府的广泛关注；为了促进食品行业健康、卫生、稳定的发展，国家针对不同食品制造业制定了不同的政策措施，以保证行业长期健康发展。因此，未来几年我国食品制造行业的发展将会更加旺盛。到2015年，我国食品工业将成为在国民经济中的支柱地位进一步巩固、对社会贡献度进一步提高、具有较强自主创新能力、保障安全和营养健康、有一定国际竞争力的产业。

复习与思考

问答题
1. 简述化学工业的定义。
2. 根据已学的知识,阐述自己对化学工业的认识,展望化学工业的前途。

第 7 章　化学分析概述

☞ **能力要求**

(1) 可以对四种滴定方式进行分析。

(2) 能够提高化学分析准确度。

(3) 能够正确地分析实验数据。

(4) 能够正确地记录实验数据。

☞ **知识要求**

(1) 掌握滴定分析法原理和特点及分类。

(2) 掌握滴定分析法对化学反应的要求。

(3) 掌握准确度和精密度及提高分析结果准确度的方法。

(4) 掌握有效数字及运算规则，可进行分析结果数据处理。

(5) 掌握滴定分析结果计算。

☞ **教学活动建议**

现场给出不同的食品，要求学生根据不同的情况模拟检测。让学生了解什么是定量分析，什么是定性分析。

7.1　化学分析的应用

7.1.1　化学分析的任务

利用物质的化学反应为基础的分析，称为化学分析。化学分析历史悠久，是分析化学的基础，又称为经典分析。化学分析是绝对定量的，根据样品的量、反应产物的量或所消耗试剂的量及反应的化学计量关系，通过计算得出待测组分的含量。化学分析应用范围广，所用仪器较简单，结果较准确。但对于试样中极微量杂质的定性或定量分析往往不够灵敏，用于快速分析也不够理想，常需用仪器分析方法来解决。

7.1.2　常见分析方法的分类

根据分析任务、分析对象、测定原理、操作方法和基本要求的不同，分析化学可分为不同的类型。

1. 定性分析、定量分析和结构分析

根据分析的目的不同,分析方法可分为定性分析、定量分析和结构分析。定性分析的任务是鉴定物质由哪些元素、离子、原子团、官能团或化合物组成;定量分析的任务是测定试样中各组分的相对含量;结构分析的任务是研究物质微观离子的结构,通过测定物质的空间构型、排布方式,从其微观结构进一步研究其物理、化学等方面的性质。在一般情况下,样品的组分是已知的,则不需要经过定性分析就可直接进行定量分析。

2. 化学分析和仪器分析

根据分析的原理和使用仪器的不同,将分析方法分为化学分析和仪器分析。

以物质的化学反应为基础的分析方法,称为化学分析法。化学分析法历史悠久,是分析化学的基础,又称为经典分析法,是本课程的主要学习内容。由于测定方法的不同,又分为重量分析与滴定分析。物理化学分析是根据待测物质的某种物理性质(如相对密度、相变温度、折射率、旋光度及光谱特征等)与组分的关系,不经过化学反应直接进行定性或定量分析的方法。这类方法,多数需要精密仪器故又称仪器分析。仪器分析灵敏、快速、准确,发展很快,应用日趋广泛。

3. 常量分析、半微量分析、微量分析和超微量分析

根据分析试样量的多少,分析方法可分为常量分析、半微量分析、微量分析和超微量分析(表 7-1)。

表 7-1 各种分析方法的试样用量

方法	试样重量	试液体积
常量分析	>0.1g	>10mL
半微量分析	0.1~0.01g	10~1mL
微量分析	10~0.1mg	1~0.01mL
超微量分析	<0.1mg	<0.01mL

在无机物定性分析中,多采用半微量分析标准;在化学定量分析中,多采用常量分析标准;在进行微量和超微量分析时,我们多采用仪器分析方法。

4. 常量组分、微量组分和痕量组分分析

根据待测组分的含量百分比可粗略分为常量组分、微量组分和痕量组分分析。
常量组分分析:>1%;
微量组分分析:0.01~1%;
痕量组分分析:<0.01%。

这种分类方法与按取样量分类法的角度不同,是两种概念。一般情况下,常量组分分析取样量较多,大都采用化学分析法;而微量组分和痕量组分分析,则采用仪器分析的方法。

5. 例行分析和仲裁分析

例行分析是一般日常生产中的分析，即常规分析，如食品生产企业中的在线生产QC，随时随地的跟踪检测正在生产的食品，确保食品质量安全。仲裁分析是不同单位对分析结果有争执时，要求有关单位按指定的方法进行的分析。也适用于当出现食品安全事故时，由第三方单位进行检测，根据结果进行产品质量安全信息发布。

7.2 有效数字及其应用

在进行定量分析测定时，为了得到准确的测量结果，不仅要准确地测定各种数据，而且还要正确的记录和计算数据。为了提高分析结果的准确度，就必须学习和掌握有效数字及其运算规则。

7.2.1 有效数字的基本概念

有效数字是在分析工作中能测量到的并有实际意义的数字。其位数包括所有的准确数字和最后一位可疑数字。在定量分析中，要求记录的数据和计算结果都必须是有效数字，因而，数据记录必须与分析方法和仪器精度相匹配。

一般，仪器标尺读数的最低一位是用内插法估计到两条刻度线间距的1/10，故观测值的最后一位数字总是估计的，有一定误差。这种误差大小一般为±0.1分度值。最后这位数字虽是可疑的，但也是可信的，因而是"有效"的。记录时应保留这位数字才能正确反映出观察的精确程度。例如，用万分之一的分析天平称量某试样的质量1.2344g，5位有效数字。这一数值中，1.234是准确的，最后一位"4"存在误差，是可疑数字。又如表7-2中，是称取一称量瓶的质量和量取某一溶液体积数据记录。

表7-2 数据记录

仪器	称量瓶质量	有效数字位数
台秤	12.0g	3
普通天平	12.02g	4
分析天平	12.0212g	6
滴定管	17.60mL	4
量筒	18.0mL	3

"0"是一个特殊的数字。当它出现在中间或最后时都是有效数字。如11.050有5位有效数字，第四位上的"5"是仪器刻度标尺上直读数字，是可靠的。第五位上的"0"是估计数字，是可疑的。如将此数改写成11.05，就只有4位有效数字，表示前面3位是可靠数字，第四位数"5"是可疑的，显然，这样表示测量的精确度就降低了。

但当"0"出现在前面时，全部是无效的。如0.0260g，只有3位有效数字，2之前的两个0都是无效的，仅用来决定小数点的位置，取决于所用单位。当用毫克计量时，可写成26.0mg，最后一个零仍是有效的。但是，像92500这类数字，应该用科学计数法书写：

科学计数	有效数字位数
8.23×10^4	3
8.2300×10^4	5

在分析化学中常遇到倍数、分数关系，非测量所得，可视为无限多位有效数字（不定值）。对于 pH、lgK 等对数数值，其有效数字的位数仅取决于小数部分数字的位数，而整数部分只说明该数的方次。如 pH=7.13，即 $[H^+]=7.4 \times 10^{-8}$，其有效数字为二位而非三位。

7.2.2 有效数字修约规则与运算规则

1. 有效数字修约

在分析测定工作中，由于用各种仪器获得实验数据的有效数字不同，因此，我们必须按照一定的计算规则，合理地保留有效数字的位数。舍去多余数字的过程称为有效数字的修约。实验数据的修约一方面可以节省时间，另一方面又可避免出现不合理的结论。因此，在处理实验数据时应注意：

（1）记录测量数据时，只保留 1 位可疑数字。

（2）目前，大多采用"四舍五入"规则对数字进行修约。具体做法是：当尾数≤4时，舍去；尾数≥5 时，进位。例如，将下列数据修约为 4 位有效数字：

              0.236746   0.236760   2.36650   2.36750   2.36651

修约结果为   0.2367   0.2368   2.367   2.368   2.367

（3）修约数据时，只允许对原测量值一次修约到所需位数，不能分次修约。如将 4.5491 修约为 2 位数，不能先修约为 4.55 再修约成 4.6，而应一次修约为 4.5。

2. 有效数字运算规则

由于每个测量数据的误差都会传递到最终测定结果，为了既不随意地保留过多的有效数字位数，使计算复杂，并可能得到不合理的结果；也不因舍弃过多的尾数，而使分析结果的准确度受到影响。计算时必须遵循有效数字运算规则，对所得的数据进行合理修约后，再进行计算。

1）加减法

几个数据相加减时，有效数字的保留位数应以小数点后位数最少的数字为依据。即以绝对误差最大的数据确定。一般采用先修约后加减的方法。

例如 $25.45+1.476-0.12650$
                      $=25.45+1.48-0.13$
                      $=26.80$

2）乘除法

几个数相乘除时，有效数字的保留应以有效数字位数最少（即相对误差最大）的数确定。

例如：$$\frac{0.0225 \times 4.003 \times 20.060}{10.9001} = 0.166$$

4个数中，有效数字位数最少的是0.0225（3位），所以计算结果应保留3位有效数字。

10的方次不影响有效位数。因此，结果也可表示应为1.66×10^{-1}。

可见，在乘除法中，结果的相对误差应与原始数据中相对误差最大的数量级相同。在计算过程中，为避免修约误差累积，可多保留一位有效位数字计算，再修约。

在运算过程中应注意如下几点：

（1）若第一位有效数字为9时，则有效数字可多保留一位。例如，9.37虽只有3位有效数字，但其数值已接近10.00，可认为是4位有效数字。0.0988，可以认为是4位有效数字。

（2）在复杂计算过程中，可以暂时多保留一位数字，得到最后结果时，再根据四舍五入的原则弃去多余的数字。如在0.1mol/L NaOH溶液标定计算过程中，保留5位有效数字，结果保留4位有效数字。

（3）凡涉及化学平衡的有关计算，由于常数的有效数字多为2位，一般保留2位有效数字。

（4）对于物质组成的测定，对含量大于10%的组分测定，计算结果一般保留4位有效数字。

（5）大多数情况下，表示误差时，取1位数字即已足够，最多取2位。

（6）采用计算器连续运算的过程中可能保留了过多的有效数字，但最后结果应当修约成适当位数，以正确表达测定结果的准确度。

7.3 误差与分析数据处理

在实际食品分析检测过程中由于受分析工作者的主、客观条件和操作熟练水平的限制，使得测出的结果不可能绝对准确，总伴有一定的误差。即使使用最精密的仪器，具有良好的操作技能，采用同样的分析方法对同一试样进行多次测定，所得到的分析结果也不可能完全一致。这说明在分析过程中误差是客观存在的。因此，在进行组分含量分析测定时，必须对分析结果进行正确评价，判断其准确性和产生误差的原因，采取减小误差的有效措施，从而提高分析结果的准确程度。

7.3.1 误差及其类型

在测定组分含量时，根据误差的性质和产生的原因，误差可分为系统误差和偶然误差两大类。

1. 系统误差

系统误差又称可定误差。是由某些特定因素造成的，对分析结果的影响较固定，在同一条件下的实验中会重复出现。因此，系统误差的大小、正负是可以测定和估计，也是可以设法减小或加以校正。根据系统误差的性质和产生的原因可分为以下几种。

1) 方法误差

由于分析方法本身不完善造成的误差称为方法误差。如反应不能定量完成；有副反应发生；滴定终点与化学计量点不一致等，都会产生系统误差。

2) 仪器误差

仪器误差主要是仪器本身不够准确或未经校准引起的。如容量瓶、滴定管刻度不准，在使用过程中会使测定结果产生误差。

液体的体积随温度变化。如果标定标准滴定溶液时和使用该标准滴定溶液时的环境不一致，就会带来误差。在实际工作中，标定和使用往往存在时间和地点差，不是每个试验室均有恒温条件。因此，应指定一个标准温度（20℃），当标定和使用的环境温度不同时，统一补正到20℃（即加温度补正值）。GB 601—1988《化学试剂 滴定分析（容量分析）用标准溶液的制备》（表 7-3）给出了部分标准滴定溶液的温度补正值，通过计算可将在某一温度下滴定测得的体积换算至 20℃ 时的体积。其他标准滴定溶液，应设法使标定和滴定时的环境温度一致。

$$V_{校正} = V_{测量值}\left(1 + \frac{K}{1000}\right)$$

式中 $V_{校正}$——溶液校正后的体积；

$V_{测量值}$——实验实际测得的体积；

K——体积补正值。

表 7-3 0.1mol/L 标准溶液体积补正值

温度/℃	0.1mol/L 水溶液	温度/℃	0.1mol/L 水溶液	温度/℃	0.1mol/L 水溶液	温度/℃	0.1mol/L 水溶液
5	+1.7	12	+1.3	19	+0.2	26	−1.4
6	+1.7	13	+1.1	20	0.00	27	−1.7
7	+1.6	14	+1.0	21	−0.2	28	−2.0
8	+1.6	15	+0.9	22	−0.4	29	−2.3
9	+1.5	16	+0.7	23	−0.6	30	−2.5
10	+1.5	17	+0.6	24	−0.9	31	−2.7
11	+1.4	18	+0.4	25	−1.1	32	−3.0

【例 7.1】 在 0.1mol/L NaOH 溶液标定中，消耗 NaOH 溶液的体积分别是 17.88mL，17.86mL，18.00mL，求校正以后溶液的体积分别是多少？（室温 28℃）

解 $$V_{校正} = V_{测量值}\left(1 + \frac{K}{1000}\right)$$

查表 7-3，$K = -2.0$

$$V_1 = 17.88[1 + (-2.0/1000)] = 17.84(\text{mL})$$
$$V_2 = 17.86[1 + (-2.0/1000)] = 17.82(\text{mL})$$
$$V_3 = 18.00[1 + (-2.0/1000)] = 17.96(\text{mL})$$

3) 试剂误差

试剂误差来源于化学试剂或水的不纯。例如，试剂和蒸馏水中含有被测物质或干扰物质，使分析结果偏高或偏低。

4）操作误差

操作误差主要是指正常操作情况下，由于分析工作者的主观原因所产生的误差。例如滴定管的读数习惯性地偏高或偏低，或人眼对滴定终点颜色灵敏程度的差异等引起的误差。

与操作误差不同的另一类误差"操作过失"是由于分析工作者粗心大意或违反操作规程所产生的错误，如加错试剂、看错刻度、溶液溅失等。"过失"误差是一种错误操作，一经发现，必须将本次测量结果弃去重做。只要在操作中严格认真，恪守操作规程，养成良好的实验习惯，过失误差是完全可以避免的。

在同一次测定操作中，以上误差有可能同时存在。

2. 偶然误差

偶然误差又称随机误差。它是由某些难以控制或无法避免的偶然因素引起的。如环境温度、湿度及气压的微小波动，仪器性能的微小变化等，我们无法预测它的大小和方向，它的出现完全是偶然的、随机的。但是，引起偶然误差的各种偶然因素是相互影响的，消除系统误差后，在同样条件下进行多次测定，就可发现偶然误差服从统计学正态分布规律：

(1) 小误差出现的机会多，大误差出现的机会少，特别大的误差出现的机会极小。

(2) 大小相等的正、负误差出现的概率一致，测量的次数越多，测量的平均值越接近真实值。

7.3.2 克服误差的方法

1. 克服系统误差的方法

1）选择适当的分析方法

首先，不同分析方法的准确度和灵敏度是不同的，选择时必须恰当。例如，重量分析法和滴定分析法准确度高，适合于常量分析（质量分数在 1% 以上），其相对误差一般在千分之几。但是它们的灵敏度低，对含量在 1% 以下的微量组分则无能为力，而需采用准确度虽稍差，但灵敏度高的仪器分析来进行。仪器分析法在测定常量组分时，结果并不十分准确，但对微量或痕量组分的测定灵敏度较高，尽管相对误差较大，但因绝对误差不大，也能符合准确度的要求。例如以分光光度法测定含铁试样（含 Fe 0.02%）若方法的相对误差为 5%，则测定的结果可能为 0.018%～0.022%。尽管相对误差较大，但因含量低，绝对误差小，这样的结果还是能够满足要求的。如果用来测定常量组分，这样的相对误差就太大。

其次，应尽量设法减免由于分析方法不完善引起的系统误差。例如，在滴定分析中应选择更合适的指示剂，以减小终点误差。

选择分析方法还要考虑与被测组分共存的其他物质干扰问题。总之，必须综合考虑分析对象、样品情况及对分析结果要求等因素来选择合适的分析方法。

2）对照试验

对照试验是检验系统误差的有效方法。

(1) 与标准试样对照。选择组成与试样相近的标准试样（标样）进行测定，将标样测定结果与标准值进行对比，用统计方法检验确定有无系统误差。

(2) 与标准方法对照。用标准方法和所采用的方法同时测定某一试样，由测定结果做统计检验。

(3) 用回收试验进行对照。称取等量试样 2 份，在一份中加入已知量的待测组分，然后进行平行测定，根据加入的量能否定量回收来判断有无系统误差。

3）仪器校正

由仪器不准确引起的系统误差，可以通过校准仪器来消除或减免。例如砝码、移液管和滴定管等，在精确分析中，必须进行校准，并在计算结果时采用校正值。在日常分析工作中，因仪器出厂时已校准过，只要仪器保管妥善，通常可不再进行校准。

4）空白试验

由试剂、蒸馏水或所用器皿不符合要求而引入的系统误差可做空白试验进行校正。所谓空白试验，是指在不加入样品的情况下，按照试样分析的步骤进行测定，所得结果称为空白值。然后从试样测定的结果中扣除此空白值，得到比较可靠分析结果的方法。

2. 偶然误差的减免

对于偶然误差的出现由于其符合统计学正态分布的规律，故可采用增加平行测量的次数取其平均值的方法来减少测量误差。但测定次数过多，易造成时间和样品的浪费。在实际工作中，一般平均测 3～4 次即可，要求较高的分析可适当增加测定次数。

7.3.3 误差和偏差

误差是指测量值与真实值之间的差值。准确度的高低用误差的大小来衡量，误差越小，准确度越高。误差常用绝对误差和相对误差两种方法表示。

绝对误差是指测量值与真实值 x_t 之间的差值，用 E_i 表示。

$$绝对误差 = 测量值 - 真实值$$

$$E_i = x_i - x_t \tag{7-1}$$

相对误差是指绝对误差在真实值中所占的比率，用 E_r 表示。

$$相对误差 = \frac{绝对误差}{真实值} \times 100\%$$

$$E_r = \frac{E_i}{x_t} \times 100\% \tag{7-2}$$

误差的数值越大，说明测量值偏离真实值越远。若测量值大于真实值，说明测量值存在正误差，反之存在负误差。

【例 7.2】 物体 A 和 B 的真实质量分别为 0.1020g 和 1.0243g，在分析天平上称得它们的质量分别为 0.1021g 和 1.0244g，试计算其绝对误差和相对误差。

解 物体 A 绝对误差 $E_i = 0.1021g - 0.1020g = +0.0001g$

$$相对误差\ E_r = \frac{+0.0001\text{g}}{0.1020\text{g}} \times 100\% = +0.1\%$$

物体 B 绝对误差 $E_i = 1.0244\text{g} - 1.0243\text{g} = +0.0001\text{g}$

$$相对误差\ E_r = \frac{+0.0001\text{g}}{1.0243\text{g}} \times 100\% = +0.01\%$$

例 7.2 说明，2 个试样测定的绝对误差都是 0.0001g，但相对误差却不相同。质量大的相对误差较小。其测定的准确度也高。因此，用相对误差来比较各种情况下测定结果的准确度更确切。

为保证分析结果的准确度，必须尽量减小测量误差。

【例 7.3】 用万分之一天平称量试样，为保证分析结果的准确度，试样取量最少不得低于多少克？

解 分析天平的称量误差为 ± 0.0001g，用减重法称 2 次，最大误差可能是 ± 0.0002g，为使称量的相对误差不超过 0.1%，则

$$试样质量 = \frac{绝对误差}{相对误差} = \frac{0.0002}{0.1\%} = 0.2(\text{g})$$

即试样取量应不少于 0.2g。

又如滴定管的读数误差为 ± 0.01mL，初、终两次读数可能引起的最大误差为 ± 0.02mL，为使体积测量的相对误差小于 0.1%，则滴定剂的体积必须在 20mL 以上。

$$滴定剂的体积 = \frac{0.02}{0.1\%} = 20(\text{mL})$$

再如在用直接法配制标准滴定液时，基准物质的称量和溶液体积的测量必须分别用分析天平和容量瓶操作，但在配制一般试剂时，用台秤、量筒即可满足要求。

在实际分析中，客观存在的真实值常无法准确测得，通常用标准值代替真实值来检查分析结果。标准值是指采用可靠的分析方法，由具有丰富经验的分析人员经过反复多次测定，并用数据统计方法处理分析结果得到的一个比较准确的平均值。例如原子质量、物理化学常数、阿佛加德罗常数等。把"标准值"当作真实值来计算误差，得到的是偏差。偏差可用来衡量精密度的高低，偏差越小，精密度越高。常用表达精密度的参数有：绝对偏差、相对偏差、平均偏差、相对平均偏差、标准偏差（标准差）、相对标准偏差（相对标准差）。

偏差是指测量值 x_i 与平均值 $\bar{x}$ 之间的差值。

$$绝对偏差 = 测定值 - 平均值$$

$$d_i = x_i - \bar{x} \tag{7-3}$$

$$相对偏差 = \frac{绝对偏差}{平均值} \times 100\%$$

$$d_R = \frac{d_i}{\bar{x}} \times 100\% \tag{7-4}$$

在实际的工作中对于一组测量数据常采用平均偏差 $\bar{d}$，相对平均偏差 $R\bar{d}$ 表示。

$$平均偏差 = \frac{绝对偏差的绝对值之和}{测定次数}$$

$$\bar{d} = \sum_{i=1}^{n} |d_i| = \frac{(|d_1|+|d_2|+|d_3|+\cdots+|d_i|)}{n} \tag{7-5}$$

$$相对平均偏差 = \frac{平均偏差}{平均值}$$

$$R\bar{d} = \frac{\bar{d}}{\bar{x}} \times 100\% \tag{7-6}$$

在学生实验中,由于测量次数有限,数据较少,一般计算结果的平均值 $\bar{x}$、平均偏差 $\bar{d}$ 和相对平均偏差 $R\bar{d}$ 也就足以表示实验测量值的集中和分散程度。但当测量数据较多、分散程度较大时,还可用标准偏差 S 和相对标准偏差 RSD 来表示分散程度。

$$标准偏差 = \sqrt{\frac{绝对偏差平方之和}{测定次数-1}}$$

$$S = \sqrt{\frac{\sum_{i=1}^{n}(x_i-\bar{x})^2}{n-1}} = \sqrt{\frac{d_1^2+d_2^2+d_3^2+\cdots+d_i^2}{n-1}} \tag{7-7}$$

标准偏差不仅是一批测量中各次测定值的函数,而且对一批测量中较大或较小偏差感觉比较灵敏,它比平均偏差更能说明数据的分散程度。

相对标准偏差(RSD)又叫变异系数,表示单次测定标准偏差对测定平均值的相对值,用百分率表示。

$$相对标准偏差 = \frac{标准偏差}{平均值} \times 100\%$$

$$RSD(\%) = \frac{S}{\bar{x}} \times 100\% \tag{7-8}$$

【**例 7.4**】 某学生为标定某一溶液的浓度进行了数次滴定。其结果分别为 0.2041、0.2049、0.2039、0.2043。试计算结果的平均值、平均偏差、相对平均偏差、标准差、相对标准差?

解 平均值 $\bar{x} = \dfrac{0.2041+0.2049+0.2039+0.2043}{4} = 0.2043$(mol/L)

平均偏差 $\bar{d} = \dfrac{0.0002+0.0006+0.0004+0.0000}{4} = 0.0003$(mol/L)

相对平均偏差 $R\bar{d} = \dfrac{0.0003}{0.2043} \times 100\% = 0.15\%$

标准偏差 $S = \sqrt{\dfrac{(0.0002)^2+(0.0006)^2+(0.0004)^2+(0.0000)^2}{4-1}} = 0.0004$(mol/L)

相对标准差 $RSD = \dfrac{0.0004}{0.2043} \times 100\% = 0.2\%$

由上述讨论可知,误差和偏差具有不同的含义,前者是以真实值为标准的,后者是以多次测量值的平均值为标准。但是任何真实值均是不可能准确知道的。在实际工作中常用标准值代替真实值来检查分析结果的准确度。标准值也是平均值,把"标准值"当作真实值来计算误差,得到的仍然是偏差。因此,在实际工作中,不要过分强调误差和偏差两个概念的区别。

在食品质量检测中，通常对样品检测采取平行 3 次实验。《国家卫生标准：理化检测部分》中采用极差与平均值的大小来衡量实验结果的重现性。

$$极差值 = 结果最大值 - 结果最小值$$

【例 7.5】 某学生在 0.1mol/L NaOH 溶液标定实验中，得 NaOH 溶液浓度分别是 0.1018、0.1020、0.1020(mol/L)。分析该生实验数据重现性。（GB 601—1977 规定比值小于 0.5%）

解
$$\bar{c} = \frac{0.1018 + 0.1020 + 1020}{3} = 0.1019(\text{mol/L})$$

$$极差/平均值(\%) = \frac{0.1020 - 0.1018}{0.1019} \times 100\% = 0.2\%$$

符合检测规定。

7.3.4 准确度和精密度

准确度是指测量值与真实值接近的程度。它代表测定的可靠程度。测量值与真实值之差越小，测量的准确度越高，误差越小。

为了获得相对可靠的测量数据，在实际工作中人们总是在相同条件下，对同一试样做几次平行测量，然后取平均值作为结果。如果几次测定的数据比较接近则表示分析结果的精密度高。所谓精密度是指一组平行测量值相互接近的程度。精密度表现了测定值的重复性和再现性。

准确度和精密度的关系如图 7-1 所示。

由图 7-1 可见 4 人的分析结果各不相同，甲的精密度虽很高，但准确度太低，结果并不可靠。这是因为存在系统误差的缘故；乙的准确度与精密度均很好，结果最为可靠；丙的精密度与准确度均很差；丁的平均值虽也接近于真实值，但精密度太差，只能认为是偶然的巧合。在少量的测量中，出现这种情况的可能性是很小的，算不上好的测定结果。

图 7-1 不同人对同一药品分析的结果

由此可以看出：

（1）精密度是保证准确度的先决条件。精密度差，测定结果就不可靠。

（2）高精密度不一定保证高准确度。有时分析结果的精密度很好，但准确度却不高，这就必须考虑可能出现了系统误差。因此在评价分析结果时，必须综合考虑系统误差和偶然误差的影响，即在消除系统误差以后，精密度高的分析结果才能准确。

7.4 滴定分析法概述

7.4.1 滴定分析法的原理和特点

滴定分析法是将一种物质的溶液滴加到另一种物质的溶液中，直到所加的物质与另一种物质按化学计量定量反应为止,然后根据滴定物与被滴定物之间的化学计量关系,计算出被测物质的浓度或含量。

滴定分析法与重量分析法相比较,具有操作简便、快速、仪器简单、准确度高等特点,一般情况下相对误差在±0.2%以下。滴定分析法通常用于组分含量在1%以上的常量组分的测定,有时也可用于微量组分的测定。因此,滴定分析法在生产实践和科学实践中得到广泛应用。

7.4.2 滴定分析法的基本概念和有关术语

标准溶液:已知准确浓度的试剂溶液。

滴定:将一种物质的溶液从滴定管滴加到另一种物质的溶液中去的操作过程。

化学计量点:当加入的物质与另一种物质恰好完全反应时,即标准溶液物质的量与被测组分物质的量恰好符合化学反应式所表示的化学计量关系的点。

指示剂:化学计量点一般借助某些辅助试剂其颜色的变化来判断。这种能借助颜色的变化指示滴定终点的辅助试剂。

滴定终点:在滴定过程中,指示剂恰好发生颜色变化的转变点。

滴定误差:滴定终点(测量值)与化学计量点(理论值)不一致所引起的误差。

7.4.3 滴定分析法对化学反应的要求

适用于滴定分析的化学反应必须符合如下要求:

(1) 反应要定量完全。反应必须按一定的计量关系进行,完成的程度要在99.9%以上,这是滴定分析定量计算的基础。

(2) 反应要迅速。反应要求瞬时间完成。对于速度较慢的反应(例如用$Na_2C_2O_4$标定$KMnO_4$溶液的浓度),可以通过加热或加入催化剂等方法提高反应的速度。

(3) 不得有杂质干扰主反应。如果被测物质中含杂质要预先除去。

(4) 要有合适的方法确定滴定终点。

7.4.4 主要的滴定分析方法

滴定分析法又称容量分析法,主要包括酸碱滴定法、沉淀滴定法、配位滴定法和氧化还原滴定法等。

1. 酸碱滴定法

酸碱滴定法是以酸或碱作标准溶液,以质子传递反应为基础的一种滴定分析法。滴定反应的实质就是2个共轭酸碱对之间质子的传递。

2. 沉淀滴定法

沉淀滴定法是利用沉淀剂作标准溶液,基于沉淀反应进行滴定的方法。

3. 配位滴定法

配位滴定法是利用配位剂(常用EDTA)作标准溶液,基于配位反应进行滴定的方法。

4. 氧化还原滴定法

氧化还原滴定法是利用氧化剂或还原剂作标准溶液，根据氧化还原进行滴定的方法（碘量法、高锰酸钾法、亚硝酸钠法等）。

7.4.5 滴定方式

在滴定分析中，常用的滴定方式有直接滴定法、返滴定法、置换滴定法和间接滴定法四种。

1. 直接滴定法

凡能符合上述滴定分析要求的化学反应，都可以用标准溶液与被测物质直接进行滴定，这种方式称为直接滴定法。例如 NaOH 与 HCl 的滴定：

$$NaOH + HCl = NaCl + H_2O$$

2. 返滴定法（剩余滴定法、回滴定法）

返滴定法是在滴定过程中先加入定量而且过量的标准溶液，使样品中的被测物质完全反应后，再加入另一种标准溶液滴定剩余的标准溶液。当被测物质与标准溶液反应速度很慢，或标准溶液测定固体试样，反应不能立即完成时，往往采用返滴定法而不能用直接滴定法进行滴定。例如，用 HCl 标准溶液测定难溶于水的 ZnO 含量时，往往加入定量、过量的 HCl 标准溶液使之完全反应，然后再用 NaOH 标准溶液返滴定剩余的 HCl 标准溶液：

$$ZnO + 2HCl = ZnCl_2 + H_2O$$
（定量、过量）
$$HCl + NaOH = NaCl + H_2O$$
（剩余）

3. 置换滴定法

有些物质不按确定的反应式进行反应时（伴有副反应），可以不直接滴定被测物质，而是先用适当的试剂与被测物质发生置换反应，再用标准溶液滴定被置换出来的物质。这种滴定方式称为置换滴定法。例如，在酸性溶液中，还原剂 $Na_2S_2O_3$ 与氧化剂 $K_2Cr_2O_7$ 反应有副反应，反应无确定的计量关系。但 $K_2Cr_2O_7$ 在酸性条件下氧化 KI，定量地生成 I_2，此时再用 $Na_2S_2O_3$ 标准溶液滴定生成的 I_2：

$$K_2Cr_2O_7 + KI \xrightarrow{H^+} I_2 \xrightarrow{Na_2SO_3}$$

4. 间接滴定法

有的物质不能与标准溶液直接反应，这时可将试样通过一定的化学反应后，再用适当的标准溶液滴定反应产物。这种滴定方式称为间接滴定法。例如，测定试样中 Ca^{2+} 的含量时，Ca^{2+} 不能与 $KMnO_4$ 标准溶液反应，可先加过量的 $(NH_4)_2C_2O_4$ 使 Ca^{2+} 定量沉淀为 CaC_2O_4，然后用 H_2SO_4 使之溶解，再用 $KMnO_4$ 标准溶液滴定与 Ca^{2+} 结合的 $C_2O_4^{2-}$，从而间接测定 Ca^{2+} 的含量。

7.5 滴定分析法的计算

7.5.1 滴定分析计算的依据和反应物之间的化学计量关系

在滴定分析中，要涉及一系列的计算，如标准溶液的配制和浓度标定的计算，标准溶液与被测物质间计量关系的计算以及测定结果的计算等。

在滴定反应中，物质 A 与物质 B 反应的方程式可表示为

$$aA + bB = cC + dD$$

当滴定反应到达化学计量点时，A 物质的量 n_A 和 B 物质的量 n_B 与它们在化学反应式所表示的化学计量关系符合如下关系，即

$$n_A : n_B = a : b$$

$$n_A = \frac{a}{b} \times n_B \text{ 或 } n_B = \frac{b}{a} \times n_A \tag{7-9}$$

式 (7-9) 中的 a/b 或 b/a，称之为换算因数。

从式 (7-9) 看出，要把 B 物质的量换算为 A 物质的量，需要将 n_B 乘上换算因数 a/b；而要把 A 物质的量换算为 B 物质的量，则需要将 n_A 乘上换算因数 b/a。据此，我们可以得出如下规律：在滴定分析计算中，求哪一方（浓度、含量或滴定度），则这一方的系数（a 或 b）在换算因数中为分子，另一方的系数为分母。掌握了这一规律，在滴定分析计算中就方便很多。

7.5.2 滴定分析计算实例

1. 标准溶液浓度的计算

1) 利用基准物质标定待测溶液的浓度
根据式

$$(cV)_A = \frac{a}{b} \times \left(\frac{m}{M}\right)_B \times 10^3$$

有

$$c_A = \frac{a}{b} \cdot \frac{m_B \cdot 10^3}{M_B \cdot V_A} \tag{7-10}$$

【例 7.6】 精密称取无水碳酸钠 0.1240g 于锥形瓶中，加适量水溶解，以甲基橙为指示剂，用盐酸溶液滴定至溶液呈橙色，消耗盐酸溶液 23.12mL。求盐酸溶液的浓度（$M_{碳酸钠} = 106.0 \text{g/mol}$）。

解 滴定反应为

$$2HCl + Na_2CO_3 = 2NaCl + CO_2 + H_2O$$

反应摩尔比为　　　　　　2∶1
根据式（7-10）有

$$c_{HCl} = \frac{2}{1} \times \frac{m_{Na_2CO_3} \times 10^3}{M_{Na_2CO_3} \times V_{HCl}}$$

$$= \frac{2}{1} \times \frac{0.1240 \times 10^3}{106.0 \times 23.12}$$

$$= 0.1012 (mol/L)$$

2）利用标准溶液标定待测溶液的浓度

根据式

$$(cV)_A = \frac{a}{b}(cV)_B$$

有

$$c_A = \frac{a}{b} \cdot \frac{c_B \cdot V_B}{V_A} \tag{7-11}$$

【例 7.7】 准确吸取盐酸溶液 25.00mL，用 0.1000mol/L NaOH 标准溶液滴定，消耗 25.35mL，求盐酸溶液的浓度。

解 滴定反应为

$$HCl + NaOH =\!=\!= NaCl + H_2O$$

反应摩尔比为　　　　　　1∶1
根据式（7-11）有

$$c_{HCl} = \frac{c_{NaOH} \times V_{NaOH}}{V_{HCl}}$$

$$= \frac{0.1000 \times 25.35}{25.00}$$

$$= 0.1014 (mol/L)$$

2. 被测组分百分含量的计算

设试样的质量为 m_s g，则被测组分 B 在试样中的百分含量为

$$w_B = \frac{m_B}{m_s} \times 100\% \tag{7-12}$$

根据式

$$(cV)_A = \frac{a}{b} \times \left(\frac{m}{M}\right)_B \times 10^3$$

有

$$m_B = \frac{b}{a} \times (cV)_A \times M_B \times 10^{-3} \tag{7-13}$$

由式（7-13）和式（7-12）得

$$w_B = \frac{b}{a} \times \frac{(cV)_A \times M_B \times 10^{-3}}{m_s} \times 100\% \tag{7-14}$$

【例 7.8】 准确称取药用 Na_2CO_3 试样 0.1896g，用 0.1000mol/L HCl 标准溶液滴

定，消耗 35.32mL，求试样中 Na_2CO_3 的百分含量。

解 滴定反应为

$$2HCl + Na_2CO_3 = 2NaCl + CO_2 + H_2O$$

反应摩尔比为 2:1

根据式（7-12）有

$$w_{Na_2CO_3} = \frac{1}{2} \times \frac{(cV)_{HCl} \times M_{Na_2CO_3} \times 10^{-3}}{m_s} \times 100\%$$

$$= \frac{1}{2} \times \frac{0.1000 \times 35.32 \times 106.0 \times 10^{-3}}{0.1896} \times 100\%$$

$$= 98.73\%$$

3. 利用滴定度计算被测物质的量

1) 滴定度的概念

滴定度是指1mL标准溶液相当于被测物质的质量（g），以 $T_{A/B}$ 表示。A代表标准溶液，B代表被测物质。例如，$T_{HCl/NaOH} = 0.02358 g/mL$，表示用 HCl 标准溶液滴定 NaOH 时，每消耗 1mL HCl 标准溶液可与 0.02358g NaOH 完全反应。又如，$T_{HCl} = 0.003582 g/mL$，它表示 1mL 盐酸标准溶液含 HCl 0.003582g。因此，只要知道消耗标准溶液的体积，就很方便求出被测物质的质量。

【例 7.9】 已知 $T_{HCl/NaOH} = 0.01235 g/mL$。用该 HCl 标准溶液滴定 NaOH 样品时消耗 22.23mL，求 NaOH 的质量。

解

$$m_{NaOH} = T_{HCl/NaOH} \times V_{HCl}$$

$$= 0.01235 \times 22.23$$

$$= 0.2745(g)$$

2) 滴定度与物质的量浓度的换算

从式（7-12）可知

$$m_B = \frac{b}{a} \times (cV)_A \times M_B \times 10^{-3}$$

当 $V_A = 1mL$ 时，则 $m_B = T_{A/B}$，即

$$T_{A/B} = \frac{b}{a} \times c_A \times M_B \times 10^{-3} \tag{7-15}$$

$$c_A = \frac{a}{b} \times \frac{T_{A/B}}{M_B} \times 10^3 \tag{7-16}$$

【例 7.10】 试计算浓度为 0.2356 mol/L HCl 溶液对 Na_2CO_3 的滴定度。

解 因为 HCl 与 Na_2CO_3 反应的摩尔比为 2:1，所以

$$T_{HCl/Na_2CO_3} = \frac{1}{2} \times c_{HCl} \times M_{Na_2CO_3} \times 10^{-3}$$

$$= \frac{1}{2} \times 0.2356 \times 106.0 \times 10^{-3}$$

$$=0.01248(\text{g/mL})$$

3) 根据滴定度求被测组分的百分含量

$$w_B = \frac{b}{a} \times \frac{T_{A/B} \times V_A}{m_s} \times 100\% \tag{7-17}$$

【例 7.11】 已知 $T_{H_2SO_4/Na_2CO_3} = 0.01365\text{g/L}$。用该 H_2SO_4 标准溶液滴定 Na_2CO_3 样品时消耗 22.23mL，称取 Na_2CO_3 样品 0.5287g。求样品中 Na_2CO_3 的百分含量。

解 因为 H_2SO_4 与 Na_2CO_3 反应的摩尔比为 1∶1，所以

$$w_{Na_2CO_3} = \frac{T_{H_2SO_4/Na_2CO_3} \times V_{H_2SO_4}}{m_s} \times 100\%$$

$$= \frac{0.01365 \times 22.25}{0.5287} \times 100\%$$

$$= 57.44\%$$

学习资源

电 子 天 平

电子天平，用于称量物体质量。电子天平一般采用应变式传感器、电容式传感器、电磁平衡式传感器。应变式传感器，结构简单、造价低，但精度有限，目前不能做到很高精度；电容式传感器称量速度快，性价比较高，但也不能达到很高精度；采用电磁平衡传感器的电子天平。其特点是称量准确可靠、显示快速清晰并且具有自动检测系统、简便的自动校准装置以及超载保护等装置。电子天平及其分类按电子天平的精度可分为以下几类：

(1) 超微量电子天平：超微量天平的最大称量是 2～5g，其标尺分度值最小为 10^{-6}，如 Mettler 的 UMT2 型电子天平等属于超微量电子天平。

(2) 微量天平：微量天平的称量一般在 3～50g，其分度值最小为 10^{-5}，如 Mettler 的 AT21 型电子天平以及 Sartoruis 的 S4 型电子天平。

(3) 半微量天平：半微量天平的称量一般在 20～100g，其分度值最小为 10^{-4}，如 Mettler 的 AE50 型电子天平和 Sartoruis 的 M25D 型电子天平等均属于此类。

(4) 常量电子天平：此种天平的最大称量一般在 100～200g，其分度值最小为 10^{-4}，如 Mettler 的 AE200 型电子天平和 Sartoruis 的 A120S、A200S 型电子天平均属于常量电子天平。

(5) 分析天平：其实电子分析天平，是常量天平、半微量天平、微量天平和超微量天平的总称。

(6) 精密电子天平：这类电子天平是准确度级别为 Ⅱ 级的电子天平的统称。

如何选择电子天平？选择电子天平应该从电子天平的绝对精度（分度值 e）上去考虑是否符合称量的精度要求。如选 0.1mg 精度的天平或 0.01mg 精度的天平，切忌不

可笼统地说要万分之一或十万分之一精度的天平，因为国外有些厂家是用相对精度来衡量天平的，否则买来的天平无法满足用户的需要。例如在实际工作中遇到这样一个情况，用一台实际标尺分度值 d 为1mg，检定标尺分度值 e 为10mg，最大称量为200g的Mettler电子天平，用来称量7mg的物体，这样是不能得出准确结果的：在《JJG98-90非自动天平试行检定规程》中规定，最大允许误差与检定标尺分度值"e"为同一数量级，此台天平的最大允许误差为1e，显然不能称量7mg的物体；称量15mg的物体用此类天平也不是最佳选择，因为其测试结果的相对误差会很大，应选择更高一级的天平，有的厂家在出厂时已规定了最小称量的数值。因此我们在选购及使用电子天平时必须考虑精度等级。对称量范围的要求：选择电子天平除了看其精度，还应看最大称量是否满足量程的需要。通常取最大载荷加少许保险系数即可，也就是常用载荷再放宽一些即可，不是越大越好。

 复习与思考

一、填空题

1. 准确度的高低用_____表示；精密度的高低用_____表示。
2. 系统误差具有_____性。消除系统误差的方法：_____。
3. 在定量分析运算中，有效数字的修约应遵照_____的原则。
4. 滴定管的读数有±0.01mL的误差，则在一次滴定中的绝对误差可能为_____mL。常量滴定分析的相对误差一般要求小于等于0.2%，为此，滴定时消耗滴定剂的体积必须控制在_____mL以上。
5. 滴定分析法主要包括_____、_____、_____和_____四种滴定方法。
6. 适用于滴定分析的化学反应必须符合如下要求：_____。
7. 常见的滴定方式有_____。
8. 标定盐酸溶液的基准物质是_____；标定氢氧化钠溶液的基准物质_____。

二、计算题

1. 根据有效数字运算规则，计算下列各式。
   (1) $213.64+0.3244+4.4$
   (2) $(3.10×21.14×5.10)/0.001120$
   (3) $(5.10×4.03×10^{-4})/(2.512×0.0002034)$

2. 试将下列数据修约成4位有效数字 28.7456、26.635、10.0654、0.386550、$2.3451×10^{-3}$、108.445、328.45、9.9864。

3. 测定 NaCl 纯品中 Cl^- 的质量分数时结果分别为：59.82%、60.06%、60.46%、59.86%和60.24%，求5次测定结果的平均值、平均偏差、标准偏差和相对标准偏差？

4. 标定 HCl 溶液时，如果消耗 0.1mol/L HCl 标准溶液 20.02mL，称取无水碳酸钠基准物质的重量为 0.1124g，求 HCl 溶液的准确浓度为多少？（Na_2CO_3 的摩尔质量为 106.0g/mol）

5. 已知盐酸标准溶液的滴定度 $T_{HCl}=0.003842g/mL$，分别计算相当于 NaOH 和 CaO 的滴定度（NaOH 的摩尔质量为 40.00g/mol，CaO 的摩尔质量为 58.08g/mol）。

6. 称取不纯草酸试样 0.1587g，用 0.1008mol/L NaOH 标准溶液进行滴定，终点时消耗 22.78mL，求试样中 $H_2C_2O_4$ 的百分含量（$H_2C_2O_4$ 的摩尔质量为 90.04g/mol）。

第 8 章 试剂、溶液与实验用水

☞ **能力要求**
（1）可以正确地使用化学试剂。
（2）能够正确地配制溶液。

☞ **知识要求**
（1）掌握化学试剂。
（2）了解分析实验室用水。
（3）掌握溶液的配制与计算。

☞ **教学活动建议**
让学生到实验室药品架上去记录，看看都有哪些药品，这些化学药品如何摆放。

8.1 化学试剂

8.1.1 化学试剂的分类和规格

1. 化学试剂的分类

化学试剂品种繁多，其分类方法目前国际上尚未统一。有的按"用途-化学组成"分类，如无机分析试剂、有机分析试剂、生化试剂等；有的按"用途-学科"分类，如通用试剂、分析试剂等；也有的按纯度或储存要求分类。

1）按"用途-化学组成"分类

国外许多试剂公司，如德国伊默克（E. Merck）公司、瑞士佛鲁卡（FLuKa）公司、日本关东化学公司和我国的试剂经营目录，都采用这种分类方法。

我国 1981 年编制的化学试剂经营目录，将 8500 多种试剂分为十大类，每类下面又分若干亚类。

（1）无机分析试剂。用于化学分析的无机化学品，如金属、非金属单质，氧化物、碱、酸、盐等试剂。

（2）有机分类试剂。用于化学分析的有机化学品，如烃、醛、酮、醚及其衍生物等试剂。

(3) 特效试剂。在无机分析中测定、分立、富集元素时所专用的一些有机试剂,如沉淀剂、显色剂、螯合剂等。这类试剂灵敏度高,选择性强。

(4) 基准物质。主要用于标定标准溶液的浓度。这类试剂的特点是纯度高,杂质少,稳定性好,化学组成恒定。

(5) 标准物质。用于化学分析、仪器分析时做对比的化学标准品,或用于校准仪器化学品。

(6) 指示剂和试纸。用于滴定分析中指示滴定终点,或用于检验气体或溶液中某些存在的试剂。浸过指示剂或试剂溶液的纸条即是试纸。

(7) 仪器分析试剂。用于仪器分析的试剂。

(8) 生化试剂。用于生命科学研究的试剂。

(9) 高纯物质。用做某些特殊需要工业的材料(如电子工业原料、单晶、光导纤维)和一些痕量分析用试剂。其纯度一般在4个"9"(99.99%)以上,杂质控制在百万分之一甚至10^{-9}级。

(10) 液晶。液晶是液态晶体的简称,它既有流动性、表面张力等液体的特征,又具有光学各向异性、双折射等固态晶体的特征。

2) 按"用途-学科"分类

1981年,中国化学试剂学会提供试剂用途和学科分类,将试剂分为八大类和若干亚类。

(1) 通用试剂。下分一般无机试剂、一般有机试剂、教学用试剂等8亚类。

(2) 高纯试剂。化学试剂的一种分类名称,纯度远高于优级纯的试剂统称为高纯试剂。不同行业使用的高纯试剂有各自的标注方式,通用的标注是用9的数目来表示。例如,纯度为99.999%,含5个9则表示为5N;纯度为99.995%,含4个9、1个5,表示为4.5N。

(3) 分析试剂。下分基准及标准试剂、无机分析用灵敏试剂、有机分析用特殊试剂等11亚类。

(4) 仪器分析专用试剂。下分色谱试剂、核磁共振仪用试剂、紫外及红外光谱试剂等7亚类。

(5) 有机合成研究用试剂。下分基本有机反应试剂、保护基因试剂、相转移催化剂等8亚类。

(6) 临床诊断试剂。下分一般试剂、生化检验用试剂、放射免疫检验用试剂等7亚类。

(7) 生化试剂。下分生物碱、氨基酸及其衍生物等13亚类。

(8) 新型基础材料和精细化学品。下分电子工业用化学品、光学工业用化学品、医药工业用化学品等7亚类。

此外,化学试剂还可按纯度分为高纯试剂、优级试剂、分析纯试剂的化学纯试剂;或按试剂储存要求而分为容易变质试剂、化学危险性试剂和一般保管试剂。

2. 化学试剂的规格与包装

1) 化学试剂的规格

根据国家标准(GB),化学试剂按其纯度和杂质含量的高低分为四种等级(表8-1)。

表 8-1　化学试剂的级别

试剂级别	一等品	二等品	三等品	四等品
纯度分类	优级纯（GR）	分析纯（AR）	化学纯（CP）	实验试剂（LR）
标签颜色	绿色	红色	蓝色	黄色

（1）优级纯试剂，亦称保证试剂，为一级品，纯度高，杂质极少，主要用于精密分析和科学研究，常以 GR 表示。

（2）分析纯试剂，亦称分析试剂，为二级品，纯度略低于优级纯，杂质含量略高于优级纯，适用于重要分析和一般性研究工作，常以 AR 表示。

（3）化学纯试剂为三级品，纯度较分析纯差，但高于实验试剂，适用于工厂、学校一般性的分析工作，常以 CP 表示。

（4）实验试剂为四级品，纯度比化学纯差，但比工业品纯度高，主要用于一般化学实验，不能用于分析工作，常以 LR 表示。

化学试剂除上述几个等级外，还有基准试剂、光谱纯试剂及超纯试剂等。基准试剂相当或高于优级纯试剂，专作滴定分析的基准物质，用以确定未知溶液的准确浓度或直接配制标准溶液，其主成分含量一般在 99.95%～100.0%，杂质总量不超过 0.05%。光谱纯试剂主要用于光谱分析中作标准物质，其杂质用光谱分析法测不出或杂质低于某一限度，纯度在 99.99% 以上。超纯试剂又称高纯试剂，是用一些特殊设备如石英、铂器皿生产的。

2）化学试剂的包装一般原则

化学试剂的良好的包装和储存，合理的运输管理，可以防止试剂的污染、变质和损耗，并可大大减少燃烧、爆炸、腐蚀和中毒事故的发生。

盛装固态、液态化学剂的容器一般有玻璃、塑料和金属的三类。玻璃容器可以盛装各种化学试剂，包括可燃性的高纯度的试剂。而塑料和金属容器虽不适宜于盛装各种化学试剂，但比玻璃容器不易破裂。化学试剂所采用的包装容器是根据试剂的性质和纯度来确定的。

常见的玻璃容器有玻璃瓶和安瓿两种。前者适宜于盛装各种纯度级别的化学试剂，包括分析试剂、层析纯试剂、痕量分析试剂、MOS 级试剂和有机合成试剂等。后者则往往用于盛装需要完全密封不使散逸的化学试剂，如重氢试剂。但是，玻璃容器不宜盛装能与玻璃起化学反应或玻璃能起催化作用的一些化学试剂，前者如氢氟酸，后者如双氧水。容量大的玻璃容器易在运输或使用过程中破裂，通常用钢套或强化的聚苯乙烯套加固。

常见的塑料容器有塑料瓶和塑料桶两种。塑料瓶用于盛装不会与容器的金属起反应的化学试剂，数量较大时则用塑料桶盛装。

常见的金属容器有锡罐、铝瓶和各种金属罐、桶。用于盛装不会与容器的金属起反应的化学试剂。金属容器一般用于盛装数量较大的化学试剂。例如德国伊默克产的薄层层析用硅胶 60G 500g、1kg 装的塑料瓶，5kg 装的用锡罐，而 25g 装的则用金属桶。

现今，世界上一些著名试剂厂商都陆续用金属安全罐作为盛装可燃、危险品的容器。金属安全罐由高强度材料用特殊工艺制成，即使在失火时，也不会立即破裂而释出内容物。例如，美国贝克公司产的安全溶剂罐由内外镀锡钢壳和坚固的高密度聚丙烯螺旋盖构成，在罐顶表面和罐颈内壁都有密封环，焊缝折叠向外，所以溶剂不会与焊剂相接触，以保证溶剂的纯度。这种金属安全罐即使由 3m 多高处落下，摔在坚硬的水泥地面上，也仅变得坑坑洼洼，而无任何接口破裂或内容物漏池、漏泄，在没有打开的塑料旋盖周围也闻不出有逸出的气味。

不论用何种容器盛装的化学试剂皆经过严格的试剂规格的检查。为保证试剂的纯度，容器在盛装试剂前的清洗和盛装试剂时的防尘、防污染措施皆有严格要求。

8.1.2 化学试剂的合理选用

化学试剂的选用应以分析要求，包括分析任务、分析方法、对结果准确度等为依据，来选用不同等级的试剂。如量分析要选用高纯或优级纯试剂，以降低空白值和避免杂质干扰。在以大量酸碱进行样品处理时，其酸碱也应选择优级纯试剂。同时，对所用的纯水的制取方法和玻璃仪器的洗涤方法也应有特殊要求。作仲裁分析也常选用优级纯、分析纯试剂。一般车间控制分析，选用分析纯、化学纯试剂。某些制备实验、冷却浴或加热浴的药品，可选用工业。

不同分析方法对试剂有不同的要求。如络合滴定，最好用分析纯试剂和去离子水，否则因试剂或水中的杂质金属离子封闭指示剂，使滴定终点难以观察。

不同等级的试剂价格往往相差甚远，纯度越高价格越贵。若试剂等级选择不当，将会造成资金浪费或影响化验结果。

另外必须指出的是，虽然化学试剂必须按照国家标准进行检验合格后才能出厂销售，但不同厂家、不同原料和工艺生产的试剂在性能上有时有显著差异。甚至同一厂家，不同批号的同一类试剂，其性质也很难完全一致。因此，在某些要求较高的分析中，不仅要考虑试剂的等级，还应注意生产厂家、产品批号等。必要时应做专项检验和对照试验。

有些试剂由于包装或分装不良，或放置时间太长，可能变质，使用前应做检查。

实验时根据实验的要求，例如分析方法的灵敏度和选择性、分析对象的含量及对分析结果准确度的要求等，合理地选用相应级别的化学试剂。由于不同规格的同一种试剂其价格相差很大，因此，在满足实验要求的前提下，选用试剂的级别应就低不就高，以免造成浪费。试剂的选用要考虑以下几点：

（1）滴定分析中常用的标准溶液，一般先用 AR 试剂粗配，再用工作基准试剂进行标定。在对分析结果要求不是很高的实验中，也可用 GR 或 AR 试剂替代工作基准试剂。滴定分析中所用的其他试剂一般为分析纯的。

（2）就主体含量而言，GR 和 AR 相同或相近，只是杂质含量不同。如果实验对所用试剂的主体含量要求高，例如常量化学分析，则应选用 AR 试剂；如果对试剂杂质含量要求严格，则应选用 GR 试剂。

（3）仪器分析实验中一般选用 GR、AR 或专用试剂，测定痕量成分时应选用高纯试剂。

(4) 如果现有试剂的纯度不能达到某种实验要求时，往往进行一次至多次提纯后再使用。常用的提纯方法有蒸馏法（液体试剂）和重结晶法（固体试剂）。

(5) 有机化学实验离不开有机溶剂及试剂，溶剂不仅作为反应介质，在产物的纯化和后处理中也经常使用。市售的有机溶剂、试剂有工业级、化学纯和分析纯等各种规格，纯度越高，价格越贵。

在有机合成中，常常根据反应的特点和要求，选择适当规格的溶剂和试剂，以便使反应能够顺利地进行。某些有机反应对溶剂和试剂的要求较高，即使微量杂质或水分的存在，也会影响反应的速率、产率甚至成败。因此，了解有机反应中常用溶剂、试剂的性质及纯化方法也是十分重要的。

8.1.3　化学试剂的使用方法

为了保障化验人员的人身安全，保证化学试剂的质量和纯度，得到准确的化验结果，要求掌握化学试剂的性质和使用方法，制定出化学试剂的使用守则，严格要求有关人员共同遵守。

化验室工作人员应熟悉常用化学试剂的性质，如市售酸碱的浓度、试剂在水中的溶解度、有机溶剂的沸点、燃点、试剂的腐蚀性、毒性、爆炸性等。

所有试剂、溶液以及样品的包装瓶上必须有标签。标签要完整、清晰，标明试剂的名称、规格、质量。溶液除了标明品名外，还应标明浓度、配制日期等。万一标签脱落，应照原样贴牢。绝对不允许在容器内装入与标签不相符的物品。无标签的试剂必须取小样检定后才可使用。不能使用的化学试剂要慎重处理，不能随意乱倒。

为了保证试剂不受污染，应当用清洁的牛角勺或不锈钢小勺从试剂瓶中取出试剂，绝不可用手抓取。若试剂结块，可用洁净的玻璃棒或瓷药铲将其捣碎后取出。液体试剂可用洗干净的量筒倒取，不要用吸管伸入原瓶试剂中吸取液体。从试剂瓶内取出的、没有用完的剩余试剂，不可倒回原瓶。打开易挥发的试剂瓶塞时，不可把瓶口对准自己脸部或对着别人。不可用鼻子对准试剂瓶口猛吸气。如果需嗅试剂的气味，可将瓶口远离鼻子，用手在试剂瓶上方扇动，使空气流吹向自己而闻出其味。化学试剂绝不可用舌头品尝。化学试剂一般不能作为药用或食用。医药用药品和食品的化学添加剂都有安全卫生的特殊要求，由专门厂家生产。

8.1.4　化学试剂保管

化学试剂大多数具有一定的毒性及危险性。对化学试剂加强管理，不仅是保证分析结果质量的需要，也是确保人民生命财产安全的需要。

化学试剂的管理应根据试剂的毒性、易燃性、腐蚀性和潮解性等不同的特点，以不同的方式妥善管理。

化验室内只宜存放少量短期内需用的药品，易燃、易爆试剂应放在铁柜中，柜的顶部要有通风口。严禁在化验室内存放总量的瓶装易燃液体。大量试剂应放在试剂库内。

对于一般试剂，如无机盐，应有序地放在试剂柜内，可按元素周期系类族，或按酸、碱、盐、氧化物等分类存放。存放试剂时，要注意化学试剂的存放期限，某些试剂在存放过程中会逐渐变质,甚至形成危害物。如醚类、四氢呋喃、二氧六环、烯烃、液体石蜡等,在见光条件下,若接触空气可形成过氧化物,放置时间越久越危险。某些具有还原性的试剂,如苯三酚、四氢硼钠、维生素以及金属铁丝、铝、镁、锌粉等易被空气中氧所氧化变质。

化学试剂必须分类隔离存放,不能混放在一起,通常把试剂分成下面几类,分别存放。

1. 易燃类

易燃类液体极易挥发成气体,遇明火即燃烧,指在规定的条件下,加热试样,当试样达到某温度时,试样的蒸汽和周围空气的混合气,一旦与火焰接触,即发生闪燃现象,发生闪燃时试样的最低温度,称为闪点。通常把闪点在25℃以下的液体均列入易燃类。闪点在25℃以下者有石油醚、氯乙烷、溴乙烷、乙醚、汽油、二硫化碳、缩醛、丙酮、苯、乙酸乙酯、乙酸甲酯等。

这类试剂要求单独存放于阴凉通风处,理想存放温度为-4~4℃。闪点在25℃以下的试剂,存放最高室温不得超过30℃,特别要注意远离火源。

2. 剧毒类

剧毒类专指由消化道侵入极少量即能引起中毒致死的试剂。生物试验半致死量在50mg/kg以下者称为剧毒物品,如氰化钾、氰化钠及其他剧毒氰化物,三氧化二砷及其他剧毒砷化物,二氯化汞及其他极毒汞盐,硫酸二甲酯,某些生物碱和毒苷等。

这类试剂要置于阴凉干燥处,与酸类试剂隔离。应锁在专门的毒品柜中,建立双人登记签字领用制度。建立使用、消耗、废物处理等制度。皮肤有伤口时,禁止操作这类物质。

3. 强腐蚀类

强腐蚀类专指对人体皮肤、黏膜、眼、呼吸道和物品等有极强腐蚀性的液体和固体(包括蒸气),如发烟硫酸、硫酸、发烟硝酸、盐酸、氢氟酸、氢溴酸、氯磺酸、氯化砜、一氯乙酸、甲酸、乙酸酐、氯化氧磷、五氧化二磷、无水三氯化铝、溴、氢氧化钠、氢氧化钾、硫化钠、苯酚、无水肼、水合肼等。

存放处要求阴凉通风,并与其他药品隔离放置。应选用抗腐蚀性的材料,如耐酸水泥或耐酸陶瓷制成架子来放置这类药品。料架不宜过高,也不要放在高架上,最好放在地面靠墙处,以保证存放安全。

4. 燃爆类

这类试剂中,遇水反应十分猛烈,发生燃烧爆炸的有钾、钠、锂、钙、氢化锂铝、电石等。

钾和钠应保存在煤油中。试剂本身就是炸药或极易爆炸的有硝酸纤维、苦味酸、三硝基甲苯、三硝基苯、叠氮或重氮化合物、雷酸盐等,要轻拿轻放。与空气接触能发生强烈的氧化作用而引起燃烧的物质，如黄磷应保存在水中，切割时也应在水中进行。引火点低，受热、冲击、摩擦或与氧化剂接触能急剧燃烧甚至爆炸的物质，有硫化磷、赤磷、镁粉、锌粉、铝粉、萘、樟脑等。

此类试剂要求存放室内温度不超过 30℃，与易燃物、氧化剂均须隔离存放。料架用砖和水泥砌成，有槽，槽内铺消防砂。试剂置于砂中，加盖，万一出事不致扩大事态。

5. 强氧化剂类

这类试剂是过氧化物或含氧酸及其盐，在适当条件下会发生爆炸，并可与有机物、镁铝、锌粉、硫等易燃固体形成爆炸混合物。这类物质中有的能与水起剧烈反应，如过氧化物遇水有发生爆炸的危险。属于此类的有硝酸铵、硝酸钾、硝酸钠、高氯酸、高氯酸钾、高氯酸钠、高氯酸镁或钡、铬酸酐、重铬酸铵、重铬酸钾及其他铬酸盐、高锰酸钾及其他高锰酸盐、氯酸钾或钠、氯酸钡、过硫酸铵及其他过硫酸盐、过氧化钠、过氧化钾、过氧化钡、过氧化二苯甲酰、过乙酸等。

存放处要求阴凉通风，最高温度不得超过 30℃。要与酸类以及木屑、炭粉、硫化物、糖类等易燃物、可燃物或易被氧化物（即还原性物质）等隔离，堆垛不宜过高过大，注意散热。

6. 放射性类

一般化验室不可能有放射性物质。化验操作这类物质需要特殊防护设备和知识，以保护人身安全，并防止放射性物质的污染与扩散。

以上六类均属于危险品。

7. 低温存放类

此类试剂需要低温存放才不致于聚合变质或发生其他事故。属于此类的有甲基丙烯酸甲酯、苯乙烯、丙烯腈、乙烯基乙炔及其他可聚合的单体、过氧化氢、氢氧化铵等。

存放于温度 10℃ 以下。

8. 贵重类

单价贵的特殊试剂、超纯试剂和稀有元素及其化合物均属于此类。这类试剂大部分为小包装。这类试剂应与一般试剂分开存放，加强管理，建立领用制度。常见的有钯黑、氯化钯、氯化铂、铂、铱、铂石棉、氯化金、金粉、稀土元素等。

9. 指示剂与有机试剂类

指示剂可按酸碱指示剂、氧化还原指示剂、络合滴定指示剂及荧光吸附指示剂分类排列。有机试剂可按分子中碳原子数目多少排列。

10. 一般试剂

一般试剂分类存放于阴凉通风，温度低于 30℃ 的柜内即可。

8.2 分析实验室用水

8.2.1 分析实验室用水的级别与技术要求

1. 级别

分析实验室用水应为原水或适当纯度的水，共分三个级别：一级水、二级水和三级水。

1) 一级水

一级水用于有严格要求的分析试验，包括对颗粒有要求的试验。如高压液相色谱分析用水。

一级水可用二级水经过石英设备蒸馏或离子交换混合床处理后，再经 $0.2\mu m$ 微孔滤膜过滤来制取。

2) 二级水

二级水用于无痕量分析等试验，如原子吸收光谱分析用水。

二级水可用多次蒸馏或离子交换等方法制取。

3) 三级水

三级水用于一般化学分析试验。

三级水可用蒸馏或离子交换等方法制取。

2. 技术要求

分析实验室用水应符合表 8-2 所列技术要求。

表 8-2 实验用水要求

名称		一级	二级	三级
pH 范围（25℃）		—	—	5.0~7.0
电导率（25℃）/(mS/m)	≤	0.01	0.10	0.50
可氧化物质（以 O 计）/(mg/L)	≤	—	0.08	0.4
吸光度（254nm，1cm 光程）	≤	0.001	0.01	—
蒸发残渣（105℃±2℃）/(mg/L)	≤	—	1.0	2.0
可溶性硅（以 SiO_2 计）/(mg/L)	≤	0.01	0.02	—

注：(1) 由于在一级水、二级水的纯度下，难以测定其真实的 pH，因此，对一级水、二级水的 pH 范围不做规定。

(2) 一级水、二级水的电导率需用新制备的水"在线"测定。

(3) 由于在一级水的纯度下，难以测定可氧化物质和蒸发残渣，对其限量不做规定。可用其他条件和制备方法来保证一级水的质量。

8.2.2 取样和储存

1. 容器

(1) 各级用水均使用密闭的、专用聚乙烯容器。三级水也可使用密闭的、专用玻璃容器。

(2) 新容器在使用前需用盐酸溶液（20%）浸泡 2～3d，再用待测水反复冲洗，并注满待测水浸泡 6h 以上。

2. 取样

按本标准进行试验，至少应取 3L 有代表性水样。

取样前用待测水反复清洗容器。取样时要避免玷污。水样应注满容器。

3. 储存

各级用水在储存期间，其被玷污的主要来源是容器可溶成分的溶解、空气中的二氧化碳和其他杂质。因此，一级水不可储存、使用前制备。二级水、三级水可适量制备，分别储存在预先经同级水清洗过的相应容器中。

各级用水在运输过程中应避免被玷污。

8.2.3 试验方法

在试验方法中，各项试验必须在洁净环境中进行、并采取适当措施，以避免对试样的沾污、试验中均使用分析纯试剂和相应级别的水。

量取 100mL 水样，按 GB 9724（2007）—1988 的规定。

1) 主题内容与适用范围

本标准规定了用电位法测定水溶液 pH 的通则。

本标准适用于化学试剂水溶液 pH 的测定。测定范围为 pH 1～12。

2) 引用标准

GB 601—2002 化学试剂滴定分析（容量分析）用标准溶液的制备。

GB 603—2002 化学试剂试验方法中所用制剂及制品的制备。

GB 6682—2008 实验室用水规格。

3) 方法原理

将规定的指示电极和参比电极浸入同一被测溶液中，构成一电池，其电动势与溶液的 pH 有关，通过测量原电池的电动势即可得出溶液的 pH。

4) 试剂

本标准中所用标准溶液、制剂及制品按 GB 601—2002、GB 603—2002 之规定配制。

实验用水应符合 GB 6682—2008 中三级水的规格。

(1) 草酸盐标准缓冲溶液：称取 12.71g 四草酸钾 $[KH_3(C_2O_4)_2 \cdot 2H_2O]$，溶于

无二氧化碳的水，稀释至 1000mL。此溶液的浓度 $c_{KH_3(C_2O_4)_2 \cdot 2H_2O}$ 为 0.05mol/L。

（2）酒石酸盐标准缓冲溶液：在 25℃时，用无二氧化碳的水溶解外消旋的酒石酸氢钾（$KHC_4H_4O_6$），并剧烈振摇至成饱和溶液。

（3）苯二甲酸盐标准缓冲溶液：称取 10.21g 于 110℃干燥 1h 的苯二甲酸氢钾（$C_6H_4CO_2HCO_2K$），溶于无二氧化碳的水，稀释至 1000mL。此溶液的浓度 $c_{C_6H_4CO_2HCO_2K}$ 为 0.05mol/L。

（4）磷酸盐标准缓冲溶液：称取 3.40g 磷酸二氢钾（KH_2PO_4）和 3.55g 磷酸氢二钠（Na_2HPO_4），溶于无二氧化碳的水，稀释至 1000mL。磷酸二氢钾和磷酸氢二钠需预先在 120℃±10℃ 干燥 2h，此溶液的浓度 $c_{KH_2PO_4}$ 为 0.025mol/L，$c_{Na_2HPO_4}$ 为 0.025mol/L。

（5）硼酸盐标准缓冲溶液：称取 3.81g 四硼酸钠（$Na_2B_4O_7 \cdot 10H_2O$），溶于无二氧化碳的水，稀释至 1000mL。存放时应防止空气中二氧化碳进入。此溶液的浓度 $c_{Na_2B_4O_7 \cdot 10H_2O}$ 为 0.01mol/L。

（6）氢氧化钙标准缓冲溶液：于 25℃，用无二氧化碳的水制备氢氧化钙的饱和溶液。氢氧化钙溶液的浓度 $c_{1/2Ca(OH)_2}$ 应在 0.0400~0.0412mol/L。存放时应防止空气中二氧化碳进入。一旦出现浑浊，应弃去重配。氢氧化钙溶液的浓度可以用酚红为指示剂，用盐酸标准溶液（c_{HCl}=0.1mol/L）滴定测出。

5）仪器和装

（1）一般实验室仪器。

（2）酸度计：精度为 0.1pH 单位。

（3）指示电极。

① 玻璃电极：使用前须在水中浸泡 24h 以上，使用后应立即清洗，并浸于水中保存。

② 锑电极：使用前用细砂纸将表面擦亮，使用后应清洗擦干。

（4）参比电极。饱和甘汞电极：使用时电极上端小孔的橡皮塞必须拔出，以防止产生扩散电位，影响测定结果。电极内氯化钾溶液中不能有气泡，以防止断路。溶液中应保持有少许氯化钾晶体，以保证氯化钾溶液的饱和。注意电极液络部不被沾污或堵塞，并保持液络部适当的渗出流速。

6）操作步骤

将样品用无二氧化碳的水配成 5%（特殊情况例外）的溶液。

制备两种标准缓冲溶液，使其中一种的 pH 大于并接近试液的 pH，另一种小于并接近试液的 pH。用这两种标准缓冲溶液校正酸度计，将温度补偿旋钮调至标准缓冲溶液的温度处，如酸度计不具备电极系数调节功能，相互校正的误差不得大于 0.1pH 单位。用与试液的 pH 接近的标准缓冲溶液定位。用水冲洗电极，再用试液洗涤电极，调节试液的温度至 25℃±10℃，并将酸度计的温度补偿旋钮调至 25℃，测定试液的 pH。为了测得准确的结果，可将试液分成几份，重复操作，直到 pH 读数至少稳定 1min 为止。

学习资源

绿 色 食 品

第二次世界大战以后,欧美和日本等发达国家在工业现代化的基础上,先后实现了农业现代化。一方面大大地丰富了这些国家的食品供应,另一方面也产生了一些负面影响。主要是随着农用化学物质源源不断地、大量地向农田中输入,造成有害化学物质通过土壤和水体在生物体内富集,并且通过食物链进入到农作物和畜禽体内,导致食物污染,最终损害人体健康。可见,过度依赖化学肥料和农药的农业(也叫做"石油农业"),会对环境、资源以及人体健康构成危害,并且这种危害具有隐蔽性、累积性和长期性的特点。

1962年,美国的雷切尔·卡逊女士以密歇根州东兰辛市为消灭伤害榆树的甲虫所采取的措施为例,披露了杀虫剂DDT危害其他生物的种种情况。该市大量用DDT喷洒树木,树叶在秋天落在地上,蠕虫吃了树叶,大地回春后知更鸟吃了蠕虫,一周后全市的知更鸟几乎全部死亡。卡逊女士在《寂静的春天》一书中写道:"全世界广泛遭受治虫药物的污染,化学药品已经侵入万物赖以生存的水中,渗入土壤,并且在植物上布成一层有害的薄膜……已经对人体产生严重的危害。除此之外,还有可怕的后遗祸患,可能几年内无法查出,甚至可能对遗传有影响,几个世代都无法察觉。"卡逊女士的论断无疑给全世界敲响了警钟。

20世纪70年代初,由美国扩展到欧洲和日本的旨在限制化学物质过量投入以保护生态环境和提高食品安全性的"有机农业"思潮影响了许多国家。一些国家开始采取经济措施和法律手段,鼓励、支持本国无污染食品的开发和生产。自1992年联合国在里约热内卢召开的环境与发展大会后,许多国家从农业着手,积极探索农业可持续发展的模式,以减缓石油农业给环境和资源造成的严重压力。欧洲、美国、日本和澳大利亚等发达国家和一些发展中国家纷纷加快了生态农业的研究。在这种国际背景下,我国决定开发无污染、安全、优质的营养食品,并且将它们定名为"绿色食品"。

 复习与思考

一、填空题

1. 优级纯试剂用_____表示;分析纯试剂用_____表示;化学纯试剂用_____表示;实验试剂试剂用_____表示。

2. 易燃类试剂要求单独存放于_____处,理想存放温度为_____℃。

3. 危险品包括_____、_____、_____、_____、_____和_____类试剂。

4. 基准物质应具备的条件是：_____、_____、_____、_____。

二、问答题

1. 化学试剂保管应该注意哪些原则？
2. 简述实验室用水的级别与规格。

第 9 章 酸碱滴定法

> 👉 **能力要求**
> （1）可以正确地选择指示剂。
> （2）能够快速、灵活地进行酸碱滴定。
> （3）可以配制 HCl 标准溶液和 NaOH 标准溶液。
>
> 👉 **知识要求**
> （1）了解酸碱指示剂的作用原理。
> （2）掌握及应用酸碱指示剂的选择。
> （3）掌握酸碱滴定法。
>
> 👉 **教学活动建议**
> 让学生自己查阅国家食品检测标准，其中什么类型的食品需要测定总酸，其目的与意义是什么？

酸碱滴定法是以酸碱反应为基础的滴定分析方法，是滴定分析中的一种重要分析方法，该方法广泛应用于食品理化检测中。

9.1 酸碱指示剂

酸碱滴定分析中，确定滴定终点的方法有仪器法与指示剂法两类。

仪器法确定滴定终点主要是利用滴定体系或滴定产物的电化学性质的改变，用仪器（比如 pH 计）检测终点的到来，常见的方法有电位滴定法、电导滴定法等。

指示剂法是借助加入的酸碱指示剂在化学计量点附近的颜色的变化来确定滴定终点的。这种方法简单、方便，是确定滴定终点的基本方法。本节仅介绍酸碱指示剂法。

9.1.1 酸碱指示剂的作用原理

酸碱指示剂是在某一特定 pH 区间，随介质酸度条件的改变颜色明显变化的物质。常用的酸碱指示剂一般是一些有机弱酸或弱碱，其酸式与共轭碱式具有不同的颜色。当溶液 pH 改变时，酸碱指示剂获得质子转化为酸式，或失去质子转化为碱式，由于指示剂的酸式与碱式具有不同的结构因而具有不同的颜色。下面以最常用的甲基橙、酚酞为例来说明。

甲基橙（methyl orange，MO）是一种有机弱碱，也是一种双色指示剂，它在溶液中的离解平衡可用下式表示：

$$(CH_3)_2N-C_6H_4-N=N-C_6H_4-SO_3^- \underset{OH^-}{\overset{H^+}{\rightleftharpoons}} (CH_3)_2\overset{+}{N}=C_6H_4=N-NH-C_6H_4-SO_3^-$$

黄色（偶氮式）　　　　　　　　　　红色（醌式）

由平衡关系式可以看出：当溶液中［H^+］增大时，反应向右进行，此时甲基橙主要以醌式存在，溶液呈红色；当溶液中［H^+］降低，而［OH^-］增大时，反应向左进行，甲基橙主要以偶氮式存在，溶液呈黄色。

酚酞是一种有机弱酸，它在溶液中的电离平衡如下所示：

无色（羟式）　　　　　　　　　　红色（醌式）

在酸性溶液中，平衡向左移动，酚酞主要以羟式存在，溶液呈无色；在碱性溶液中，平衡向右移动，酚酞则主要以醌式存在，因此溶液呈红色。

由此可见，当溶液的 pH 发生变化时，由于指示剂结构的变化，颜色也随之发生变化，因而可通过酸碱指示剂颜色的变化来确定酸碱滴定的终点。

9.1.2 变色范围和变色点

若以 HIn 代表酸碱指示剂的酸式（其颜色称为指示剂的酸式色），其离解产物 In^- 就代表酸碱指示剂的碱式（其颜色称为指示剂的碱式色），则离解平衡可表示为

$$HIn \rightleftharpoons H^+ + In^-$$

当离解达到平衡时

$$K_{HIn} = \frac{[H^+][In^-]}{[HIn]}$$

则

$$\frac{[In^-]}{[HIn]} = \frac{K_{HIn}}{[H^+]} \tag{9-1}$$

或

$$pH = pK_{HIn} + \lg\frac{[In^-]}{[HIn]} \tag{9-2}$$

溶液的颜色决定于指示剂碱式与酸式的浓度比值，即［In^-］/［HIn］。对一定的指示剂而言，在指定条件下 K_{HIn} 是常数。因此，由式（9-1）可以看出，［In^-］/［HIn］只决定于［H^+］，［H^+］不同时，［In^-］/［HIn］数值就不同，溶液将呈现不同的色调。

一般说来，当一种形式的浓度大于另一种形式浓度 10 倍时，人眼则通常只看到较浓形式物质的颜色。即［In^-］/［HIn］≤1/10，看到的是 HIn 的颜色（即酸式色）。此

时，由式（9-2）得

$$pH \leqslant pK_{HIn} + \lg \frac{1}{10} = pK_{HIn} - 1$$

若 [In⁻]/[HIn] ⩾10，看到的是 In⁻ 的颜色（即碱式色）。此时，由式（9-2）得

$$pH \geqslant pK_{HIn} + \lg \frac{10}{1} = pK_{HIn} + 1$$

若 [In⁻]/[HIn] 在 1/10～10 时，看到的是酸式色与碱式色复合后的颜色。

因此，当溶液的 pH 由 $pK_{HIn}-1$ 向 $pK_{HIn}+1$ 逐渐改变时，理论上人眼可以看到指示剂由酸式色逐渐过渡到碱式色。这种理论上可以看到的引起指示剂颜色变化的 pH 间隔，我们称之为指示剂的理论变色范围。

当指示剂中酸式的浓度与碱式的浓度相同时（即 [HIn]=[In⁻]），溶液便显示指示剂酸式与碱式的混合色。由式（9-2）可知，此时溶液的 pH=pK_{HIn}，这一点，我们称之为指示剂的理论变色点。例如，甲基红 pK_{HIn}=5.0，所以甲基红的理论变色范围为 pH=4.0～6.0。

理论上说，指示剂的变色范围都是 2 个 pH 单位，但指示剂的变色范围不是根据 pK_{HIn} 计算出来的，而是依据人眼观察出来的。由于人眼对各种颜色的敏感程度不同，加上两种颜色之间的相互影响，因此实际观察到的各种指示剂的变色范围（表 9-1）并不都是 2 个 pH 单位，而是略有上下。

表 9-1 几种常用酸碱指示剂在室温下水溶液中的变色范围

指示剂	变色范围 pH	颜色变化	pK_{HIn}	质量浓度/(g/L)	用量/(滴/10mL 试液)
百里酚蓝	1.2～2.8	红-黄	1.7	1g/L 的 20%乙醇溶液	1～2
甲基黄	2.9～4.0	红-黄	3.3	1g/L 的 90%乙醇溶液	1
甲基橙	3.1～4.4	红-黄	3.4	0.5g/L 的水溶液	1
溴酚蓝	3.0～4.6	黄-紫	4.1	1g/L 的 20%乙醇溶液或其钠盐水溶液	1
溴甲酚绿	4.0～5.6	黄-蓝	4.9	1g/L 的 20%乙醇溶液或其钠盐水溶液	1～3
甲基红	4.4～6.2	红-黄	5.0	1g/L 的 60%乙醇溶液或其钠盐水溶液	1
溴百里酚蓝	6.2～7.6	黄-蓝	7.3	1g/L 的 20%乙醇溶液或其钠盐水溶液	1
中性红	6.8～8.0	红-黄橙	7.4	1g/L 的 60%乙醇溶液	1
苯酚红	6.8～8.4	黄-红	8.0	1g/L 的 60%乙醇溶液或其钠盐水溶液	1
酚酞	8.0～10.0	无色-红	9.1	5g/L 的 90%乙醇溶液	1～3
百里酚酞	9.4～10.6	无色-蓝	10.0	1g/L 的 90%乙醇溶液	1～2

9.1.3 影响指示剂变色范围的因素

1. 温度

指示剂的变色范围和指示剂的离解常数 K_{HIn} 有关，而 K_{HIn} 与温度有关，因此当温度改变时，指示剂的变色范围也随之改变。表 9-2 列出了几种常见指示剂在 18℃ 与 100℃ 时的变色范围。

表 9-2 温度对指示剂变色范围的影响

指示剂	变色范围 pH		指示剂	变色范围 pH	
	18℃	100℃		18℃	100℃
百里酚蓝	1.2~2.8	1.2~2.6	甲基红	4.4~6.2	4.0~6.0
甲基橙	3.1~4.4	2.5~3.7	酚红	6.4~8.0	6.6~8.2
溴酚蓝	3.0~4.6	3.0~4.5	酚酞	8.0~10.0	8.0~9.2

由表 9-2 可以看出，温度上升对各种指示剂的影响是不一样的。因此，为了确保滴定结果的准确性，滴定分析宜在室温下进行，如果必须在加热时进行，也应当将标准溶液在同样条件下进行标定。

2. 指示剂用量

指示剂的用量（或浓度）是一个非常重要的因素。对于双色指示剂（如甲基红），在溶液中有如下离解平衡：

$$HIn \rightleftharpoons H^+ + In^-$$

如果溶液中指示剂的浓度较小，则在单位体积溶液中 HIn 的量也少，加入少量标准溶液即可使之完全变为 In^-，因此指示剂颜色变化灵敏；反之，若指示剂浓度较大时，则发生同样的颜色变化所需标准溶液的量也较多，从而导致滴定终点时颜色变化不敏锐。所以，双色指示剂的用量以少为宜。

同理，对于单色指示剂（如酚酞），也是指示剂的用量偏少时，滴定终点变色敏锐。但如用单色指示剂滴定至一定 pH，则必须严格控制指示剂的浓度。因为单色指示剂的颜色深度仅取决于有色离子的浓度（对酚酞来说就是碱式 $[In^-]$），即

$$[In^-] = \frac{K_{HIn}}{[H^+]}[HIn]$$

如果 $[H^+]$ 维持不变，在指示剂变色范围内，溶液颜色的深浅便随指示剂 HIn 浓度的增加而加深。因此，使用单色指示剂时必须严格控制指示剂的用量，使其在终点时的浓度等于对照溶液中的浓度。

此外，指示剂本身是弱酸或弱碱，也要消耗一定的标准溶液。因此，指示剂用量以少为宜，但却不能太少，否则，由于人眼辨色能力的限制，无法观察到溶液颜色的变化。实际滴定过程中，通常都是使用指示剂浓度为 1g/L 的溶液，用量比例为每 10mL 试液滴加 1 滴左右的指示剂溶液（表 9-3）。

表 9-3 常用指示剂在不同离子强度时的 pK_{HIn}

指示剂	指示剂酸碱性	pK_{HIn}（20℃，水溶液）		
		离子强度		
		0	0.1	0.5
甲基黄	碱性	3.25（18℃）	3.24	3.40
甲基橙	碱性	3.46	3.46	3.46
甲基红	酸性	5.00	5.00	5.00
溴甲酚绿	酸性	4.90	4.66	4.50

续表

指示剂	指示剂酸碱性	pK$_{HIn}$（20℃，水溶液）		
		离子强度		
		0	0.1	0.5
溴甲酚紫	酸性	6.40	6.12	5.90
溴酚蓝	酸性	4.10（15℃）	3.85	3.75
溴百里酚蓝	酸性	7.30（15～30℃）	7.10	6.90
氯酚红	酸性	6.25	6.00	5.90
甲酚红	酸性	8.46（30℃）	8.25	—
酚红	酸性	8.00	7.81	7.60

3. 离子强度

指示剂的 pK$_{HIn}$ 随溶液离子强度的不同而有少许变化，因而指示剂的变色范围也随之有稍许偏移。实验证明，溶液离子强度增加，对酸型指示剂而言其 pK$_{HIn}$ 减小；对碱型指示剂而言其 pK$_{HIn}$ 增大。表 9-3 列出了一些常用指示剂的 pK$_{HIn}$ 随溶液离子强度变化而变化的关系。

由于在离子强度较低（<0.5）时，酸碱指示剂的 pK$_{HIn}$ 随溶液离子强度的不同而变化不大，因而实际滴定过程中一般可以忽略不计。

4. 滴定程序

由于深色较浅色明显，所以当溶液由浅色变为深色时，人眼容易辨别。比如，以甲基橙作指示剂，用碱标液滴定酸时，终点颜色的变化是由橙红变黄，它就不及用酸标液滴定碱时终点颜色由黄变橙红来得明显。所以用酸标准溶液滴定碱时可用甲基橙作指示剂；而用碱标准溶液滴定酸时，一般采用酚酞作指示剂，因为终点从无色变为红色比较敏锐。

9.1.4 混合指示剂

由于指示剂具有一定的变色范围，因此只有当溶液 pH 的改变超过一定数值，也就是说只有在酸碱滴定的化学计量点附近 pH 发生突跃时，指示剂才能从一种颜色突然变为另一种颜色。但在某些酸碱滴定中，由于化学计量点附近 pH 突跃小，使用单一指示剂确定终点无法达到所需要的准确度，这时可考虑采用混合指示剂。

混合指示剂是利用颜色之间的互补作用，使变色范围变窄，从而使终点时颜色变化敏锐。它的配制方法一般有两种：一种是由两种或多种指示剂混合而成。比如溴甲酚绿（pK$_{HIn}$=4.9）与甲基红（pK$_{HIn}$=5.0）指示剂，前者当 pH<4.0 时呈黄色（酸式色），pH>5.6 时呈蓝色（碱式色）；后者当 pH<4.4 时呈红色（酸式色），pH>6.2 时呈浅黄色（碱式色）。当它们按一定比例混合后，两种颜色混合在一起，酸式色便成为酒红色（即红稍带黄），碱式色便成为绿色。当 pH=5.1，也就是溶液中酸式与碱式的浓度大致相同时，溴甲酚绿呈绿色而甲基红呈橙色，两种颜色互为互补色，从而使得溶液呈现浅灰色，因此变色十分敏锐。

另一种混合指示剂是在某种指示剂中加入一种惰性染料（其颜色不随溶液 pH 的变化而变化），由于颜色互补使变色敏锐，但变色范围不变。常用的混合指示剂见表 9-4。

表 9-4　几种常见的混合指示剂

指示剂溶液的组成	变色时 pH	颜色		备注
		酸式色	碱式色	
1 份 0.1%甲基黄乙醇溶液 1 份 0.1%次甲基蓝乙醇溶液	3.25	蓝紫	绿	pH=3.2，蓝紫色 pH=3.4，绿色
1 份 0.1%甲基橙水溶液 1 份 0.25%靛蓝二磺酸水溶液	4.1	紫	黄绿	—
1 份 0.1%溴甲酚绿钠盐水溶液 1 份 0.2%甲基橙水溶液	4.3	橙	蓝绿	pH=3.5，黄色 pH=4.05，绿色 pH=4.3，浅绿
3 份 0.1%溴甲酚绿乙醇溶液 1 份 0.2%甲基红乙醇溶液	5.1	酒红	绿	—
1 份 0.1%溴甲酚绿钠盐水溶液 1 份 0.1%氯酚红钠盐水溶液	6.1	黄绿	蓝绿	pH=5.4，蓝绿色 pH=5.8，蓝色 pH=6.0，蓝带紫 pH=6.2，蓝紫
1 份 0.1%中性红乙醇溶液 1 份 0.1%次甲基蓝乙醇溶液	7.0	紫蓝	绿	pH=7.0，紫蓝
1 份 0.1%甲酚红钠盐水溶液 3 份 0.1%百里酚蓝钠盐水溶液	8.3	黄	紫	pH=8.2，玫瑰红 pH=8.4，清晰的紫色
1 份 0.1%百里酚蓝 50%乙醇溶液 3 份 0.1%酚酞 50%乙醇溶液	9.0	黄	紫	从黄到绿，再到紫
1 份 0.1%酚酞乙醇溶液 1 份 0.1%百里酚酞乙醇溶液	9.9	无色	紫	pH=9.6，玫瑰红 pH=10，紫色
2 份 0.1%百里酚酞乙醇溶液 1 份 0.1%茜素黄 R 乙醇溶液	10.2	黄	紫	—

9.2　滴定条件的选择

酸碱滴定法的滴定终点可借助指示剂颜色的变化显现出来，而指示剂颜色的变化则完全取决于溶液 pH 的大小。因此，为了给某一特定酸碱滴定反应选择一合适的指示剂，就必须了解在其滴定过程中溶液 pH 的变化，特别是化学计量点附近 pH 的变化。在滴定过程中用来描述加入不同量标准滴定溶液（或不同中和百分数）时溶液 pH 变化的曲线称为酸碱滴定曲线。由于各种不同类型的酸碱滴定过程中 H^+ 浓度的变化规律是各不相同的，因此下面分别予以讨论。

9.2.1 一元酸碱的滴定

1. 强碱（酸）滴定强酸（碱）

1) 滴定过程中溶液 pH 的变化

强酸（碱）滴定强碱（酸）的过程相当于

$$H^+ + OH^- = H_2O \qquad K_t = \frac{1}{K_w} = 10^{14.00}$$

这种类型的酸碱滴定，其反应程度是最高的，也最容易得到准确的滴定结果。下面以 0.1000mol/L NaOH 标准滴定溶液滴定 20.00mL 0.1000mol/L HCl 为例来说明强碱滴定强酸过程中 pH 的变化与滴定曲线的形状。该滴定过程可分为四个阶段：

(1) 滴定开始前：溶液的 pH 由此时 HCl 溶液的酸度决定。
即
$$[H^+] = 0.1000 \text{mol/L}$$
$$pH = 1.00$$

(2) 滴定开始至化学计量点前：溶液的 pH 由剩余 HCl 溶液的酸度决定。
例如，当滴入 NaOH 溶液 18.00mL 时，溶液中剩余 HCl 溶液 2.00mL，则
$$[H^+] = \frac{0.1000 \times 2.00}{20.00 + 18.00} = 5.26 \times 10^{-3} (\text{mol/L})$$
$$pH = 2.28$$

当滴入 NaOH 溶液 19.80mL 时，溶液中剩余 HCl 溶液 0.20mL，则
$$[H^+] = \frac{0.1000 \times 0.20}{20.00 + 19.80} = 5.03 \times 10^{-4} (\text{mol/L})$$
$$pH = 3.30$$

当滴入 NaOH 溶液 19.98mL 时，溶液中剩余 HCl 0.02mL，则
$$[H^+] = \frac{0.1000 \times 0.02}{20.00 + 19.98} = 5.00 \times 10^{-5} (\text{mol/L})$$
$$pH = 4.30$$

(3) 化学计量点时：溶液的 pH 由体系产物的离解决定。此时溶液中的 HCl 全部被 NaOH 中和，其产物为 NaCl 与 H_2O，因此溶液呈中性，即
$$[H^+] = [OH^-] = 1.00 \times 10^{-7} \text{mol/L}$$
$$pH = 7.00$$

(4) 化学计量点后：溶液的 pH 由过量的 NaOH 浓度决定。
例如加入 NaOH 20.02mL 时，NaOH 过量 0.02mL，此时溶液中 $[OH^-]$ 为
$$[OH^-] = \frac{0.1000 \times 0.02}{20.00 + 20.02} = 5.00 \times 10^{-5} \text{mol/L}$$
$$pOH = 4.30; \qquad pH = 9.70$$

用完全类似的方法可以计算出整个滴定过程中加入任意体积 NaOH 时溶液的 pH，其结果如表 9-5 所示。

表 9-5　用 0.1000mol/L NaOH 溶液滴定 20.00mL 0.1000mol/L HCl 时 pH 的变化

加入 NaOH/mL	HCl 被滴定百分数/%	剩余 HCl/mL	过量 NaOH/mL	[H^+]	pH
0.00	0.00	20.00	—	1.00×10^{-1}	1.00
18.00	90.00	2.00	—	5.26×10^{-3}	2.28
19.80	99.00	0.20	—	5.02×10^{-4}	3.30
19.98	99.90	0.02		5.00×10^{-5}	4.30
20.00	100.00	0.00		1.00×10^{-7}	7.00
20.02	100.1		0.02	2.00×10^{-10}	9.70
20.20	101.0		0.20	2.01×10^{-11}	10.70
22.00	110.0	—	2.00	2.10×10^{-12}	11.68
40.00	200.0	—	20.00	5.00×10^{-13}	12.52

（其中 4.30、7.00、9.70、10.70 为突跃范围）

2）滴定曲线的形状和滴定突跃

以溶液的 pH 为纵坐标，以 NaOH 的加入量（或滴定百分数）为横坐标，可绘制出强碱滴定强酸的滴定曲线，如图 9-1 所示。

由表 9-5 与图 9-1 可以看出，从滴定开始到加入 19.98mL NaOH 滴定溶液，溶液的 pH 仅改变了 3.30 个 pH 单位，曲线比较平坦。而在化学计量点附近，加入 1 滴 NaOH 溶液（相当于 0.04mL，即从溶液中剩余 0.02mL HCl 到过量 0.02mL NaOH）就使溶液的酸度发生巨大的变化，其 pH 由 4.30 急增至 9.70，增幅达 5.4 个 pH 单位，相当于 [H^+] 降低了 25 万倍，溶液也由酸性突变到碱性，溶液的性质由量变引起了质变。从图 3-5 也可看到，在化学计量点前后 0.1%，此时曲线呈现近似垂直的一段，表明溶液的 pH 有一个突然的改变，这种 pH 的突然改变便称为滴定突跃，而突跃所在的

图 9-1　0.1000mol/L NaOH 与 0.1000mol/L HCl 的滴定曲线

pH 范围也称之为滴定突跃范围。此后，再继续滴加 NaOH 溶液，则溶液的 pH 变化便越来越小，曲线更趋平坦。

如果用 0.1000mol/L HCl 标准滴定溶液滴定 20.00mL 0.1000mol/L NaOH，其滴定曲线如图 9-1 中的虚线所示。显然滴定曲线形状与 NaOH 溶液滴定 HCl 溶液相似，只是 pH 不是随着滴定溶液的加入而逐渐增大，而是逐渐减小。

值得注意的是：从滴定过程 pH 的计算中我们可以知道，滴定的突跃大小还必然与被滴定物质及标准溶液的浓度有关。一般说来，酸碱浓度增大 10 倍，则滴定突跃范围就增加 2 个 pH 单位；反之，若酸碱浓度减小 10 倍，则滴定突跃范围就减少 2 个 pH 单位。如用 1.000mol/L NaOH 滴定 1.000mol/L HCl 时，其滴定突跃范围就增大为

3.30~10.70；若用 0.01000mol/L NaOH 滴定 0.01000mol/L HCl 时，其滴定突跃范围就减小为 5.30~8.70。不同浓度的强碱滴定强酸的滴定曲线如图 9-2 所示。滴定突跃具有非常重要的意义，它是选择指示剂的依据。

3) 指示剂的选择

选择指示剂的原则：一是指示剂的变色范围全部或部分地落入滴定突跃范围内；二是指示剂的变色点尽量靠近化学计量点。

例如用 0.1000mol/L NaOH 滴定 0.1000mol/L HCl，其突跃范围为 4.30~9.70，则可选择甲基红、甲基橙与酚酞作指示剂。如果选择甲基橙作指示剂，当溶液颜色由橙色变为黄色时，溶液的 pH 为 4.4，滴定误差小于 0.1%。实际分析时，为了更好地判断终点，通常选用酚酞作指示剂，因其终点颜色由无色变成浅红色，非常容易辨别。

图 9-2 不同浓度的强碱滴定强酸的滴定曲线

如果用 0.1000mol/L HCl 标准滴定溶液滴定 0.1000mol/L NaOH 溶液，则可选择酚酞或甲基红作为指示剂。倘若仍然选择甲基橙作指示剂，则当溶液颜色由黄色转变成橙色时，其 pH 为 4.0，滴定误差将有 +0.2%。实际分析时，为了进一步提高滴定终点的准确性，以及更好地判断终点（如用甲基红时终点颜色由黄变橙，人眼不易把握，若用酚酞时则由红色褪至无色，人眼也不易判断），通常选用混合指示剂溴甲酚绿-甲基红，终点时颜色由绿经浅灰变为暗红，容易观察。

2. 强碱（酸）滴定弱酸（碱）

1) 滴定过程中溶液 pH 的变化

强碱（酸）滴定一元弱酸（碱）的滴定反应相当于

$$HA + OH^- \rightleftharpoons H_2O + A^- \qquad K_t = \frac{[A^-]}{[HA][OH^-]} = \frac{K_a}{K_w}$$

或

$$BOH + H^+ \rightleftharpoons H_2O + B^+ \qquad K_t = \frac{[B^+]}{[BOH][H^+]} = \frac{K_b}{K_w}$$

可见，这类滴定反应的完全程度较强酸强碱类差。下面以 0.1000mol/L NaOH 标准溶液滴定 20.00mL 0.1000mol/L HAc 为例，说明这一类滴定过程中 pH 变化与滴定曲线。与讨论强酸强碱滴定曲线方法相似，讨论这一类滴定曲线也分为四个阶段。

(1) 滴定开始前溶液的 pH。此时溶液的 pH 由 0.1000mol/L 的 HAc 溶液的酸度决定。根据弱酸 pH 计算的最简式（表 9-1）。

因此 $$[H^+] = \sqrt{cK_a}$$
$$[H^+] = \sqrt{0.1000 \times 1.76 \times 10^{-5}} = 1.33 \times 10^{-3} (\text{mol/L})$$
$$pH = 2.88$$

(2) 滴定开始至化学计量点前溶液的pH。这一阶段的溶液是由未反应的HAc与反应产物NaAc组成的，其pH由HAc-NaAc缓冲体系来决定，即

$$[H^+] = K_{a(HAc)} \frac{[HAc]}{[Ac^-]}$$

比如，当滴入NaOH 19.98mL（剩余HAc 0.02mL）时，

$$[HAc] = \frac{0.1000 \times 0.02}{20.00 + 19.98} = 5.0 \times 10^{-5} (\text{mol/L})$$

$$[Ac^-] = \frac{0.1000 \times 19.98}{20.00 + 19.98} = 5.0 \times 10^{-2} (\text{mol/L})$$

因此 $$[H^+] = 1.76 \times 10^{-5} \times \frac{5.0 \times 10^{-5}}{5.0 \times 10^{-2}} = 1.76 \times 10^{-8} (\text{mol/L})$$
$$pH = 7.75$$

(3) 化学计量点时溶液的pH。此时溶液的pH由体系产物的离解决定。化学计量点时体系产物是NaAc与H_2O，Ac^-是一种弱碱。因此

$$[OH^-] = \sqrt{cK_{b(Ac^-)}}$$

由于 $$K_{b(Ac^-)} = \frac{K_w}{K_{a(HAc)}} = \frac{1.0 \times 10^{-14}}{1.76 \times 10^{-5}} = 5.68 \times 10^{-10}$$

$$[Ac^-] = \frac{20.00}{20.00 + 20.00} \times 0.1000 = 5.0 \times 10^{-2} (\text{mol/L})$$

所以 $$[OH^-] = \sqrt{5.0 \times 10^{-2} \times 5.68 \times 10^{-10}} = 5.33 \times 10^{-6} (\text{mol/L})$$
$$pOH = 5.27; \quad pH = 8.73$$

(4) 化学计量点后溶液的pH。此时溶液的组成是过量NaOH和滴定产物NaAc。由于过量NaOH的存在，抑制了Ac^-的水解。因此，溶液的pH仅由过量NaOH的浓度来决定。比如，滴入20.02mL NaOH溶液（过量的NaOH为0.02mL），则

$$[OH^-] = \frac{0.02 \times 0.1000}{20.00 + 20.02} = 5.0 \times 10^{-5} (\text{mol/L})$$

$$pOH = 4.30; \quad pH = 9.70$$

按上述方法，依次计算出滴定过程中溶液的pH，其计算结果如表9-6所示。

表9-6 用0.1000mol/L NaOH滴定20.00mL 0.1000mol/L HAc的pH变化

加入NaOH/mL	HAc被滴定百分数/%	计算式	pH
0.00	0.00	—	2.88
10.00	50.0	$[H^+] = \sqrt{[HAc]K_{a(HAc)}}$	4.76

续表

加入 NaOH/mL	HAc 被滴定百分数/%	计算式	pH
18.00	90.0		5.71
19.80	99.0		6.76
19.96	99.8		7.46
19.98	99.9	$[H^+] = K_a \dfrac{[HAc]}{[Ac^-]}$	7.76 ⎫
20.00	100.0		8.73 ⎬ 滴定突跃
20.02	100.1		9.70 ⎬
20.04	100.2		10.00 ⎭
20.20	101.0	$[OH^-] = \sqrt{\dfrac{K_w}{K_{a(HAc)}}[Ac^-]}$	10.70
22.00	110.0		11.70
		$[OH^-] = [NaOH]_{过量}$	

用同样的方法我们可以计算出强酸滴定弱碱时溶液 pH 的变化情况。表 9-7 列出了用 0.1000mol/L HCl 滴定 20.00mL 0.1000mol/L NH₃ 时溶液 pH 的变化情况，同时也列出了在不同滴定阶段溶液 pH 的计算式。

表 9-7 用 0.1000mol/L HCl 滴定 20.00mL 0.1000mol/L NH₃ 的 pH 变化

加入 NaOH/mL	HAc 被滴定百分数/%	计算式	pH
0.00	0.00	$[OH^-] = \sqrt{[NH_3]K_{b(NH_3)}}$	11.12
10.00	50.0		9.25
18.00	90.0	—	8.30
19.80	99.0		7.25
19.98	99.9		6.25 ⎫
20.00	100.0	$[OH^-] = K_b \dfrac{NH_3}{[NH_4^+]}$	5.28 ⎬ 滴定突跃
20.02	100.1		4.30 ⎬
20.20	101.0		3.30 ⎭
22.00	110.0	$[H^+] = \sqrt{\dfrac{K_w}{K_{b(NH_3)}}[NH_4^+]}$	2.32
		$[H^+] = [HCl]_{过量}$	—

2) 滴定曲线的形状和滴定突跃

根据滴定过程各点的 pH 同样可以绘出强碱（酸）滴定一元弱酸（碱）的滴定曲线（图 9-3 与图 9-4）。

比较图 9-3 与表 9-7 可以看出，在相同浓度的前提下，强碱滴定弱酸的突跃范围比强碱滴定强酸的突跃范围要小得多，且主要集中在弱碱性区域，其化学计量点时，溶液也不是呈中性而呈弱碱性（pH>7）。

由图 9-3 与表 9-7 也可以看出，在相同浓度的前提下，强酸滴定弱碱的突跃范围比强酸滴定强碱的突跃范围也要小得多，且主要集中在弱酸性区域，其化学计量点时，溶液呈弱酸性。

3) 指示剂的选择

在强碱（酸）滴定一元弱酸（碱）中，由于滴定突跃范围变小，因此指示剂的选择

图 9-3　0.1mol/L NaOH 滴定 0.1mol/L HAC 的滴定曲线

图 9-4　0.1mol/L HCL 滴定 0.1mol/L NH_3 的滴定曲线

便受到一定的限制，但其选择原则还是与强碱（酸）滴定强酸（碱）时一样。对于用 0.1000mol/L NaOH 滴定 0.1000mol/L HAc 而言，其突跃范围为 7.76～9.70（化学计量点时 pH=8.73），因此，在酸性区域变色的指示剂如甲基红、甲基橙等均不能使用，而只能选择酚酞、百里酚蓝等在碱性区域变色的指示剂。在这个滴定分析中，由于酚酞指示剂的理论变色点（pH=9.0）正好落在滴定突跃范围之内，滴定误差为 +0.01%，所以选择酚酞作为指示剂将获得比较准确的结果。

若用 0.1000mol/L HCl 标准溶液滴定 0.1000mol/L NH_3 溶液，由于其突跃范围在 6.25～4.30（化学计量点时 pH=5.28），因此必须选择在酸性区域变色的指示剂，如甲基红或溴甲酚绿等。若选择甲基橙作指示剂，当滴定到溶液由黄色变至橙色（pH=4.0）时，滴定误差达 +0.20%。

4）滴定可行性判断

由上例的计算过程可知强碱（酸）滴定一元弱酸（碱）突跃范围与弱酸（碱）的浓度及其离解常数有关。酸的离解常数越小（即酸的酸性越弱），酸的浓度越低，则滴定突跃范围也就越小。考虑到借助指示剂观察终点有 0.3pH 单位的不确定性，如果要求滴定误差≤±0.2%，那么滴定突跃就必须保证在 0.6pH 单位以上。因此只有当酸的浓度 c_0 与其离解常数 K_a 的乘积 $c_0 K_a \geq 10^{-8}$ 时，该酸溶液才可被强碱直接准确滴定。比如若弱酸 HA 的浓度为 0.1mol/L，则其被强碱（如 NaOH）准确滴定的条件是它的离解常数 $K_a \geq (10^{-8}/0.1) = 10^{-7}$。

那么，这是不是表明只需弱酸的 $c_0 K_a \geq 10^{-8}$，就可以保证它一定能被强碱直接准确滴定呢？其实不然。通过计算我们发现，当酸的浓度 $c_0 = 10^{-4}$ mol/L，就算其离解常数 $K_a = 10^{-3}$（$c_0 K_a = 10^{-4} \times 10^{-3} \geq 10^{-8}$，满足条件），但其滴定突跃范围却为 6.81～7.21，仅有 0.40 个 pH 单位，因此此时也无法直接准确滴定。

综上所述，用指示剂法直接准确滴定一元弱酸的条件是：

$$c_0 K_a \geq 10^{-8} \text{ 且 } c_0 \geq 10^{-3} \text{mol/L}$$

在这种条件下,可保证滴定误差≤±0.2%,滴定突跃约>0.6pH 单位。

同理,能够用指示剂法直接准确滴定一元弱碱的条件是:
$$c_0 K_b \geqslant 10^{-8} \text{ 且 } c_0 \geqslant 10^{-3} \text{mol/L}$$
式中的 c_0 表示一元弱碱的浓度。在这样的条件下,同样可保证滴定误差≤±0.2%,滴定突跃约>0.6pH 单位。

显然,如果允许的误差较大,或检测终点的方法改进了(如使用仪器法),那么上述滴定条件还可适当放宽。

5) 酸碱滴定反应的强化措施

对于一些极弱的酸(碱),有时可利用化学反应使其转变为较强的酸(碱)再进行滴定,一般称为强化法。常用的强化措施有:

(1) 利用生成配合物。利用生成稳定的配合物的方法,可以使弱酸强化,从而可以较准确进行滴定。例如在硼酸中加入甘油或甘露醇,由于它们能与硼酸形成稳定的配合物,故大大增强了硼酸在水溶液中的酸式离解,从而可以酚酞为指示剂,用 NaOH 标准溶液进行滴定。

(2) 利用生成沉淀。利用沉淀反应,有时也可以使弱酸强化。例如 H_3PO_4,由于 K_{a_3} 很小 ($K_{a_3}=4.4\times10^{-13}$),通常只能按二元酸被滴定。但如加入钙盐,由于生成 $Ca_3(PO_4)_2$ 沉淀,故可继续滴定 HPO_4^{2-}。

(3) 利用氧化还原反应。利用氧化还原反应使弱酸转变成为强酸再进行滴定。例如,用碘、过氧化氢或溴水,可将 H_2SO_3 氧化为 H_2SO_4,然后再用标准碱溶液滴定,这样可提高滴定的准确度。

(4) 使用离子交换剂。利用离子交换剂与溶液中离子的交换作用,可以强化一些极弱的酸或碱,然后用酸碱滴定法进行测定。例如测定 NH_4Cl、KNO_3、柠檬酸盐时,在溶液中加入离子交换剂,则发生如下反应:
$$NH_4Cl + R\text{—}SO_3H^+ \Longrightarrow R\text{—}SO_3^-\text{—}NH_4^+ + HCl$$
置换出的 HCl 用标准碱溶液滴定。

(5) 在非水介质滴定。在某些酸性比水更弱的非水介质中进行滴定(见非水溶液中的酸碱滴定)。

9.2.2 多元酸、混合酸和多元碱的滴定

多元酸(碱)或混合酸的滴定比一元酸碱的滴定复杂,这是因为如果考虑能否直接准确滴定的问题,就意味着必须考虑两种情况:一是能否滴定酸或碱的总量,二是能否分级滴定(对多元酸碱而言)、分别滴定(对混合酸碱而言)。下面结合实例对上述问题做简要的讨论。

1. 强碱滴定多元酸

1) 滴定可行性判断和滴定突跃

大量的实验证明,多元酸的滴定可按下述原则判断:

(1) 当 $c_a K_{a_1} \geqslant 10^{-8}$ 时,这一级离解的 H^+ 可以被直接滴定。

(2) 当相邻的两个 K_a 的比值,等于或大于 10^5 时,较强的那一级离解的 H^+ 先被滴定,出现第一个滴定突跃,较弱的那一级离解的 H^+ 后被滴定。但能否出现第二个滴定突跃,则取决于酸的第二级离解常数值是否满足

$$c_a K_{a_2} \geqslant 10^{-8}$$

(3) 如果相邻的 2 个 K_a 的比值小于 10^5 时,滴定时 2 个滴定突跃将混在一起,这时只出现一个滴定突跃。

2) H_3PO_4 的滴定

H_3PO_4 是弱酸,在水溶液中分步离解:

$$H_3PO_4 \rightleftharpoons H^+ + H_2PO_4^- \qquad pK_{a_1} = 2.16$$
$$H_2PO_4^- \rightleftharpoons H^+ + HPO_4^{2-} \qquad pK_{a_2} = 7.21$$
$$HPO_4^{2-} \rightleftharpoons H^+ + PO_4^{3-} \qquad pK_{a_3} = 12.32$$

如果用 NaOH 滴定 H_3PO_4,那么 H_3PO_4 首先被滴定成 $H_2PO_4^-$,即

$$H_3PO_4 + NaOH \rightleftharpoons NaH_2PO_4 + H_2O$$

但当反应进行到大约 99.4% 的 H_3PO_4 被中和之时(pH 4.7),已经有大约 0.3% 的 $H_2PO_4^-$ 被进一步中和成 HPO_4^{2-} 了,即

$$NaH_2PO_4 + NaOH \rightleftharpoons Na_2HPO_4 + H_2O$$

这表明前面两步中和反应并不是分步进行的,而是稍有交叉地进行的,所以,严格说来,对 H_3PO_4 而言,实际上并不真正存在 2 个化学计量点。由于对多元酸的滴定准确度要求不太高(通常分步滴定允许误差为 $\pm 0.5\%$),因此,在满足一般分析的要求下,我们认为 H_3PO_4 还是能够进行分步滴定的,其第一化学计量点时溶液的 pH=4.68;第二化学计量点时溶液的 pH=9.76。其第三化学计量点因 $pK_{a_3}=12.32$,说明 HPO_4^{2-} 已太弱,故无法用 NaOH 直接滴定,如果此时在溶液中加入 $CaCl_2$ 溶液,则会发生如下反应:

$$2HPO_4^{2-} + 3Ca^{2+} \rightleftharpoons Ca_3(PO_4)_2 \downarrow + 2H^+$$

则弱酸转化成强酸,就可以用 NaOH 直接滴定了。

NaOH 滴定 H_3PO_4 的滴定曲线一般采用仪器法(电位滴定法)来绘制。图 9-5 所示的是 0.1000mol/L NaOH 标准溶液滴定 20.00mL 0.1000mol/L H_3PO_4 溶液的滴定曲线。从图 9-5 可以看出,由于中和反应交叉进行,使化学计量点附近曲线倾斜,滴定突跃较短,且第二化学计量点附近突跃较第一化学计量点附近的突跃还短。正因为突跃短小,使得终点变色不够明显,因而导致终点准确度也欠佳。

如图 9-5 所示,第一化学计量点时,NaH_2PO_4 的浓度为 0.050mol/L,根据 H^+ 浓度计算的最简式

$$[H^+]_1 = \sqrt{K_{a_1} K_{a_2}} = \sqrt{10^{-2.16} \times 10^{-7.21}} = 10^{-4.68} (mol/L)$$
$$pH_1 = 4.68$$

此时若选用甲基橙(pH=4.0)为指示剂,采用同浓度 Na_2HPO_4 溶液为参比时,其终点误差不大于 0.5%。

第二化学计量点时,Na_2HPO_4 的浓度为 3.33×10^{-2} mol/L(此时溶液的体积已增加了 2 倍),同样根据 H^+ 浓度计算的最简式

图 9-5 0.1000mol/L NaOH 滴定 0.1000mol/L H_3PO_4 的滴定曲线

$$[H^+]_2 = \sqrt{K_{a_2}K_{a_3}} = \sqrt{10^{-7.21} \times 10^{-12.32}}$$
$$= 10^{-9.76}(\text{mol/L})$$
$$pH_2 = 9.76$$

此时若选择酚酞（pH = 9.0）为指示剂，则终点将出现过早；若选用百里酚酞（pH 10.0）作指示剂，当溶液由无色变为浅蓝色时，其终点误差为 +0.5%。

2. 强酸滴定多元碱

多元碱的滴定与多元酸的滴定类似，因此，有关多元酸滴定的结论也适合多元碱的情况。

1) 滴定可行性判断和滴定突跃

与多元酸类似，多元碱的滴定可按下述原则判断：

(1) 当 $c_b K_{b_1} \geqslant 10^{-8}$ 时，这一级离解的 OH^- 可以被直接滴定。

(2) 当相邻的2个 K_b 比值，等于或大于 10^5 时，较强的那一级离解的 OH^- 先被滴定，出现第一个滴定突跃，较弱的那一级离解的 OH^- 后被滴定。但能否出现第二个滴定突跃，则取决于碱的第二级离解常数值是否满足

$$c_b K_{b_2} \geqslant 10^{-8}$$

(3) 如果相邻的 K_b 比值小于 10^5 时，滴定时2个滴定突跃将混在一起，这时只出现一个滴定突跃。

2) Na_2CO_3 的滴定

Na_2CO_3 是二元碱，在水溶液中存在如下离解平衡：

$$CO_3^{2-} + H_2O \rightleftharpoons HCO_3^- + OH^- \quad pK_{b_1} = 3.75$$
$$HCO_3^- + H_2O \rightleftharpoons H_2CO_3 + OH^- \quad pK_{b_2} = 7.62$$

在满足一般分析的要求下，Na_2CO_3 还是能够进行分步滴定的，只是滴定突跃较小。如果用 HCl 滴定，则第一步生成 $NaHCO_3$，反应式为

$$HCl + Na_2CO_3 \Longrightarrow NaHCO_3 + NaCl$$

继续用 HCl 滴定，则生成的 $NaHCO_3$ 被进一步反应生成碱性更弱的 H_2CO_3，H_2CO_3 本身不稳定，很容易分解生成 CO_2 与 H_2O，反应式为

$$HCl + NaHCO_3 = H_2CO_3 + NaCl$$
$$\hookrightarrow CO_2 + H_2O$$

HCl 滴定 Na_2CO_3 的滴定曲线一般也采用仪器法（电位滴定法）来绘制。图 9-6 所示的是 0.1000mol/L HCl 标准溶液滴定 20.00mL 0.1000mol/L Na_2CO_3 溶液的滴定曲线。第一化学计量点时，HCl 与 Na_2CO_3 反应生成 $NaHCO_3$。$NaHCO_3$ 为两性物质，其浓度为 0.050mol/L，根据表 9-1 所列 H^+ 浓度计算的最简式

$$[H^+]_1 = \sqrt{K_{a_1}K_{a_2}} = \sqrt{10^{-6.38} \times 10^{-10.25}}(\text{mol/L}) = 10^{-8.32}\text{mol/L}$$
$$pH_1 = 8.32$$

(H_2CO_3 的 $pK_{a_1} = 6.38$, $pK_{a_2} = 10.25$)

此时选用酚酞（pH 9.0）为指示剂，终点误差较大，滴定准确度不高。若采用酚红与百里酚蓝混合指示剂，并用同浓度 $NaHCO_3$ 溶液作参比时，终点误差约为 0.5%。

第二化学计量点时，HCl 进一步与 $NaHCO_3$ 反应，生成 H_2CO_3（$H_2O + CO_2$），其在水溶液中的饱和浓度约为 0.040mol/L，因此，按表 9-1 计算二元弱酸 pH 的最简公式计算，则

$$[H^+]_2 = \sqrt{cK_{a_1}} = \sqrt{0.040 \times 10^{-6.38}}$$
$$= 1.3 \times 10^{-4} \text{mol/L}$$
$$pH_2 = 3.89$$

图 9-6 0.1mol/L HCl 滴定 0.05mol/l Na_2CO_3 的滴定曲线

若选择甲基橙（pH 4.0）为指示剂，在室温下滴定时，终点变化不敏锐。为提高滴定准确度，可采用为 CO_2 所饱和并含有相同浓度 NaCl 和指示剂的溶液作对比。也有选择甲基红（pH 5.0）为指示剂的，不过滴定时需加热除去 CO_2。实际操作是：当滴到溶液变红（pH<4.4），暂时中断滴定，加热除去 CO_2，则溶液又变回黄色（pH>6.2），继续滴定到红色（溶液 pH 变化如图 9-6 虚线所示）。重复此操作 2~3 次，至加热趋赶 CO_2 并将溶液冷至室温后，溶液颜色不发生变化为止。此种方式滴定终点敏锐，准确度高。

9.3 酸碱标准滴定溶液的配制和标定

9.3.1 HCl 标准滴定溶液的配制和标定

1. 配制

盐酸标准滴定溶液一般用间接法配制，即先用市售的盐酸试剂（分析纯）配制成接近所需浓度的溶液（其浓度值与所需配制浓度值的误差不得大于 5%），然后再用基准物质标定其准确浓度。由于浓盐酸具有挥发性，配制时所取 HCl 的量可稍多些。

2. 标定

用于标定 HCl 标准溶液的基准物有无水碳酸钠和硼砂等。

1) 无水碳酸钠（Na_2CO_3）

Na_2CO_3 容易吸收空气中的水分，使用前必须在 270~300℃ 高温炉中灼热至恒重（见 GB/T 601—2002），然后密封于称量瓶内，保存在干燥器中备用。称量时要求动作迅速，以免吸收空气中水分而带入测定误差。

用 Na_2CO_3 标定 HCl 溶液的标定反应为

$$2HCl + Na_2CO_3 \rightleftharpoons H_2CO_3 + 2NaCl$$
$$\hookrightarrow CO_2 + H_2O$$

滴定时用溴甲酚绿-甲基红混合指示剂指示终点（详细步骤见 GB/T 601—2002 或配套实验教材）。近终点时要煮沸溶液，赶除 CO_2 后继续滴定至暗红色，以避免由于溶液中 CO_2 过饱和而造成假终点。

2）硼砂（$Na_2B_4O_7 \cdot 10H_2O$）

硼砂容易提纯，且不易吸水，由于其摩尔质量大（$M=381.4g/mol$），因此直接称取单份基准物作标定时，称量误差相当小。但硼砂在空气中相对湿度小于 39% 时容易风化失去部分结晶水，因此应把它保存在相对湿度为 60% 的恒湿器中。

用硼砂标定 HCl 溶液的标定反应为

$$Na_2B_4O_7 + 2HCl + 5H_2O \rightleftharpoons 4H_3BO_3 + 2NaCl$$

滴定时选用甲基红作指示剂，终点时溶液颜色由黄变红，变色较为明显。

9.3.2 NaOH 标准滴定溶液的配制和标定

1. 配制

由于氢氧化钠具有很强的吸湿性，也容易吸收空气中的水分及 CO_2，因此 NaOH 标准滴定溶液也不能用直接法配制，同样须先配制成接近所需浓度的溶液，然后再用基准物质标定其准确浓度。

NaOH 溶液吸收空气中的 CO_2 生成 CO_3^{2-}。而 CO_3^{2-} 的存在，在滴定弱酸时会带入较大的误差，因此必须配制和使用不含 CO_3^{2-} 的 NaOH 标准滴定溶液。

由于 Na_2CO_3 在浓的 NaOH 溶液中溶解度很小，因此配制无 CO_3^{2-} 的 NaOH 标准滴定溶液最常用的方法是先配制 NaOH 的饱和溶液（取分析纯 NaOH 约 110g，溶于 100mL 无 CO_2 的蒸馏水中），密闭静置数日，待其中的 Na_2CO_3 沉降后取上层清液作储备液（由于浓碱腐蚀玻璃，因此饱和 NaOH 溶液应当保存在塑料瓶或内壁涂有石蜡的瓶中），其浓度约为 20mol/L。配制时，根据所需浓度，移取一定体积的 NaOH 饱和溶液，再用无 CO_2 的蒸馏水稀释至所需的体积。

配制成的 NaOH 标准滴定溶液应保存在装有虹吸管及碱石灰管的瓶中，防止吸收空气中的 CO_2。放置过久的 NaOH 溶液，其浓度会发生变化，使用时重新标定。

2. 标定

常用于标定 NaOH 标准滴定溶液浓度的基准物有邻苯二甲酸氢钾与草酸。

1）邻苯二甲酸氢钾（KHC_8O_4，缩写 KHP）

邻苯二甲酸氢钾容易用重结晶法制得纯品，不含结晶水，在空气中不吸水，容易保存，且摩尔质量大 [$M_{KHP}=204.2g/mol$]，单份标定时称量误差小，所以它是标定碱标准溶液较好的基准物质。标定前，邻苯二甲酸氢钾应于 100~125℃ 时干燥后备用。干燥温度不宜过高，否则邻苯二甲酸氢钾会脱水而成为邻苯二甲酸酐。

用 KHP 标定 NaOH 溶液的标定反应为

$$\text{COOK-C}_6\text{H}_4\text{-COOH} + \text{NaOH} \longrightarrow \text{COOK-C}_6\text{H}_4\text{-COONa} + \text{NaCl}$$

由于滴定产物邻苯二甲酸钾钠盐呈弱碱性，故滴定时采用酚酞作指示剂，终点时溶液由无色变至浅红。

【例 9.1】 某学生在 0.1mol/L NaOH 溶液标定实验中，称取邻苯二甲酸氢钾 3 份，质量分别为 0.3524、0.3520、0.3530(g)，对应消耗 NaOH 溶液体积分别是 17.93、17.91、18.05(mL)，空白试验消耗 NaOH 溶液体积是 0.05mL。计算 NaOH 溶液平均浓度，以及实验数据极差与平均值之比。（室温 28℃）

解 邻苯二甲酸氢钾实际消耗 NaOH 溶液的体积是

$$V_1 = 17.93 - 0.05 = 17.88(\text{mL})$$
$$V_2 = 17.91 - 0.05 = 17.86(\text{mL})$$
$$V_3 = 18.05 - 0.05 = 18.00(\text{mL})$$

温度校正体积为

$$V_1 = 17.88[1 + (-2.0/1000)] = 17.84(\text{mL})$$
$$V_2 = 17.86[1 + (-2.0/1000)] = 17.82(\text{mL})$$
$$V_3 = 18.00[1 + (-2.0/1000)] = 17.96(\text{mL})$$

将校正后的体积带入浓度公式

$$c_{\text{NaOH}} = \frac{m \cdot 1000}{M \cdot V}$$

计算得

$$c_1 = \frac{0.3524 \times 1000}{204.2 \times 17.84} = 0.0965(\text{mol/L})$$

$$c_2 = \frac{0.3520 \times 1000}{204.2 \times 17.82} = 0.0965(\text{mol/L})$$

$$c_3 = \frac{0.3530 \times 1000}{204.2 \times 17.96} = 0.0960(\text{mol/L})$$

$$\bar{c} = \frac{0.0965 + 0.0965 + 0.0960}{3} = 0.0963(\text{mol/L})$$

极差/平均值 = (0.0965 - 0.0960)/0.0963 × 100% = 0.5%

2）草酸（$H_2C_2O_4 \cdot 2H_2O$）

草酸是二元酸（$pK_{a_1}=1.25$，$pK_{a_2}=4.29$），由于 $K_{a_1}/K_{a_2} < 10^5$，故与强碱作用时只能按二元酸一次被滴定到 $C_2O_4^{2-}$，其标定反应为

$$H_2C_2O_4 + 2NaOH \longrightarrow Na_2C_2O_4 + H_2O$$

由于草酸的摩尔质量较小 [$M_{H_2C_2O_4 \cdot 2H_2O} = 126.07\text{g/mol}$]，因此为了减小称量误差，标定时宜采用"称大样法"标定。用草酸标定 NaOH 溶液可选用酚酞作指示剂，终点时溶液变色敏锐。

9.3.3 酸碱滴定中 CO_2 的影响

在酸碱滴定中，CO_2 的影响有时是不能忽略的。CO_2 的来源很多，例如，蒸馏水

中溶有一定量的 CO_2，标准碱溶液和配制标准溶液的 NaOH 本身吸收 CO_2（成为碳酸盐），在滴定过程中溶液不断地吸收 CO_2 等。

在酸碱滴定中，CO_2 的影响是多方面的。当用碱溶液滴定酸溶液时，溶液中的 CO_2 会被碱溶液滴定，至于滴定多少则要取决于终点时溶液的 pH。在不同的 pH 结束滴定，CO_2 带来的误差不同（可由 H_2CO_3 的分布系数得知）。同样，当含有 CO_3^{2-} 的碱标准溶液用于滴定酸时，由于终点 pH 的不同，碱标准溶液中的 CO_3^{2-} 被酸中和的情况也不一样。显然，终点时溶液的 pH 越低，CO_2 的影响越小。一般地说，如果终点时溶液的 pH<5，则 CO_2 的影响是可以忽略的。

例如浓度同为 0.1mol/L 的酸碱进行相互滴定，在使用酚酞为指示剂时，滴定终点 pH=9.0，此时溶液中的 CO_2 所形成 H_2CO_3，基本上以 HCO_3^- 形式存在，H_2CO_3 作为一元酸被滴定。与此同时，碱标准溶液吸收 CO_2 所产生的 CO_3^{2-} 也被滴定生成 HCO_3^-。在这种情况下由于 CO_2 的影响所造成的误差约为±2%，是不可忽视的。

若以甲基橙为指示剂，滴定终点时 pH=4.0，此时以各种方式溶于水中的 CO_2 主要以 CO_2 气体分子（室温下 CO_2 饱和溶液的浓度约为 0.04mol/L）或 H_2CO_3 形式存在，只有约 4% 作为一元酸参与滴定，因此所造成的误差可以忽略。在这种情况下，即使碱标准溶液吸收 CO_2 产生了 CO_3^{2-}，也基本上被中和为 CO_2 逸出，对滴定结果不产生影响。所以，滴定分析时，在保证终点误差在允许范围之内的前提下，应当尽量选用在酸性范围内变色的指示剂。

当强酸强碱的浓度变得更稀时，滴定突跃变小，若再用甲基橙作指示剂，也将产生较大的终点误差（若改用终点时 pH>5 的指示剂，只会增大溶液中 H_2CO_3 参加反应的比率，增大滴定误差）。此时，为了消除 CO_2 对酸碱滴定的影响，必要时可采用加热至沸的办法，除去 CO_2 后再进行滴定。

由于 CO_2 在水中的溶解速度相当快，所以 CO_2 的存在也影响到一些指示剂终点颜色的稳定性。如以酚酞作指示剂时，当滴至终点时，溶液已呈浅红色，但稍放置 0.5～1min 后，由于 CO_2 的进入，消耗了部分过量的 OH^-，溶液 pH 降低，溶液又退至无色。因此，当使用酚酞、溴百里酚蓝、酚红等指示剂时，滴定至溶液变色后，若 30s 内溶液颜色不退表明此时已达终点。

此外，在滴定分析过程，为进一步减少 CO_2 的进入，还应做到以下几点：
（1）使用加热煮沸后冷却至室温的蒸馏水。
（2）使用不含 CO_3^{2-} 的标准碱溶液。
（3）滴定时不要剧烈振荡锥形瓶。

9.4 酸碱滴定法的应用示例

酸碱滴定法在生产实际中应用极为广泛，许多酸、碱物质包括一些有机酸（或碱）物质均可用酸碱滴定法进行测定。对于一些极弱酸或极弱碱，部分也可在非水溶液中进行测定，也可用线性滴定法进行测定，有些非酸（碱）性物质，还可以用间接酸碱滴定法进行测定。

第9章 酸碱滴定法

实际上，酸碱滴定法除广泛应用于大量化工产品主成分含量的测定外，还广泛应用于钢铁及某些原材料中 C、S、P、Si 与 N 等元素的测定，以及有机合成工业与医药工业中的原料、中间产品和成品等的分析测定，甚至现行国家标准（GB）中，如化学试剂、化工产品、食品添加剂、水质标准、石油产品等凡涉及酸度、碱度项目测定的，多数采用酸碱滴定法。

下面列举几个实例，简要叙述酸碱滴定法在某些方面的应用。

9.4.1 工业硫酸的测定

工业硫酸是一种重要的化工产品，也是一种基本的工业原料，广泛应用于化工、轻工、制药及国防科研等部门中，在国民经济中占有非常重要的地位。

纯硫酸是一种无色透明的油状黏稠液体，密度约为 1.84g/mL，其纯度的大小常用硫酸的质量分数来表示。

H_2SO_4 是一种强酸，可用 NaOH 标准溶液滴定，滴定反应为

$$H_2SO_4 + 2NaOH = Na_2SO_4 + 2H_2O$$

滴定硫酸一般可选用甲基橙、甲基红等指示剂，国家标准 GB 11198.1—1989 中规定使用甲基红-亚甲基蓝混合指示剂。其质量分数 $w_{H_2SO_4}$ 的计算公式为

$$w_{H_2SO_4} = \frac{c_{NaOH} V_{NaOH} \times M_{\frac{1}{2}H_2SO_4}}{m_s \times 1000} \times 100\%$$

式中　c_{NaOH}——NaOH 标准滴定溶液的浓度，mol/L；

V_{NaOH}——消耗 NaOH 标准溶液的体积，mL；

$M_{\frac{1}{2}H_2SO_4}$——49.04g/mol；

m_s——称取 H_2SO_4 试样的质量，g；

$w_{H_2SO_4}$——工业硫酸试样中 H_2SO_4 的质量分数，%。

在滴定分析时，由于硫酸具有强腐蚀性，因此使用和称取硫酸试样时，严禁溅出；硫酸稀释时会放出大量的热，使得试样溶液温度变高，需冷却后才能转移至容量瓶中稀释或进行滴定分析；硫酸试样的称取量由硫酸的密度和大致含量及 NaOH 标准滴定溶液的浓度来决定。

9.4.2 混合碱的测定

混合碱的组分主要有 NaOH、Na_2CO_3、$NaHCO_3$，由于 NaOH 与 $NaHCO_3$ 不可能共存，因此混合碱的组成或者为三种组分中任一种，或者为 NaOH 与 Na_2CO_3 的混合物，或者为 Na_2CO_3 与 $NaHCO_3$ 的混合物。若是单一组分的化合物，用 HCl 标准溶液直接滴定即可；若是两种组分的混合物，则一般可用氯化钡法与双指示剂法进行测定。下面详细讨论这两种方法。

1. 氯化钡法

1）NaOH 与 Na_2CO_3 混合物的测定

准确称取一定量试样，溶解后稀释至一定体积，移取 2 等份相同体积的试液分别做

如下测定。

第一份试液用甲基橙作指示剂,以 HCl 标准溶液滴定至溶液变为红色时,溶液中的 NaOH 与 Na_2CO_3 完全被中和,所消耗 HCl 标准溶液的体积记为 $V_1(mL)$。

第二份试液中先加入稍过量的 $BaCl_2$,使 Na_2CO_3 完全转化成 $BaCO_3$ 沉淀。在沉淀存在的情况下,用酚酞作指示剂,以 HCl 标准滴定溶液滴定至溶液变为无色时,溶液中的 NaOH 完全被中和,所消耗 HCl 标准滴定溶液的体积记为 $V_2(mL)$。

显然,与溶液中 NaOH 反应的 HCl 标准滴定溶液的体积为 $V_2(mL)$,因此

$$w_{NaOH} = \frac{c_{HCl}V_2 \times 40.00}{m_s \times 1000} \times 100\%$$

而与溶液中 Na_2CO_3 反应的 HCl 标准滴定溶液的体积为 $V_1-V_2(mL)$,因此

$$w_{Na_2CO_3} = \frac{\frac{1}{2}c_{HCl} \times (V_1-V_2) \times 106.0}{m_s \times 1000} \times 100\%$$

式中 m_s——称取试样的质量,g;

40.00——NaOH 的摩尔质量,g/mol;

106.0——Na_2CO_3 的摩尔质量,g/mol;

w_{NaOH}、$w_{Na_2CO_3}$——试样中 NaOH、Na_2CO_3 的质量分数,%。

2) Na_2CO_3 与 $NaHCO_3$ 混合物的测定

对于这一种情况来说,同样准确称取一定量试样,溶解后稀释至一定体积,同样移取 2 等份相同体积的试液分别做如下测定。

第一份试样溶液仍以甲基橙作指示剂,用 HCl 标准滴定溶液滴定至溶液变为红色时,溶液中的 Na_2CO_3 与 $NaHCO_3$ 全部被中和,所消耗 HCl 标准滴定溶液的体积仍记为 $V_1 mL$。

第二份试样溶液中先准确加入过量的已知准确浓度 NaOH 标准溶液 $V mL$,使溶液中的 $NaHCO_3$ 全部转化成 Na_2CO_3,然后再加入稍过量的 $BaCl_2$ 将溶液中的 CO_3^{2-} 沉淀为 $BaCO_3$。同样在沉淀存在的情况下,以酚酞为指示剂,用 HCl 标准滴定溶液返定过量的 NaOH 溶液。待溶液变为无色时,表明溶液中过量的 NaOH 全部被中和,所消耗的 HCl 标准滴定溶液的体积记为 $V_2 mL$。

显然,使溶液中 $NaHCO_3$ 转化成 Na_2CO_3 所消耗的 NaOH 即为溶液中 $NaHCO_3$ 的毫摩尔量,因此

$$w_{NaHCO_3} = \frac{(c_{NaOH}V - c_{HCl}V_2) \times 84.01}{m_s \times 1000} \times 100\% \tag{9-3}$$

同样,与溶液中的 Na_2CO_3 反应的 HCl 标准滴定溶液的体积则为总体积 V_1 减去 $NaHCO_3$ 所消耗之体积,因此

$$w_{Na_2CO_3} = \frac{[c_{HCl}V_1 - (c_{NaOH}V - c_{HCl}V_2)] \times \frac{1}{2} \times 106.0}{m_s \times 1000} \times 100\%$$

式中 m_s——试样的质量,g;

84.01——$NaHCO_3$ 的摩尔质量,g/mol;

106.0——Na_2CO_3 的摩尔质量，g/mol；

w_{NaHCO_3}、$w_{Na_2CO_3}$——试样中 $NaHCO_3$、Na_2CO_3 的质量分数，%。

2. 双指示剂的方法

双指示剂法测定混合碱时，无论其组成如何，其方法均是相同的，具体操作如下：准确称取一定量试样，用蒸馏水溶解后先以酚酞为指示剂，用 HCl 标准滴定溶液滴定至溶液粉红色消失，记下 HCl 标准滴定溶液所消耗的体积 V_1（mL）。此时，存在于溶液中的 NaOH 全部被中和，而 Na_2CO_3 则被中和为 $NaHCO_3$。然后在溶液中加入甲基橙指示剂，继续用 HCl 标准溶液滴定至溶液由黄色变为橙红色，记下又用去的 HCl 标准滴定溶液的体积 V_2（mL）。显然，V_2 是滴定溶液中 $NaHCO_3$（包括溶液中原本存在的 $NaHCO_3$ 与 Na_2CO_3 被中和所生成的 $NaHCO_3$）所消耗的体积。由于 Na_2CO_3 被中和到 $NaHCO_3$ 与 $NaHCO_3$ 被中和到 H_2CO_3 所消耗的 HCl 标准滴定溶液的体积是相等的。因此，有如下判别式：

1) $V_1 > V_2$

这表明溶液中有 NaOH 存在，因此，混合碱由 NaOH 与 Na_2CO_3 组成，且将溶液中的 Na_2CO_3 中和到 $NaHCO_3$ 所消耗的 HCl 标准滴定溶液的体积为 V_2（mL），所以

$$w_{Na_2CO_3} = \frac{c_{HCl} V_2 \times 106.0}{m_s \times 1000} \times 100\%$$

将溶液中的 NaOH 中和成 NaCl 所消耗的 HCl 标准滴定溶液的体积为 $V_1 - V_2$（mL），所以

$$w_{NaOH} = \frac{c_{HCl}(V_1 - V_2) \times 40.00}{m_s \times 1000} \times 100\%$$

式中　m_s——试样的质量，g；

106.0——Na_2CO_3 的摩尔质量，g/mol；

40.00——NaOH 的摩尔质量，g/mol；

w_{NaOH}、$w_{Na_2CO_3}$——试样中 NaOH、Na_2CO_3 的质量分数，%。

2) $V_1 < V_2$

这表明溶液中有 $NaHCO_3$ 存在，因此，混合碱由 Na_2CO_3 与 $NaHCO_3$ 组成，且将溶液中的 Na_2CO_3 中和到 $NaHCO_3$ 所消耗的 HCl 标准滴定溶液的体积为 V_1（mL），所以

$$w_{Na_2CO_3} = \frac{c_{HCl} V_1 \times 106.0}{m_s \times 1000} \times 100\%$$

将溶液中的 $NaHCO_3$ 中和成 H_2CO_3 所消耗的 HCl 标准滴定溶液的体积为 $V_2 - V_1$（mL），所以

$$w_{NaHCO_3} = \frac{c_{HCl}(V_2 - V_1) \times 84.01}{m_s \times 1000} \times 100\%$$

式中　m_s——所制备试样溶液中包含试样的质量，g；

84.01——$NaHCO_3$ 的摩尔质量，g/mol；

106.0——Na_2CO_3 的摩尔质量，g/mol；

w_{NaHCO_3}、$w_{Na_2CO_3}$——试样中 $NaHCO_3$、Na_2CO_3 的质量分数，%。

氯化钡法与双指示剂法相比，前者操作上虽然稍麻烦，但由于测定时 CO_3^{2-} 被沉淀，所以最后的滴定实际上是强酸滴定强碱，因此结果反而比双指示剂法准确。

日日相伴的化学品——食盐、碘化合物

我们知道食盐的主要成分就是氯化钠，这是人们生活中最常用的一种调味品。但是它的作用绝不仅仅是增加食物的味道，它是人体组织的一种基本成分，对保证体内正常的生理、生化活动和功能，起着重要作用。Na^+ 和 Cl^- 在体内的作用是与 K^+ 等元素相互联系在一起的，错综复杂。其最主要的作用是控制细胞、组织液和血液内的电解质平衡，以保持体液的正常流通和控制体内的酸碱平衡。Na^+ 与 K^+、Ca^{2+}、Mg^{2+} 还有助于保持神经和肌肉的适当应激水平；NaCl 和 KCl 对调节血液的适当黏度或稠度起作用；胃里开始消化某些食物的酸和其他胃液、胰液及胆汁里的助消化的化合物，也是由血液里的钠盐和钾盐形成的。此外，适当浓度的 Na^+、K^+ 和 Cl^- 对于视网膜对光反应的生理过程也起着重要作用。

碘化钾、碘化钠、碘酸盐等含碘化合物，在实验室中是重要试剂；在食品和医疗上，它们又是重要的养分和药剂，对于维护人体健康起着重要的作用。碘是人体内的一种必需微量元素，是甲状腺激素的重要组成成分。正常人体内共含碘 15~20mg，其中 70%~80% 浓集在甲状腺内。人体内的碘以化合物的形式存在，其主要生理作用通过形成甲状腺激素而发生。因此，甲状腺素所具有的生理作用和重要机能，均与碘有直接关系。人体缺乏碘可导致一系列生化紊乱及生理功能异常，如引起地方性甲状腺肿，导致婴、幼儿生长发育停滞、智力低下等。

一、填空题

1. 0.0500mol/L 的 HCl 溶液的 pH _____。
2. 某酸碱指示剂的 $K_{HIn}=1.0\times10^{-6}$，其理论变色范围为 _____。
3. 0.0500mol/L 的 NaOH 溶液 pH _____。
4. 标定盐酸溶液的浓度，常用 _____ 为基准物质。
5. 指示剂的理论变色范围为 _____。

二、计算题

用邻苯二甲酸氢钾作基准物质标定 NaOH 溶液的浓度。称取基准物 0.3524g，滴定消耗 NaOH 溶液 25.49mL，求 NaOH 溶液的浓度。

第 10 章　氧化还原滴定法

☞ **能力要求**
（1）能够使用高锰酸钾法进行滴定。
（2）能够使用碘量法进行滴定。

☞ **知识要求**
（1）了解氧化还原滴定法的原理。
（2）掌握高锰酸钾法。
（3）掌握碘量法。

☞ **教学活动建议**
给学生介绍食用油过氧化值的检测方法。

10.1　氧化还原滴定法概述

氧化还原滴定法是以氧化还原反应为基础的滴定分析方法，能直接或间接测定很多无机物和有机物，应用范围广，是滴定分析中应用最为广泛的方法之一。氧化还原反应是基于电子转移的反应，其特点是：反应机理比较复杂，常分步进行；有些反应虽可进行得很完全但反应速率却很慢（氧化还原反应的速率与物质的结构有关：一般说来，仅涉及电子转移的反应是快的，如 $Fe^{3+}+e=Fe^{2+}$，而涉及打开共价键的体系反应常常较慢，如 $KMnO_4$，对某一元素而言，氧化数越高，反应越慢）；有时由于副反应的发生使反应物间没有确定的计量关系等。因此在氧化还原滴定中要注意创造和控制适当的反应条件，防止副反应的发生；加快反应速率，以满足滴定反应的要求。

10.1.1　氧化还原滴定法应具备的条件

并非所有的氧化还原反应都适用于滴定分析，氧化还原滴定法必须具备如下条件：
（1）反应必须能够进行完全。
（2）反应必须按一定的化学计量关系进行。
（3）反应速度要快，不能有副反应。
（4）必须有适当的方法指示化学计量点。

10.1.2 氧化还原滴定法的分类

能用于滴定分析的氧化还原反应很多，习惯上根据配制标准溶液所用氧化剂名称的不同，常将氧化还原滴定法分为高锰酸钾法、碘量法、亚硝酸钠法、重铬酸钾法、硫酸铈法、溴酸钾法和碘酸钾法等。

10.1.3 氧化还原滴定中的指示剂

氧化还原滴定法中常用的指示剂有以下几类。

1. 自身指示剂

利用滴定剂或被测物质本身的颜色变化来指示滴定终点，无须另加指示剂。例如用 $KMnO_4$ 溶液滴定 $H_2C_2O_4$ 溶液，滴定至化学计量点后只要有很少过量的 $KMnO_4$ 就能使溶液呈现浅紫色红色，指示终点的到达。

2. 特殊指示剂

有些物质本身并不具有氧化还原性，但它能与滴定剂或被测物产生特殊的颜色以指示剂终点，例如碘量法中，利用可溶性淀粉与 I_3^- 生成深蓝色的吸附化合物，反应特效且灵敏，以蓝色的出现或消失指示剂终点。

3. 氧化还原指示剂

这类指示剂具有氧化还原性质，其氧化态和还原态具有不同的颜色。在滴定过程中，因被氧化或还原而发生颜色变化以指示终点。在滴定过程中，随着溶液电极电势的改变，溶液的颜色也发生变化，指示剂由氧化态颜色转变为还原态颜色，相应的指示剂变色。表10-1列出常用氧化还原指示剂。

表 10-1　常用的氧化还原指示剂

指示剂	颜色变化		配制方法
	还原态	氧化态	
次甲基蓝	无色	蓝色	质量分数为 0.05% 的水溶液
二苯胺	无色	紫色	0.25g 指示剂与 3mL 水混合溶于 100mL 浓 H_2SO_4 或 H_3PO_4 中
二苯胺磺酸钠	无色	紫红色	0.8g 指示剂加 $2gNa_2CO_3$，用水溶解并稀释至 100mL
邻苯氨基苯甲酸	无色	紫红色	0.1g 指示剂溶于 30mL 质量分数为 0.6% 的 Na_2CO_3 溶液中，用水稀释至 100mL 过滤，保存在暗处
邻二氮菲-亚铁	红色	淡蓝色	1.49 邻二氮菲加 0.7g $FeSO_4 \cdot 7H_2O$ 溶于水，稀释至 100mL

10.2　氧化还原滴定法的分类及应用示例

根据所用滴定剂的种类不同，氧化还原滴定法可分为高锰酸钾法、重铬酸钾法、碘量法、铈量法等。各种方法都有其特点和应用范围，应根据实际测定情况选用。

10.2.1 高锰酸钾法

$KMnO_4$ 是一种强氧化剂。$KMnO_4$ 法的优点是氧化能力强，可直接、间接测定多种无机物和有机物；本身可作指示剂。缺点是 $KMnO_4$ 标准溶液不够稳定；滴定的选择性较差。

1. $KMnO_4$ 标准溶液的配制和标定

市售的 $KMnO_4$ 试剂常含有少量 MnO_2 和其他杂质及蒸馏水中常含有微量的还原性物质等。因此 $KMnO_4$ 标液不能直接配制。

其配制方法为：称取略多于理论计算量的固体 $KMnO_4$，溶解于一定体积的蒸馏水中，加热煮沸，保持微沸约 1h，或在暗处放置 7～10d。使还原性物质完全氧化。冷却后用微孔玻璃漏斗过滤去 $MnO(OH)_2$ 沉淀。过滤后的 $KMnO_4$ 溶液储存于棕色瓶中，置于暗处，避光保存。

标定 $KMnO_4$ 溶液的基准物质有 $H_2C_2O_4 \cdot 2H_2O$、$Na_2C_2O_4$、$As_2O_3 \cdot (NH_4)_2$、$Fe(SO_4)_2 \cdot 6H_2O$ 等。

常用的是 $Na_2C_2O_4$，它易提纯，稳定，不含结晶水。在酸性溶液中，$KMnO_4$ 与 NaC_2O_4 的反应为

$$2MnO_4^- + 5C_2O_4^{2-} + 16H^+ = 2Mn^{2+} + 10CO_2 + 8H_2O$$

为使反应定量进行，需注意以下滴定条件。

1) 温度

此反应在室温下速度缓慢，需加热至 70～80℃，但高于 90℃，$H_2C_2O_4$ 会分解：

$$H_2C_2O_4 = CO_2 + CO + H_2O$$

2) 酸度

酸度过低，MnO_4^- 会部分被还原成 MnO_2；酸度过高，会促使 $H_2C_2O_4$ 分解。一般滴定开始的最宜酸度为 1mo/L。为防止诱导氧化 Cl^- 的反应发生，应在 H_2SO_4 介质中进行。

3) 滴定速度

若开始滴定速度太快，使滴入的 $KMnO_4$ 来不及和 $C_2O_4^{2-}$ 反应，而发生分解反应：$4MnO_4^- + 12H^+ = 4Mn^{2+} + 5O_2 + 6H_2O$。有时也可加入少量 Mn^{2+} 作催化剂以加速反应。

2. $KMnO_4$ 法应用示例

1) 直接滴定法测定 H_2O_2

在酸性溶液中 H_2O_2 被 $KMnO_4$ 定量氧化，其反应为

$$2MnO_4^- + 5H_2O_2 + 6H^+ = 2Mn^{2+} + 5O_2 + 8H_2O$$

可加入少量 Mn^{2+} 加速反应。

2) 间接滴定法测定 Ca^{2+}

先用 $C_2O_4^{2-}$ 将 Ca^{2+} 全部沉淀为 CaC_2O_4，沉淀经过滤、洗涤后溶于稀 H_2SO_4，然

后用 $KMnO_4$ 标准溶液滴定，间接测得 Ca^{2+} 的含量。

3）返滴定法测定 MnO_2 和有机物

在含 MnO_2 试液中加入过量、计量的 $C_2O_4^{2-}$，在酸性介质中发生反应：

$$MnO_2 + C_2O_4^{2-} + 4H^+ \Longleftrightarrow Mn^{2+} + 2CO_2(g) + 2H_2O$$

待反应完全后，用 $KMnO_4$ 标准溶液返滴定剩余的 $C_2O_4^{2-}$，可求得 MnO_2 含量。此法也可用于测定 PbO_2 的含量。

在碱性溶液中 $KMnO_4$ 法可以测定某些具有还原性的有机物（如甘油、甲酸、甲醇、甲醛、酒石酸、柠檬酸、苯酚、葡萄糖等）。以测定甘油为例。将一定量过量的碱性（2mol/L NaOH） $KMnO_4$ 标准溶液于含有甘油的试液中，发生如下反应：

$$C_3H_8O_3 + 14MnO_4^- + 20OH^- \Longleftrightarrow 3CO_3^{2-} + 14MnO_4^{2-} + 14H_2O$$

待反应完全后，将溶液酸化 MnO_4^{2-} 歧化成 MnO_4^- 和 MnO_2，加入一定过量的还原剂 $FeSO_4$ 标准溶液使所有高价锰还原为 Mn^{2+}，再用 $KMnO_4$ 标准溶液滴定剩余的还原剂 $FeSO_4$。最后通过一系列计量关系（由 2 次加入 $KMnO_4$ 的量和 $FeSO_4$ 的量），求得甘油的含量。

10.2.2　重铬酸钾法

$K_2Cr_2O_7$ 是一种常用的氧化剂，在酸性介质中的半反应为

$$Cr_2O_7^{2-} + 14H^+ + 6e \Longleftrightarrow 2Cr^{3+} + 7H_2O \qquad \varphi^\ominus = 1.33V$$

$K_2Cr_2O_7$ 法与 $KMnO_4$ 法相比有如下特点：

（1） $K_2Cr_2O_7$ 易提纯、较稳定、在 140～150℃干燥后，可作为基准物质直接配制标准溶液。

（2） $K_2Cr_2O_7$ 标准溶液非常稳定，可以长期保存在密闭容器内，溶液浓度不变。

（3）在室温下， $K_2Cr_2O_7$ 不与 Cl^- 反应，故可以在 HCl 介质中作滴定剂。

（4） $K_2Cr_2O_7$ 法需用指示剂。

$K_2Cr_2O_7$ 法应用示例——铁的测定：

将含铁试样有 HCl 溶解后，先用 $SnCl_2$ 将大部分 Fe^{3+} 还原至 Fe^{2+}，然后在 Na_2WO_3 存在下，以 $TiCl_3$ 还原剩余的 Fe^{3+} 至 Fe^{2+}，而稍过量的 $TiCl_3$ 使 Na_2WO_3 被还原为钨蓝，使溶液呈现蓝色，以指示 Fe^{3+} 被还原完毕。然后以 Cu^{2+} 作催化剂，利用空气氧化或滴加稀 $K_2Cr_2O_7$ 溶液使钨蓝恰好退色。再于 H_3PO_4 介质中（也可以用 H_2SO_4-H_3PO_4 介质），以二苯胺磺酸钠为指示剂，用 $K_2Cr_2O_7$ 标准溶液滴定 Fe^{2+}。加 H_3PO_4 的作用是：

（1）提供必要的酸度。

（2）与 Fe^{3+} 形成稳定的且无色的 $Fe(HPO_4)_2^-$，即使电极电势降低，使二苯胺磺酸钠变色点的电极电势落在滴定的电极电势突跃范围内，又掩蔽了 Fe^{3+} 的黄色，有利于终点的观察。

10.2.3　碘量法

I_2 是较弱的氧化剂，只能与较强的还原剂作用；而 I^- 是中等强度的还原剂，能与

许多氧化剂作用。因此,碘量法可用直接和间接的两种方式进行。

1. 直接碘量法

直接碘量法又称碘滴定法,它是用 I_2 标准溶液直接滴定电极电势比 $\varphi^\circ_{I_2/I^-}$ 低的还原性物质如维生素 C、A_2O_3、Sn^{2+}、Sb^{3+}、SO_3^{2-} 等。

1) 基本反应

$$I_2 + 2e \Longleftrightarrow 2I^-$$

2) 酸碱度

直接碘量法应在酸性、中性或弱碱性条件下进行。如果溶液的 pH>9,则会发生如下的副反应:

$$3I_2 + 6OH^- \Longleftrightarrow 5I^- + IO_3^- + 3H_2O$$

3) 指示剂

直接碘量法常用淀粉溶液为指示剂,在滴定前加入,终点颜色为蓝色。

4) 应用实例——维生素 C 含量测定

维生素 C 又称为抗坏血酸,分子式为 $C_6H_8O_6$,相对分子质量为 176.12,属于水溶性维生素,在医药上和化学上应用十分广泛。

维生素 C 具有较强的还原性($\varphi^\circ_{C_6H_6O_6/C_6H_8O_6}=0.18V$),维生素 C 分子中的烯二醇基被 I_2 氧化成二酮,反应为

反应是等物质量的定量反应。用直接碘量法可测定某些药片、注射液以及水果中维生素 C 的含量。

【例 10.1】 称取维生素 C 0.2210g,加入 100mL 新煮沸过的冷蒸馏水和 10mL 稀 HAc 的混合液使之溶解,加淀粉指示剂 1mL,立即用 0.05000mol/L I_2 标准溶液滴定至溶液显持续蓝色,消耗 23.26mL。计算维生素 C 的百分含量。

解 因为 I_2-维生素 C(物质的量比 1∶1)

所以

$$w_{\text{维生素C}} = \frac{(cV) \times M_{\text{维生素C}} \times 10^{-3}}{m_s} \times 100\%$$

$$= \frac{0.0500 \times 23.26 \times 176.12 \times 10^{-3}}{0.2210} \times 100\%$$

$$= 92.67\%$$

2. 间接碘量法

间接碘量法又称滴定碘法,它是利用 I^- 作为还原剂,在一定的条件下与电极电势

高的氧化性物质（如漂白粉、葡萄糖酸锑钠等）作用，定量析出 I_2，然后用 $Na_2S_2O_3$ 标准溶液滴定置换出的 I_2（置换滴定法）；它也可以用过量的 I_2 标准溶液与电极电势低的还原性物质（如焦亚硫酸钠、葡萄糖、咖啡因等），再用 $Na_2S_2O_3$ 标准溶液返滴定剩余的 I_2（返滴定法），从而间接地测定氧化性物质的含量。

1) 基本反应

$$2I^- - 2e \rightleftharpoons I_2$$
$$I_2 + 2S_2O_3^{2-} \rightleftharpoons 2I^- + S_4O_6^{2-}$$

2) 酸碱度

间接碘量法必须在中性或弱酸性条件下进行。因为在碱性溶液中，I_2 与 $Na_2S_2O_3$ 会发生下列副反应：

$$S_2O_3^{2-} + 4I_2 + 10OH^- \rightleftharpoons 2SO_4^{2-} + 8I^- + 5H_2O$$

若在强酸性溶液中，$Na_2S_2O_3$ 容易发生分解：

$$S_2O_3^{2-} + H^+ \rightleftharpoons S\downarrow + SO_2 + H_2O$$

同时，I^- 在酸性溶液中容易被空气中的 O_2 氧化：

$$4I^- + 4H^+ + O_2 \rightleftharpoons 2I_2 + 2H_2O$$

3) 指示剂

间接碘量法同样使用淀粉溶液为指示剂，但应在临近终点时（溶液呈浅黄色）才加入，以免较多的 I_2 被淀粉吸附，终点推迟，导致结果偏低。另一方面，淀粉指示剂应新鲜配制使用，若放置时间过久，则与 I_2 形成加合物呈紫色或红色，在用 $Na_2S_2O_3$ 标准溶液滴定时退色较慢，终点不敏锐。

3. 标准溶液的配制与标定

碘量法中使用的标准溶液是硫代硫酸钠溶液和碘液。

由于 $Na_2S_2O_3 \cdot 5H_2O$ 纯度不够高，易风化和潮解，因此 $Na_2S_2O_3$ 不能用直接法配制，配好的 $Na_2S_2O_3$ 溶液也不稳定，易分解，其原因是：

(1) 遇酸分解，水中的 CO_2 使水呈弱酸性：

$$S_2O_3^{2-} + CO_2 + H_2O \xrightarrow{pH<4.6} HCO_3^- + HSO_3^- + S(s)$$

此分解作用一般在初制成溶液的最初 10d 内进行。

(2) 受水中微生物的作用使

$$S_2O_3^{2-} \longrightarrow SO_3^{2-} + S(s)$$

(3) 空气中氧的作用使

$$S_2O_3^{2-} + O_2 \longrightarrow SO_4^{2-} + S(s)$$

(4) 见光分解。

另外，蒸馏水中可能含有的 Fe^{3+}、Cu^{2+} 等会催化 $Na_2S_2O_3$ 溶液的氧化分解。

$$2Cu^{2+} + 2S_2O_3^{2-} \rightleftharpoons 2Cu^+ + S_4O_6^{2-}$$
$$2Cu^+ + \frac{1}{2}O_2 + H_2O \rightleftharpoons 2Cu^{2+} + 2OH^-$$

因此配制 $Na_2S_2O_3$ 溶液的方法是：称取比计算用量稍多的 $Na_2S_2O_3 \cdot 5H_2O$ 试剂，溶于新煮沸（除去水中的 CO_2 并灭菌）并已冷却的蒸馏水中，加入少量 Na_2CO_3 使溶液呈弱碱性，以抑制微生物的生长。溶液储于棕色瓶中置数天后进行标定。若发现溶液变浑，需过滤后再标定，严重时应弃去重新配制。

标定 $Na_2S_2O_3$ 溶液的基准物有 $K_2Cr_2O_7$、$KBrO_3$、KIO_3 等，$K_2Cr_2O_7$ 最常用。

标定实验的主要步骤是在酸性溶液中，$K_2Cr_2O_7$ 与过量 KI 反应，生成与 $K_2Cr_2O_7$ 计量相当的 I_2，在暗处放置 3~5min 使反应完全，然后加蒸馏水稀释以降低酸度，在弱酸性条件下用待标定的 $Na_2S_2O_3$ 溶液滴定析出的 I_2，近终点时溶液呈现稻草黄色（I_3^- 黄色与 Cr^{3+} 绿色）时，加入淀粉指示剂（若滴定前加入，由于碘-淀粉吸附化合物，不易与 $Na_2S_2O_3$ 反应，给滴定带来误差），继续滴定至蓝色消失即为终点。最后准确计算 $Na_2S_2O_3$ 溶液的浓度。

碘标准溶液虽然可以用纯碘直接配制，但由于 I_2 的挥发性强，很难准确称量。一般先称取一定量的碘溶于少量 KI 溶液中，KI 加入量一般 3 倍于 I_2 重，再加等重的水溶解后稀释至所需体积。如配制 0.05mol/L I_2 溶液时需称取 13g I_2、39g KI，加水 52mL 溶解后稀释至 1L，溶液中自由 KI 浓度约为 3%，配制好的溶液应保存于棕色磨口瓶中。碘液可以用基准物 As_2O_3 标定，也可用已标定的 $Na_2S_2O_3$ 溶液标定。

人生五味子之一——醋（酸）

醋的化学名字叫乙酸，分子式为 CH_3COOH。醋不仅是一种调味品，而且还有很多用途：

(1) 在烹调蔬菜时，放点醋不但味道鲜美，而且有保护蔬菜中维生素 C 的作用（因维生素 C 在酸性环境中不易被破坏）。

(2) 在煮排骨、鸡、鱼时，如果加一点醋，可以使骨中的钙质和磷质大量溶解在汤中，从而大大提高人体对钙、磷的吸收率。

(3) 患有低酸性胃病（胃酸分泌过少，如萎缩性胃炎）的人，在鱼类不新鲜的情况下，如果经常用少量的醋作调味品，既可增进食欲，又使疾病得到治疗。加醋烹饪不仅可以解除腥味，而且可以杀灭细菌。

(4) 醋可以作为预防痢疾的良药。痢疾病菌一遇上醋就一命呜呼，所以在夏季痢疾流行的季节，多吃点醋，可以增加肠胃内杀灭痢疾病菌的作用。

(5) 醋还可以预防流行性感冒。将室内门窗关严，将醋倒在锅里漫火煮沸至干，便可以起到消灭病菌的作用。

(6) 用醋浸泡暖水瓶中的水垢，可以达到除垢的目的。

(7) 夏天毛巾易发生霉变而出异味，用少量的醋洗毛巾就可以消除异味。

复习与思考

一、填空题

1. 氧化还原滴定法应具备的条件是_____，_____，_____，_____。

2. 在氧化还原滴定法中，指示剂一般分为_____指示剂、_____指示剂和_____指示剂三类。

3. 用 $Na_2C_2O_4$ 标定 $KMnO_4$ 溶液浓度时，指示剂是_____。

4. 在高锰酸钾法中，调节酸度使用的酸是_____。

5. 间接碘量法中，应选择的指示剂和加入时间是_____。

二、计算题

1. 用 $K_2Cr_2O_7$ 标定 NaS_2O_3 溶液。称取 $K_2Cr_2O_7$ 1.1895g，溶解后转入 250.00mL 容量瓶中，稀释至刻度，移取 25.00mL，在酸性溶液中加入过量的 KI，析出的 I_2 立即用 $Na_2S_2O_3$ 溶液滴定至终点，消耗 23.98mL。计算 NaS_2O_3 溶液的浓度（$M_{K_2Cr_2O_7}$ = 294.20）。

2. 称取基准物质 $Na_2C_2O_4$ 0.2372g，加水溶解并加浓硫酸使溶液呈酸性。用 $KMnO_4$ 溶液滴定至终点，消耗 35.22mL。计算 $KMnO_4$ 溶液的浓度（$M_{Na_2C_2O_4}$ = 134.00）。

第 11 章 配位平衡与配位滴定法

☞ **能力要求**
（1）能够利用配位滴定法测定物质。
（2）可以测定水的硬度。

☞ **知识要求**
（1）了解 EDTA 的性质及电离平衡。
（2）掌握及应用配位滴定法。
（3）了解金属指示剂。

☞ **教学活动建议**
让学生查阅自来水的质量指标，说说水的分类以及分类的依据。

11.1 概　　述

配位滴定法是以配位反应为基础的滴定分析方法。能够生成配位化合物的反应很多，但是并非全部适合于配位滴定。可用于配位滴定的反应必须具备下述条件：
（1）配位反应生成的配位化合物必须足够稳定且可溶。
（2）配位反应必须按一定的计量关系进行反应，这是定量计算的基础。
（3）配位反应速率必须要快。
（4）要有适当的方法指示滴定终点。

由于大多数无机配合物的稳定性不高，并存在逐级配位现象，因此能用于滴定分析的无机配位剂并不多。目前应用广泛的是一些有机配位剂，主要是氨羧配位剂（分子中大多数都含有氨基二乙酸基 [—$N(CH_2COOH)_2$]），它含有配位能力很强的氨氮和羧氧两种配位原子，能与多数金属离子形成稳定的可溶性配位化合物。氨羧配位剂的种类很多，其中应用最为广泛的是乙二胺四乙酸（ethylene dinitrilotetraacetic acid，EDTA）。

以 EDTA 为滴定剂的配位滴定法简称为 EDTA 滴定法。通常配位滴定法主要是指 EDTA 滴定法。

11.2 EDTA 与金属离子配合物及其稳定性

11.2.1 EDTA 的性质及其解离平衡

1. EDTA 的性质

EDTA 结构式为

$$\text{\ }^-\text{OOCH}_2\text{C}\diagdown \text{N}^+\text{H}-\text{CH}_2-\text{CH}_2-\text{N}^+\text{H}\diagup\text{CH}_2\text{COOH}$$
$$\text{HOOCH}_2\text{C}\diagup \qquad\qquad\qquad\qquad \diagdown\text{CH}_2\text{OOO}^-$$

EDTA 是一个四元酸,通常用 H_4Y 表示。2 个羧基上的 H^+ 转移到氨基氮上,形成双偶极离子。当溶液的酸度较大时,2 个羧酸根可以再接受 2 个 H^+。这时的 EDTA 就相当于六元酸,用 H_6Y^{2+} 表示。EDTA 在水中的溶解度很小(0.02g/100mL 水,22℃),故常用溶解度较大的二钠盐($Na_2H_2Y \cdot 2H_2O$,11.1g/100mL 水,22℃)作为配位滴定的滴定剂。

EDTA 在配位滴定中有广泛的应用,基于以下几个特点:

(1) 普遍性。由于在 EDTA 分子中存在 6 个配位原子,几乎能与所有的金属离子形成稳定的螯合物。

(2) 组成恒定。在与大多数金属离子形成螯合物时,金属离子与 EDTA 以 1∶1 配位。

(3) 可溶性。EDTA 与金属离子形成的螯合物易溶于水。

(4) 稳定性高。EDTA 与金属离子形成的螯合物很稳定,稳定常数都较大。

(5) 配合物的颜色。与无色金属离子形成的配合物也是无色的;而与有色金属离子形成配合物的颜色一般加深。

一些常见金属离子与 EDTA 的配合物的稳定常数见表 11-1。

表 11-1 常见的金属离子与 EDTA 形成配合物的 $\lg K_{MY}$ 值(298.15K)

离子	$\lg K_{MY}$	离子	$\lg K_{MY}$	离子	$\lg K_{MY}$	离子	$\lg K_{MY}$
Na^+	1.66	Sr^{2+}	8.73	Co^{2+}	16.31	Hg^{2+}	21.80
Li^+	2.79	Ca^{2+}	10.69	Zn^{2+}	16.50	Sn^{2+}	22.11
Ag^+	7.32	Mn^{2+}	13.87	Pb^{2+}	18.04	Fe^{3+}	25.1
Ba^{2+}	7.86	Fe^{2+}	14.32	Ni^{2+}	18.62	Sn^{4+}	34.5
Mg^{2+}	8.69	Al^{3+}	16.11	Cu^{2+}	18.80	Co^{3+}	36.0

2. EDTA 的解离平衡

在酸度很高的水溶液中,EDTA 有六级解离平衡:

$$H_6Y^{2+} \rightleftharpoons H^+ + H_5Y^+ \qquad K_{a_1}^{\ominus} = \frac{c_{H^+} \cdot c_{H_5Y^+}}{c_{H_6Y^{2+}}} = 10^{-0.9}$$

$$H_5Y^+ \rightleftharpoons H^+ + H_4Y \qquad K_{a_2}^{\ominus} = \frac{c_{H^+} \cdot c_{H_4Y}}{c_{H_5Y^+}} = 10^{-1.6}$$

$$H_4Y \rightleftharpoons H^+ + H_3Y^- \qquad K_{a_3}^{\ominus} = \frac{c_{H^+} \cdot c_{H_3Y^-}}{c_{H_4Y}} = 10^{-2.0}$$

$$H_3Y^- \rightleftharpoons H^+ + H_2Y^{2-} \qquad K_{a_4}^{\ominus} = \frac{c_{H^+} \cdot c_{H_2Y^{2-}}}{c_{H_3Y^-}} = 10^{-2.67}$$

$$H_2Y^{2-} \rightleftharpoons H^+ + HY^{3-} \qquad K_{a_5}^{\ominus} = \frac{c_{H^+} \cdot c_{HY^{3-}}}{c_{H_2Y^{2-}}} = 10^{-6.16}$$

$$HY^{3-} \rightleftharpoons H^+ + Y^{4-} \qquad K_{a_6}^{\ominus} = \frac{c_{H^+} \cdot c_{Y^{4-}}}{c_{HY^{3-}}} = 10^{-10.26}$$

从以上解离方程式可以看出，EDTA 在水溶液中存在着 H_6Y^{2+}、H_5Y^+、H_4Y、H_3Y^-、H_2Y^{2-}、HY^{3-} 和 Y^{4-} 7 种型体，各种型体的浓度随溶液中 pH 的变化而变化。它们的分布系数与溶液 pH 的关系如图 11-1 所示。由图 11-1 可见，在 pH<0.90 的强酸性溶液中，EDTA 主要以 H_6Y^{2+} 形式存在；在 pH 为 0.97～1.60 的溶液中，主要以 H_5Y^+ 形式存在；在 pH 为 1.60～2.00 溶液中，主要以 H_4Y 形式存在；在 pH 为 2.00～2.67 的溶液中，主要以 H_3Y^- 形式存在；在 pH 为 2.67～6.16 的溶液中，主要以 H_2Y^{2-} 形式存在；在 pH≥10.26 的溶液中，才主要以 Y^{4-} 形式存在。在这 7 种型体中，只有 Y^{4-} 才能直接与金属离子生成稳定的配合物，所以 Y^{4-} 也成为最佳配位型体。

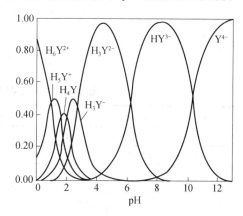

图 11-1　EDTA 各种形式的分布系数与溶液 pH 的关系

11.2.2　影响 EDTA 配合物稳定性的主要因素

以 EDTA 作为滴定剂，在测定金属离子的反应中，由于大多数金属离子与其生成的配合物具有较大的稳定常数，因此反应可以定量完成。但在实际反应中，不同的滴定条件下，除了被测金属离子与 EDTA 的主反应外，还存在许多副反应，使形成的配合物不稳定，它们之间的平衡关系可用下式表示：

```
主反应         M        +        Y    ⇌     MY
            OH⁻↙↘L          H⁺↙↘N         H⁺↙↘OH⁻
副反应      M（OH）     ML    HY      NY     MHY   MOHY
              ⋮         ⋮      ⋮
            M（OH）ₙ   MLₙ    H₆Y
```

在一般情况下，如果体系中没有干扰离子，且没有其他配位剂，则影响主反应的因素主要是 EDTA 的酸效应及金属离子的水解；若存在其他配位剂，则除了考虑金属离子的水解，还应考虑金属离子的辅助配位效应。下面一一讨论。

1. EDTA 酸效应及酸效应系数

在 EDTA 的多种形态中，只有 Y^{4-} 可以与金属离子进行配位。由 EDTA 各种形式的分布系数与溶液 pH 的关系图可知，随着酸度的增加，Y^{4-} 的分布系数减小。这种由于 H^+ 的存在使 EDTA 参加主反应的能力下降的现象称为酸效应。

酸效应的大小用酸效应系数 $\alpha_{Y(H)}$ 来衡量，它是指未参加配位反应的 EDTA 各种存在型体的总浓度 $c_{Y'}$ 与能直接参与主反应的 Y^{4-} 的平衡浓度 $c_{Y^{4-}}$ 之比，即酸效应系数只与溶液的酸度有关，溶液的酸度越高，$\alpha_{Y(H)}$ 就越大，Y^{4-} 的浓度越小（表 11-2）。

$$\alpha_{Y(H)} = \frac{c_{Y'}}{c_{Y^{4-}}} = \frac{c_{Y^{4-}} + c_{HY^{3-}} + c_{H_2Y^{2-}} + \cdots + c_{H_6Y^{2+}}}{c_{Y^{4-}}}$$

$$= 1 + \frac{c_{HY^{3-}}}{c_{Y^{4-}}} + \frac{c_{H_2Y^{2-}}}{c_{Y^{4-}}} + \cdots + \frac{c_{H_6Y^{2+}}}{c_{Y^{4-}}}$$

$$= 1 + \frac{c_{H^+}}{K_{a_6}^{\ominus}} + \frac{c_{H^+}^2}{K_{a_6}^{\ominus} K_{a_5}^{\ominus}} + \cdots + \frac{c_{H^+}^6}{K_{a_6}^{\ominus} K_{a_5}^{\ominus} \cdots K_{a_1}^{\ominus}} \quad (11-1)$$

表 11-2 EDTA 在不同 pH 条件时的酸效应系数

pH	$\lg\alpha_{Y(H)}$	pH	$\lg\alpha_{Y(H)}$	pH	$\lg\alpha_{Y(H)}$	pH	$\lg\alpha_{Y(H)}$
0.0	23.64	3.8	8.85	7.4	2.88	11.0	0.07
0.4	21.32	4.0	8.44	7.8	2.47	11.5	0.02
0.8	19.08	4.4	7.64	8.0	2.27	11.6	0.02
1.0	18.01	4.8	6.84	8.4	1.87	11.7	0.02
1.4	16.02	5.0	6.45	8.8	1.48	11.8	0.01
1.8	14.27	5.4	5.69	9.0	1.28	11.9	0.01
2.0	13.51	5.8	4.98	9.4	0.92	12.0	0.01
2.4	12.19	6.0	4.65	9.8	0.59	12.1	0.01
2.8	11.09	6.4	4.06	10.0	0.45	12.2	0.005
3.0	10.60	6.8	3.55	10.4	0.24	13.0	0.0008
3.4	9.70	7.0	3.32	10.8	0.11	13.9	0.0001

2. 金属离子的配位效应及配位效应系数

如果滴定体系中存在在其他的配位剂（L），由于其他配位剂 L 与金属离子的配位反应而使金属离子参加主反应能力降低，这种现象叫金属离子的辅助配位效应（complex effect）。辅助配位效应的大小用配位效应系数 $\alpha_{M(L)}$ 来表示，它是指未与滴定剂 Y^{4-} 配位的金属离子 M 的各种存在型体的总浓度 $c_{M'}$ 与游离金属离子浓度 c_M 之比，即

$$\alpha_{M(L)} = \frac{c_{M'}}{c_M}$$

$$= \frac{c_M + c_{ML_1} + c_{ML_2} + \cdots + c_{ML_n}}{c_M}$$

$$= 1 + \frac{c_{ML_1}}{c_M} + \frac{c_{ML_2}}{c_M} + \cdots + \frac{c_{ML_n}}{c_M}$$

$$= 1 + c_L \beta_1 + c_L^2 \beta_2 + \cdots + c_L^n \beta_n \tag{11-2}$$

3. EDTA配合物的条件稳定常数

EDTA与金属离子形成配离子的稳定性用绝对稳定常数来衡量。但在实际反应中，由于EDTA或金属离子可能存在一定的副反应，所以配合物的平衡常数K_{MY}不能真实反映主反应进行的程度。应该用未与滴定剂Y^{4-}配位的金属离子M的各种存在形体的总浓度$c_{M'}$来代替c_M，用未参与配位反应的EDTA各种存在型体的总浓度$c_{Y'}$代替c_Y，这样配合物的稳定性可表示为

$$K_{MY}^{\ominus'} = \frac{c_{MY}}{c_{M'} c_{Y'}} = \frac{c_{MY}}{\alpha_{M(L)} c_M \cdot \alpha_{Y(H)} c_Y} = \frac{K_{MY}^{\ominus}}{\alpha_{M(L)} \alpha_{Y(H)}}$$

即

$$\lg K_{MY}^{\ominus'} = \lg K_{MY}^{\ominus} - \lg \alpha_{M(L)} - \lg \alpha_{Y(H)} \tag{11-3}$$

$K_{MY}^{\ominus'}$称为配合物的条件稳定常数（conditional stability constant），它反映了实际反应中配合物的稳定性。

【例 11.1】 计算在pH=1.0和pH=5.0时，PbY的条件稳定常数

解 已知$\lg K_{MY}^{\ominus} = 18.04$

查表11-2可知，pH=1.0时，$\lg \alpha_{Y(H)} = 18.01$，所以
$\lg K_{MY}^{\ominus'} = \lg K_{MY}^{\ominus} - \lg \alpha_{Y(H)} = 18.04 - 18.01 = 0.03$

pH=5.0时，$\lg \alpha_{Y(H)} = 6.45$，所以
$\lg K_{MY}^{\ominus'} = \lg K_{MY}^{\ominus} - \lg \alpha_{Y(H)} = 18.01 - 6.45 = 11.59$

11.2.3 准确滴定某一金属的条件

根据终点误差理论可推断，要想用EDTA成功滴定M（即误差≤0.1%），则必须$c_M \cdot K_{MY}^{\ominus'} \geqslant 10^6$ 当金属离子浓度$c_M = 0.01$mol/L时，此配合物的条件稳定常数必须等于或大于10^8，即

$$\lg K_{MY}^{\ominus'} \geqslant 8 \tag{11-4}$$

EDTA参与配位反应的主要型体Y^{4-}的浓度随溶液中酸度的不同有很大的影响。即酸度对配位滴定的影响非常大。根据$\lg K_{MY}^{\ominus'} = \lg K_{MY}^{\ominus} - \lg \alpha_{Y(H)}$（只考虑酸效应）和准确滴定的条件$\lg K_{MY}^{\ominus'} \geqslant 8$，所以当用乙二胺四乙酸滴定不同的金属离子时，对稳定性高的配合物，溶液酸度稍高一点也能准确地进行滴定，但对稳定性稍差的配合物，酸度若高于某一数值时，就不能准确地滴定。因此，滴定不同的金属离子，有不同的最高酸度（最低pH），小于这一最低pH，就不能进行准确滴定。

由例 11.1 可知，对于Pb^{2+}的滴定，当pH=1.0时，$\lg K_{MY(PbY)}^{\ominus'} = 0.03 < 8$；当pH=5.0时，$\lg K_{MY(PbY)}^{\ominus'} = 11.59 > 8$。也就是说，pH=1.0时不能用EDTA准确滴定$Pb^{2+}$，而在pH=5.0时可以准确滴定。

所以由$\lg K_{MY}^{\ominus'} = \lg K_{MY}^{\ominus} - \lg \alpha_{Y(H)}$和$\lg K_{MY}^{\ominus'} \geqslant 8$得各种金属离子的$\lg \alpha_{Y(H)}$值：

即
$$\lg K_{MY}^{\ominus} - \lg\alpha_{Y(H)} \geqslant 8$$

$$\lg\alpha_{Y(H)} \leqslant \lg K_{MY}^{\ominus} - 8 \qquad (11-5)$$

再查表 11-2，即可查出其相应 pH，这个 pH 即滴定某一金属离子所允许的最低 pH。

11.3 金属指示剂

11.3.1 金属指示剂的变色原理

金属指示剂是一种能与金属离子形成有色配合物的一类有机配位剂，与金属离子形成的配合物与其本身颜色有显著不同，从而指示溶液中金属离子的浓度变化，确定滴定的终点。作为金属指示剂应该具备以下条件：

(1) 金属离子与指示剂形成配合物的颜色与指示剂的颜色有明显的区别，这样终点变化才明显，便于眼睛观察。

(2) 金属离子与指示剂生成的配合物应有足够的稳定性这样才能测定低浓度的金属离子。但其稳定性应小于 Y^{4-} 与金属离子所生成配合物的稳定性，一般条件稳定值要小于个数量级，这样在接近化学计量点时，Y^{4-} 才能较迅速的夺取与指示剂结合的金属离子，而使指示剂游离出来，溶液显示出指示剂的颜色。

(3) 指示剂与金属离子的显色反应要灵敏、迅速、有一定的选择性。在一定条件下，只对某一种（或某几种）离子发生显色反应。

此外，指示剂与金属离子配合物应易溶于水，指示剂比较稳定，便于储藏和使用。

下面以铬黑 T 在滴定反应中的颜色变化来说明金属指示剂的变色原理。

铬黑 T 是弱酸性偶氮染料，其化学名称是 1-(1-羟基-2-萘偶氮)-6-硝基-2-萘酚-4-磺酸钠。铬黑 T 的钠盐为黑褐色粉末，带有金属光泽。在不同的 pH 溶液中存在不同的解离平衡。当 pH<6 时，指示剂显红色，而它与金属离子所形成的配合物也是红色，终点无法判断；在 pH 为 7~11 的溶液里指示剂显蓝色，与红色有极明显的色差，所以用铬黑 T 作指示剂应控制 pH 在此范围内；当 pH>12 时，则显橙色，与红色的色差也不够明显。实验证明，以铬黑 T 作指示剂，用 EDTA 进行直接滴定时 pH 在 9~10.5 最合适。

$$H_2In^- \underset{+H^+}{\overset{-H^+}{\rightleftharpoons}} HIn^{2-} \underset{+H^+}{\overset{-H^+}{\rightleftharpoons}} In^{3-}$$

红色   蓝色   橙色
pH<6   pH7~11   pH>12

铬黑 T 可作 Zn^{2+}、Cd^{2+}、Mg^{2+}、Hg^{2+} 等的指示剂，它与金属离子以 1:1 配位。例如，以铬黑 T 为指示剂用 EDTA 滴定 Mg^{2+}（pH=10 时），滴定前溶液显酒红色，

$$Mg^{2+} + HIn^{2-} \rightleftharpoons MgIn^- + H^+$$
蓝色   酒红色

滴定开始后，Y^{4-} 先与游离的 Mg^{2+} 配位，

$$Mg^{2+} + HY^{3-} \rightleftharpoons MgY^{2-} + H^+$$

在滴定终点前，溶液中一直显示 $MgIn^-$ 的酒红色，直到化学计量点时，Y^{4-} 夺取

MgIn$^-$ 中的 Mg^{2+}，由 MgIn$^-$ 的红色转变为 HIn^{2-} 的蓝色，

$$MgIn^- + HY^{3-} \rightleftharpoons MgY^{2-} + HIn^{2-}$$
酒红色　　　　　　　　　　蓝色

在整个滴定过程中，颜色变化为酒红色→紫色→蓝色。

因铬黑 T 水溶液不稳定，很易聚合，一般与固体 NaCl 以 1∶100 比例相混，配成固体混合物使用，也可配成三乙醇胺溶液使用。

11.3.2　金属指示剂在使用中应注意的问题

1. 指示剂的封闭

金属指示剂在化学计量点时能从 MIn 配合物中释放出来，从而显示与 MIn 配合物不同的颜色来指示终点。在实际滴定中，如果 MIn 配合物的稳定性大于 MY 的稳定性，或存在其他干扰离子，且干扰离子 N 与 In 形成的配合物稳定性大于 MY 的稳定性，则在化学计量点时，Y 就不能夺取 MIn 中的 M，因而一直显示 MIn 的颜色，这种现象称为指示剂的封闭（blocking）。

指示剂封闭现象通常采用加入掩蔽剂或分离干扰离子的方法消除。例如在 pH10 时以铬黑 T 为指示剂滴定 Ca^{2+}、Mg^{2+} 总量时，Al^{3+}、Fe^{3+}、Cu^{2+}、Co^{2+}、Ni^{2+} 会封闭铬黑 T，使终点无法确定。这时就必须将它们分离或加入少量三乙醇胺（掩蔽 Al^{3+}、Fe^{3+}）和 KCN（掩蔽 Cu^{2+}、Co^{2+}、Ni^{2+}）以消除干扰。

2. 指示剂的僵化现象

在化学计量点附近，由于 Y 夺取 MIn 中的 M 时非常缓慢，因而指示剂的变色非常缓慢，导致终点拖长，这种现象称为指示剂的僵化。指示剂的僵化是由于有些指示剂本身或金属离子与指示剂形成的配合物在水中的溶解度太小，解决办法是加入有机溶剂或加热以增大其溶解度，从而加快反应速度，使终点变色明显。

3. 指示剂的氧化变质现象

金属指示剂大多为含有双键的有色化合物，易被日光、氧化剂、空气所氧化，在水溶液中多不稳定，日久会变质。如铬黑 T 在 Mn(Ⅳ)、Ce(Ⅳ) 存在下，会很快被分解褪色。为了克服这一缺点，常配成固体混合物，加入还原性物质如抗坏血酸、羟胺等，或临用时配制。

11.4　标准溶液的配制与标定

11.4.1　EDTA 标准溶液的配制和标定

1. EDTA 标准溶液的配制

乙二胺四乙酸在水中溶解度小，所以常用其二钠盐配制 EDTA 标准溶液。配制 EDTA 标准溶液通常采用间接法，浓度常用为 0.01~0.05mol/L，并应储存于聚乙烯

瓶或硬质玻璃瓶中，待标定。

2. EDTA标准溶液的标定

标定EDTA标准溶液的基准物质很多，如纯锌、Cu、Bi、$CaCO_3$、ZnO、$MgSO_4 \cdot 7H_2O$等。

如以纯锌标定时，将锌粒用1:1盐酸洗去金属表面的氧化物，然后用蒸馏水洗去盐酸，再用丙酮或无水乙醇漂洗，沥干后于110℃烘5min备用，精密称取一定量纯锌，用1:1盐酸完全溶解后，加甲基红指示剂1滴，滴加氨试液至溶液呈为黄色，在pH为10的NH_3-NH_4Cl的缓冲溶液中以铬黑T为指示剂，用EDTA标准溶液滴定至溶液由红色转变为纯蓝色，即为终点。根据滴定消耗的EDTA标准溶液的体积和称取基准物质的质量，计算出EDTA标准溶液的准确浓度。必要时用空白试验校正。

标定条件与测定条件应尽可能一致，这样可以基本消除系统误差。

11.4.2 锌标准溶液的配制和标定

1. 直接配制法

精密称取一定量新制备并灼烧至恒重的纯锌，加适量稀盐酸，置水浴上加热使溶解，冷却后，加纯化水稀释至刻度，充分摇匀，即得。

2. 间接配制法及标定

若用$ZnSO_4 \cdot 7H_2O$配制标准溶液，因其易失去结晶水，常用间接法配制。

精密移取待标定的锌溶液25.00mL，加甲基红指示剂1滴，滴加氨试液至溶液呈为黄色，再加纯化水25 mL，在pH为10的NH_3-NH_4Cl的缓冲溶液中以铬黑T为指示剂，用EDTA标准溶液滴定至溶液由红色转变为纯蓝色，即为终点。根据滴定时消耗的EDTA标准溶液和锌溶液的体积，计算出锌标准溶液的准确浓度。

大气臭氧层

臭氧层是指大气层的平流层中臭氧浓度相对较高的部分，其主要作用是吸收短波紫外线。大气层的臭氧主要以紫外线打击双原子的氧气，把它分为2个原子，然后每个原子和没有分裂的氧合并成臭氧。臭氧分子不稳定，紫外线照射之后又分为氧气分子和氧原子，形成一个继续的过程臭氧氧气循环，如此产生臭氧层。自然界中的臭氧层大多分布在离地20~50km的高空。大气臭氧层主要有三个作用。其一为保护作用，臭氧层能够吸收太阳光中的波长306.3nm以下的紫外线，主要是一部分UV-B（波长290~300nm）和全部的UV-C（波长<290nm，保护地球上的人类和动植物免遭短波紫外线的伤害。只有长波紫外线UV-A和少量的中波紫外线UV-B能够辐射到地面，长波紫外线对生物细胞的伤害要

比中波紫外线轻微得多。所以臭氧层犹如一件保护伞保护地球上的生物得以生存繁衍。其二为加热作用，臭氧吸收太阳光中的紫外线并将其转换为热能加热大气，由于这种作用大气温度结构在高度 50km 左右有一个峰，地球上空 15～50km 存在着升温层。正是由于存在着臭氧才有平流层的存在。而地球以外的星球因不存在臭氧和氧气，所以也就不存在平流层。大气的温度结构对于大气的循环具有重要的影响，这一现象的起因也来自臭氧的高度分布。其三为温室气体的作用，在对流层上部和平流层底部，即在气温很低的这一高度，臭氧的作用同样非常重要。如果这一高度的臭氧减少，则会产生使地面气温下降的动力。因此，臭氧的高度分布及变化是极其重要的。

复习与思考

一、填空题

1. EDTA 在水溶液中是_____元酸，在酸性溶液中相当于_____元酸，共存在_____步解离平衡，共有_____种型体形式，其中最佳配位型体为_____。

2. 以铬黑 T 为指示剂测定金属时，应选用的 pH 范围是_____，常选用_____做缓冲溶液。终点时由_____色变为_____色。

3. EDTA 滴定 Zn^{2+} 时，以 EBT 作指示剂，终点的颜色是_____。

二、计算题

1. 精密量取水样 50.00mL，以铬黑 T 为指示剂，用 EDTA 滴定液（0.01028mol/L）滴定，终点时消耗 5.90mL，计算水的总硬度（以 $CaCO_3$ mg/L 表示）。

2. 取 100.00mL 水样，在 pH 为 10 左右以铬黑 T 为指示剂，用 0.01048mol/L EDTA 标准溶液滴定至终点时，共消耗 14.20mL 标准溶液；另取 100.00mL 该水样，用 NaOH 调节 pH 为 12，滴加 5 滴钙指示剂，仍以上述 EDTA 标准溶液滴定至终点，消耗 EDTA 标准溶液 10.54mL，计算水中 Ca^{2+}、Mg^{2+} 的硬度。

第 12 章 沉淀溶解平衡与沉淀滴定

> ☞ **能力要求**
> （1）能够进行沉淀滴定。
> （2）能够根据不同的离子选择不同指示剂。
>
> ☞ **知识要求**
> （1）了解沉淀滴定法基本原理。
> （2）掌握沉淀滴定法中不同指示剂法。
>
> ☞ **教学活动建议**
> 让学生现场做一些简单实验，观察沉淀的产生与消除。

与酸碱平衡体系不同，沉淀溶解平衡是一种两相化学平衡体系。溶液中离子间相互作用析出难溶性固态物质的反应称为沉淀反应。如果在含有 $CaCO_3$ 的溶液中加入过量的盐酸，则可使沉淀溶解，该反应称为溶解反应。这两种反应的特征是都有固体的生成和消失，存在固态难溶电解质与由它离解产生的离子之间的平衡，这种平衡称为沉淀溶解平衡。在化工生产和化学实验中，常利用沉淀反应来进行物质的分离、提纯或鉴定。以沉淀溶解平衡反应为基础，形成了沉淀滴定法。

12.1 沉淀溶解平衡

12.1.1 溶度积常数

一般来说，物质的溶解度（solubility）是指物质在水中溶解的程度，在水中绝对不溶的物质是没有的。根据物质在水中溶解度的大小，将其分为

易溶物　溶解度 $S>1g/100g\ H_2O$

可溶物　溶解度 $S=0.1\sim1g/100g\ H_2O$

微溶物　溶解度 $S=0.01\sim0.1g/100g\ H_2O$

难溶物　溶解度 $S<0.01g/100g\ H_2O$

难溶电解质的溶解过程是一个可逆过程。例如，将难溶电解质 $BaSO_4$ 固体放入水中，在极性的水分子作用下，表面上的 Ba^{2+} 和 SO_4^{2-} 进入溶液，成为水合离子，这就是 $BaSO_4$ 固体溶解（dissolution）的过程。同时，溶液中的 Ba^{2+} 和 SO_4^{2-} 在无序的运动

中,可能同时碰到$BaSO_4$固体的表面而析出,这个过程称为沉淀(precipitation)过程。在一定温度下,当溶解的速度与沉淀的速度相等时,溶解与沉淀就会建立起动态平衡,这种状态称之为难溶电解质的溶解-沉淀平衡。其平衡式可表示为

$$BaSO_4(s) \rightleftharpoons Ba^{2+}(aq) + SO_4^{2-}(aq)$$

该反应的标准平衡常数为

$$K^{\ominus} = \frac{c_{Ba^{2+}}}{c^{\ominus}} \cdot \frac{c_{SO_4^{2-}}}{c^{\ominus}}$$

对于一般的难溶电解质的溶解沉淀平衡可表示为:

$$A_nB_m(s) \rightleftharpoons nA^{m+}(aq) + mB^{n-}(aq)$$

$$K_{sp}^{\ominus} = \left[\frac{c(A^{m+})}{c^{\ominus}}\right]^n \cdot \left[\frac{c(B^{n-})}{c^{\ominus}}\right]^m \tag{12-1}$$

式(12-1)表明,在一定温度时,难溶电解质的饱和溶液中,各离子浓度幂次方的乘积为常数,该常数称为溶度积常数,简称溶度积(solubility product constant),用符号$K_{sp}^{\ominus}$表示。

原则上$K_{sp}^{\ominus}$应称为活度积常数,因为难溶物的饱和溶液,由于其溶解度都很小,活度系数接近于1,所以一般不考虑活度系数的影响。$K_{sp}^{\ominus}$是表征难溶物溶解能力的特征常数,其值与温度有关,与浓度无关,其数值可由实验测得或通过热力学数据计算得到。

12.1.2 溶度积和溶解度的关系

溶度积$K_{sp}^{\ominus}$和溶解度S的数值都可以用来表示物质的溶解能力,但要注意区别。溶度积$K_{sp}^{\ominus}$仅对难溶电解质而言。在温度相同时,会发生以下两种情况。

1. AB型难溶电解质

设其溶解度为S,则在水中的沉淀溶解平衡为 $AB(s) \rightleftharpoons A^{n+}(aq) + B^{n-}(aq)$
$\qquad\qquad\qquad\qquad\qquad\qquad\qquad\qquad\quad S \qquad\quad S$

$$K_{sp}^{\ominus} = [A^{n+}] \cdot [B^{n-}] = S^2 \qquad S = \sqrt{K_{sp}^{\ominus}} \tag{12-2}$$

2. A_2B型难溶电解质

设其溶解度为S,则在水中的沉淀溶解平衡为 $A_2B(s) \rightleftharpoons 2A^{n+}(aq) + B^{2n-}(aq)$
$\qquad\qquad\qquad\qquad\qquad\qquad\qquad\qquad\quad 2S \qquad\quad S$

$$K_{sp}^{\ominus} = [A^{n+}]^2 \cdot [B^{2n-}] = 4S^3 \qquad S = \sqrt[3]{\frac{K_{sp}^{\ominus}}{4}} \tag{12-3}$$

【**例 12.1**】 试比较$AgCl$和Ag_2CrO_4在纯水中溶解度的大小。已知$K_{sp(AgCl)}^{\ominus} = 1.8 \times 10^{-10}$, $K_{sp(Ag_2CrO_4)}^{\ominus} = 1.1 \times 10^{-12}$。

解 由式(12-2)和式(12-3)可分别计算两种难溶物的溶解度:

$AgCl$的溶解度:$S = \sqrt{1.8 \times 10^{-10}} = 1.3 \times 10^{-5}$ (mol/L)

Ag_2CrO_4 的溶解度：$S = \sqrt[3]{\dfrac{K_{sp}^{\ominus}}{4}} = \sqrt[3]{\dfrac{1.1 \times 10^{-12}}{4}} = 6.5 \times 10^{-5}$ （mol/L）

即结果是 Ag_2CrO_4 的溶解度大于 AgCl 的溶解度。

由以上计算可以看出，不同类型的难溶电解质不能直接利用 $K_{sp}^{\ominus}$ 的大小来比较溶解能力。

12.2 影响沉淀溶解平衡的因素

沉淀溶解平衡与其他化学平衡类似，除温度影响以外，其他条件的改变也会导致平衡的破坏。

12.2.1 同离子效应

【例 12.2】 计算 $BaSO_4$ 在纯水和 0.01mol/L Na_2SO_4 溶液中的溶解度。（已知 $K_{sp(BaSO_4)}^{\ominus} = 1.1 \times 10^{-10}$）

$$S = \sqrt{1.1 \times 10^{-10}} = 1.0 \times 10^{-5} (mol/L)$$

解 $BaSO_4$ 在纯水中的溶解度

设 $BaSO_4$ 在 0.01mol/L Na_2SO_4 溶液中的溶解度为 x，存在如下的平衡关系：

$$BaSO_4 \rightleftharpoons Ba^{2+} + SO_4^{2-}$$

平衡浓度 x $x+0.01$

因为 $BaSO_4$ 的 $K_{sp}^{\ominus}$ 很小，所以 x 相对 0.01mol/L 来说是很小的，所以 $K_{sp(BaSO_4)}^{\ominus} = x(x+0.01) \approx 0.01x$，即

$$x = K_{sp}^{\ominus}/0.01 = 1.1 \times 10^{-10}/0.01 = 1.1 \times 10^{-8}$$

由以上计算结果可知，在平衡体系中加入 SO_4^{2-} 后，减小了 $BaSO_4$ 的溶解度。这种在难溶电解质的沉淀溶解平衡体系中，由于加入与体系含有相同离子的易溶电解质，而导致难溶电解质的溶解度降低的现象，称为同离子效应。

12.2.2 盐效应

与强电解质对弱酸、弱碱解离平衡的影响类似，在难溶电解质体系中加入其他易溶电解质，由于溶液中的离子强度增大，会使难溶电解质的溶解度增大，而且加入的电解质浓度越大，难溶物的溶解度也越大，这种现象称为盐效应（salt effect）。实验结果表明，当溶液中 KNO_3 的浓度由 0 增加到 0.01mol/L 时，AgCl 的溶解度可增加 12%，而 $BaSO_4$ 的溶解度可增大 70%。

利用同离子效应降低沉淀的溶解度时，还应考虑盐效应的影响，即沉淀剂不能过量太多，否则可能会因为盐效应使沉淀的溶解度增加。

由表 12-1 中结果可知，当 Na_2SO_4 的浓度不大时，由于同离子效应的影响，$PbSO_4$ 的溶解度逐渐减小，而当 Na_2SO_4 的浓度过量较多时，由于盐效应，又使 $PbSO_4$ 的溶解度逐渐增加。一般情况下，当沉淀剂过量不多时，我们一般不考虑盐效应的影响。

表 12-1　$PbSO_4$ 在 Na_2SO_4 溶液中的溶解度

Na_2SO_4/(mol/L)	0	0.001	0.01	0.02	0.04	0.100	0.200
$PbSO_4$溶解度/(mg/L)	0.15	0.024	0.016	0.014	0.013	0.016	0.023

12.3 溶度积原理及其应用

12.3.1 溶度积原理

在一定温度下，难溶电解质的沉淀是否生成或溶解，可以根据溶度积原理来判断。在难溶电解质溶液中，其离子浓度幂的乘积称为离子积，用 Q_i 表示，对于 A_nB_m 型难溶电解质，则

$$Q_i = c_{A^{m+}}^n \cdot c_{B^{n-}}^m \tag{12-4}$$

Q_i 和 $K_{sp}^{\ominus}$ 的表达式相同，但其意义是有区别的，$K_{sp}^{\ominus}$ 表示难溶电解质沉淀溶解平衡时饱和溶液中离子浓度的乘积，对某一难溶电解质来说，在一定温度下 $K_{sp}^{\ominus}$ 为一常数。而 Q_i 则表示任一条件下离子浓度的乘积，其值不是一个常数。$K_{sp}^{\ominus}$ 只是 Q_i 的一种特殊情况。

对于某一给定的溶液，溶度积 $K_{sp}^{\ominus}$ 与离子积之间的关系可能有以下三种情况：

（1）$Q_i > K_{sp}^{\ominus}$ 时，溶液为过饱和溶液，会有沉淀析出，直至 $Q_i = K_{sp}^{\ominus}$，达到饱和状态为止。所以 $Q_i > K_{sp}^{\ominus}$ 是沉淀生成的条件。

（2）$Q_i = K_{sp}^{\ominus}$ 时，溶液为饱和溶液，处于平衡状态。

（3）$Q_i < K_{sp}^{\ominus}$ 时，溶液为未饱和溶液。若溶液中有难溶电解质固体存在，就会继续溶解，直至 $Q_i = K_{sp}^{\ominus}$，达到饱和状态为止。所以 $Q_i < K_{sp}^{\ominus}$ 是沉淀溶解的条件。

以上规则称为溶度积原理（solubility product principle）。可以判断沉淀生成和溶解。

12.3.2 溶度积原理的应用

1. 沉淀的生成

根据溶度积原理，在难溶电解质溶液中，若 $Q_i > K_{sp}^{\ominus}$，则溶液为过饱和溶液，会有沉淀析出。

【例 12.3】 将下列溶液混合是否生成 $CaSO_4$ 沉淀：

（1）20mL 1mol/L Na_2SO_4 溶液与 20mL 1mol/L $CaCl_2$ 溶液。

（2）20mL 0.002mol/L Na_2SO_4 溶液与 20mL 0.002mol/L $CaCl_2$ 溶液。

解 当两种溶液等体积混合时，浓度缩为原来的一半

（1）$[Ca^{2+}] = 0.5$ mol/L，$[SO_4^{2-}] = 0.5$ mol/L，

则 $Q_i = [Ca^{2+}][SO_4^{2-}] = 0.5 \times 0.5 = 0.25$ mol/L $> K_{sp}^{\ominus} = 9.1 \times 10^{-6}$

所以有沉淀析出直至 $[Ca^{2+}][SO_4^{2-}] = K_{sp}^{\ominus}$ 为止

（2）$[Ca^{2+}] = 0.001$ mol/L，$[SO_4^{2-}] = 0.001$ mol/L，

则 $Q_i = [Ca^{2+}][SO_4^{2-}] = 0.001 \times 0.001 = 1 \times 10^{-6}$ (mol/L) $< K_{sp}^{\ominus} = 9.1 \times 10^{-6}$

所以没有沉淀析出。

2. 沉淀是否完全

在定性分析中，溶液中被沉淀的离子浓度小于 1.0×10^{-5} mol/L，就可以认为该离子已被沉淀完全。

【例 12.4】 室温下往含 Zn^{2+} 0.01mol/L 的酸性溶液中通入 H_2S 达到饱和，如果 Zn^{2+} 能完全沉淀为 ZnS，则沉淀完全时溶液中 $[H^+]$ 应为多少？

解 Zn^{2+} 能完全沉淀为 ZnS，则溶液中 Zn^{2+} 的浓度小于 1.0×10^{-5} mol/L

根据溶度积原理：$[S^{2-}]=\dfrac{K^{\ominus}_{sp(ZnS)}}{[Zn^{2+}]}=\dfrac{1.6\times10^{-24}}{10^{-5}}=1.6\times10^{-19}$ (mol/L)

所以 $[H^+]=\sqrt{\dfrac{K^{\ominus}_{a_1}K^{\ominus}_{a_2}c_{H_2S}}{1.6\times10^{-19}}}=\sqrt{\dfrac{1.4\times10^{-21}}{1.6\times10^{-19}}}=9.3\times10^{-2}$ (mol/L)

即 $[H^+]$ 应为 9.3×10^{-2} mol/L 以下。

在实际工作中，为了使离子沉淀完全，需加入过量的沉淀剂。但是如果沉淀剂加入过多有时会发生其他的副反应，因此沉淀剂的量要适当，一般加过量 20%~25% 的沉淀剂。

3. 沉淀的溶解

根据溶度积原理，当 $Q_i<K^{\ominus}_{sp}$ 时，若溶液中有难溶电解质固体存在，就会继续溶解，直到 $Q_i=K^{\ominus}_{sp}$，建立新的平衡状态。通常用来使沉淀溶解的方法有下列几种：

1) 酸碱溶解法

利用酸或碱与难溶电解质的组分离子反应生成可溶性弱电解质，使沉淀平衡向溶解的方向移动，导致沉淀的溶解。

例如，在含有固体 $CaCO_3$ 的饱和溶液中加入盐酸后，体系中存在着下列平衡的移动

$$CaCO_3(s) \rightleftharpoons Ca^{2+} + CO_3^{2-}$$
$$+$$
$$HCl \longrightarrow Cl^- + H^+$$
$$\rightleftharpoons$$
$$HCO_3^- + H^+ \rightleftharpoons H_2CO_3 \longrightarrow CO_2\uparrow + H_2O$$

由于 H^+ 与 CO_3^{2-} 结合生成弱酸 H_2CO_3，后者又分解为 CO_2 和 H_2O，使 $CaCO_3$ 饱和溶液中的 CO_3^{2-} 浓度大大减少，使 $c_{Ca^{2+}} \cdot c_{CO_3^{2-}} < K^{\ominus}_{sp}$，因而 $CaCO_3$ 溶解了。

金属硫化物和难溶的金属氢氧化物，加酸溶解时，因为生成 H_2S 分子和水，使 $Q_i<K^{\ominus}_{sp}$，也可以使沉淀溶解。

例如：ZnS 的酸溶解可用下列的平衡表示：

$$ZnS(s) \rightleftharpoons Zn^{2+} + S^{2-}$$
$$+$$
$$HCl \longrightarrow Cl^- + H^+$$
$$\rightleftharpoons$$
$$HS^- + H^+ \rightleftharpoons H_2S$$

金属氢氧化物溶于强酸的总反应式为：$M(OH)_n + nH^+ \rightleftharpoons M^{n+} + nH_2O$

反应平衡常数为：$K^\ominus = \dfrac{c_{M^{n+}}}{c_{H^+}^n} = \dfrac{c_{M^{n+}} \cdot c_{OH^-}^n}{c_{H^+}^n \cdot c_{OH^-}^n} = \dfrac{K_{sp}^\ominus}{(K_w^\ominus)^n}$

室温时，$K_w^\ominus = 10^{-14}$，而一般 MOH 的 $K_{sp}^\ominus$ 大于 10^{-14}（即 $K_w^\ominus$），$M(OH)_2$ 的 $K_{sp}^\ominus$ 大于 10^{-28}（即 $K_w^{\ominus 2}$），$M(OH)_3$ 的 $K_{sp}^\ominus$ 大于 10^{-42}（即 $K_w^{\ominus 3}$），所以反应平衡常数都大于 1，表明金属氢氧化物一般都能溶于强酸。

【例 12.5】 计算 ZnS 在 0.50mol/L 盐酸中的溶解度，已知 $K_{sp,ZnS}^\ominus = 1.6 \times 10^{-24}$

解　　　　　　　　$ZnS + HCl \rightleftharpoons Zn^{2+} + H_2S$

该反应的平衡常数表达式为

$$K^\ominus = \dfrac{[H_2S][Zn^{2+}]}{[H^+]^2} = \dfrac{[H_2S][Zn^{2+}][S^{2-}]}{[H^+]^2[S^{2-}]} = \dfrac{K_{sp,ZnS}^\ominus}{K_{a_1}^\ominus K_{a_2}^\ominus} = 1.1 \times 10^{-4}$$

该平衡常数较小，设 ZnS 的溶解度为 x mol/L，则生成的 H_2S 也为 x mol/L

$$ZnS + 2HCl \rightleftharpoons ZnCl_2 + H_2S$$

初始浓度　　　　　　　　0.5

平衡浓度　　　　　　　　$0.5 - 2x$　　x　　x

$$\dfrac{x^2}{(0.5 - 2x)^2} = 1.1 \times 10^{-4}$$

解得　　　　　　　　$x = 5.2 \times 10^{-3}$ (mol/L)

2）氧化还原溶解法

有些金属硫化物的 $K_{sp}^\ominus$ 数值特别小，因而不能用盐酸溶解。如 CuS 的 $K_{sp}^\ominus$ 为 6.3×10^{-36}，如要使其溶解，则 c_{H^+} 需达到 10^6 mol/L，这是根本不可能的。如果使用具有氧化性的硝酸，通过氧化还原反应，将 S^{2-} 氧化成单质 S，反应如下：

$$3S^{2-} + 2NO_3^- + 8H^+ \rightleftharpoons 3S\downarrow + 2NO\uparrow + 4H_2O$$

使金属硫化物饱和溶液中 S^{2-} 浓度大大降低，离子积小于溶度积，从而金属硫化物溶解。例如 CuS 溶于硝酸的反应如下：

$$CuS(s) \rightleftharpoons Cu^{2+} + S^{2-}$$
$$+$$
$$HNO_3 \longrightarrow S\downarrow + NO\uparrow + H_2O$$

HgS 的溶度积更小，$K_{sp}^\ominus$ 为 6.44×10^{-53}，则需用王水来溶解，即利用浓硝酸的氧化作用使 S^{2-} 降低，同时利用浓盐酸 Cl^- 的配位作用使 Hg^{2+} 的浓度也降低，反应如下：

$$3HgS + 2HNO_3 + 12HCl \longrightarrow 3H_2[HgCl_4] + 3S\downarrow + 2NO\uparrow + 4H_2O$$

3）配位溶解法

利用配位反应，使难溶盐组分的离子形成可溶性的配离子，从而达到沉淀溶解的目的。例如：AgCl 不溶于酸，但可溶于 NH_3 溶液，由于 NH_3 和 Ag^+ 结合而生成稳定的配离子 $[Ag(NH_3)_2]^+$，降低了 Ag^+ 的浓度，使 $Q_i < K_{sp}^\ominus$，则固体 AgCl 开始溶解。其反应如下：

$$AgCl(s) \rightleftharpoons Ag^+ + Cl^-$$
$$+$$
$$2NH_3$$
$$\Updownarrow$$
$$[Ag(NH_3)_2]^+$$

对一些特别难溶的硫化物如 HgS,只利用氧化还原反应使 S^{2-} 浓度降低的方法,不足以使其溶解,必须使用王水,因为除了 HNO_3 能氧 S^{2-} 到单质 S,同时 HCl 能使 Hg^{2+} 生成 $[HgCl_4]^{2-}$ 降低 Hg^{2+} 的浓度,从而使 $Q_i < K_{sp}^{\ominus}$,HgS 沉淀才能溶解。

难溶卤化物还可以与过量的卤素离子形成配离子而溶解,例如,

$$AgI + I^- \longrightarrow AgI_2^-$$
$$PbI_2 + 2I^- \longrightarrow PbI_4^{2-}$$
$$CuI + I^- \longrightarrow CuI_2^-$$

两性氢氧化物在强碱性溶液中也能生成羟合配离子而溶解,如 $Al(OH)_3$ 与 OH^- 反应,生成配离子 $[Al(OH)_4]^-$。

12.3.3 分步沉淀和沉淀转化

1. 分步沉淀

在实际工作中,体系中往往同时存在着几种离子。这些离子均能与加入的同一沉淀剂发生沉淀反应,生成难溶电解质。由于各种难溶电解质的溶度积不同,析出的先后次序也不同,这种现象称为分步沉淀(fractional precipitation)。随着沉淀剂的加入,离子积首先达到溶度积的难溶电解质将会先析出。

例如在浓度均为 0.010mol/L 的 I^- 和 Cl^- 溶液中,逐滴加入 $AgNO_3$ 试剂,开始只生成黄色的 AgI 沉淀,加入到一定量的 $AgNO_3$ 时,才出现白色的 AgCl 沉淀。

在上述溶液中,开始生成 AgI 和 AgCl 沉淀时所需要的 Ag^+ 离子浓度分别是:

$$AgI: c_{Ag^+} > \frac{K_{sp(AgI)}^{\ominus}}{c_{I^-}} = \frac{8.3 \times 10^{-17}}{0.010} = 8.3 \times 10^{-15} (mol/L)$$

$$AgCl: c_{Ag^+} > \frac{K_{sp(AgCl)}^{\ominus}}{c_{Cl^-}} = \frac{1.8 \times 10^{-10}}{0.01} = 1.8 \times 10^{-8} (mol/L)$$

计算结果表明,沉淀 I^- 所需 Ag^+ 浓度比沉淀 Cl^- 所需 Ag^+ 浓度小得多,所以 AgI 先沉淀。不断滴入 $AgNO_3$ 溶液,当 Ag^+ 浓度刚超过 1.8×10^{-8} mol/L 时,AgCl 开始沉淀,此时溶液中存在的 I^- 浓度为

$$c_{I^-} = \frac{K_{sp(AgI)}^{\ominus}}{c_{Ag^+}} = \frac{8.3 \times 10^{-17}}{1.8 \times 10^{-8}} = 4.6 \times 10^{-9} (mol/L)$$

可以认为,当 AgCl 开始沉淀时,I^- 已经沉淀完全。总之,利用分步沉淀可以进行离子分离。对于等浓度的同类型难溶电解质,总是溶度积小的先沉淀,而且溶度积差别越大,分离的效果也越好。对不同类型的难溶电解质,则需要通过计算来判断沉淀的先后次序和分离效果,不能根据溶度积的大小直接判断。

【例 12.6】 若溶液中含有 0.010mol/L 的 Fe^{3+} 和 0.010mol/L 的 Mg^{2+},计算用形成氢氧化物的方法分离 2 种离子的 pH 应控制在什么范围?

解 查表得:$K_{sp[Fe(OH)_3]}^{\ominus} = 4.0 \times 10^{-38}$,$K_{sp,Mg(OH)_2}^{\ominus} = 1.8 \times 10^{-11}$

因为 $K_{sp[Fe(OH)_3]}^{\ominus} = 4.0 \times 10^{-38} \ll K_{sp[Mg(OH)_2]}^{\ominus} = 1.8 \times 10^{-11}$,所以 Fe^{3+} 先生成沉淀

当 Fe^{3+} 沉淀完全时,$[Fe^{3+}] = 1.0 \times 10^{-5}$ mol/L,则有

$$[\text{OH}^-] = \sqrt[3]{\frac{K_{\text{sp}}^{\ominus}}{[\text{Fe}^{3+}]}} = \sqrt[3]{\frac{4 \times 10^{-38}}{1.0 \times 10^{-5}}} = 1.6 \times 10^{-11} \text{mol/L}$$

$$\text{pH} = 3.20$$

欲使 Mg^{2+} 不生成 Mg(OH)_2 沉淀,则

$$[\text{OH}^-] < \sqrt{\frac{K_{\text{sp}[\text{Mg(OH)}_2]}^{\ominus}}{[\text{Mg}^{2+}]}} = \sqrt{\frac{1.8 \times 10^{-11}}{0.010}} = 4.2 \times 10^{-5}$$

$$\text{pH} = 9.62$$

因此只要将 pH 控制在 3.20～9.62,就能使 Fe^{3+} 沉淀完全,而 Mg^{2+} 沉淀又没有产生。

2. 沉淀的转化

在科学实验中,有时需要将一种沉淀转化为另一种沉淀,这种过程叫沉淀的转化 (inversion of precipitate)。沉淀的转化有许多实用的价值。例如锅炉中的锅垢 CaSO_4 不溶于酸,常用 Na_2CO_3 处理,使锅垢中的 CaSO_4 转化为疏松的可溶于酸的 CaCO_3 沉淀,这样就可以把锅垢清除掉了。该沉淀转化反应的平衡常数很大,反应能进行完全。

$$\text{CaSO}_4(\text{s}) + \text{CO}_3^{2-} \rightleftharpoons \text{CaCO}_3(\text{s}) + \text{SO}_4^{2-}$$

$$K^{\ominus} = \frac{c_{\text{SO}_4^{2-}}}{c_{\text{CO}_3^{2-}}} = \frac{c_{\text{SO}_4^{2-}} \cdot c_{\text{Ca}^{2+}}}{c_{\text{CO}_3^{2-}} \cdot c_{\text{Ca}^{2+}}} = \frac{K_{\text{sp}(\text{CaSO}_4)}^{\ominus}}{K_{\text{sp}(\text{CaCO}_3)}^{\ominus}} = \frac{9.1 \times 10^{-6}}{2.8 \times 10^{-9}} = 3.2 \times 10^3$$

沉淀能否转化及转化的程度取决于两种沉淀溶度积的相对大小,一般 $K_{\text{sp}}^{\ominus}$ 大的沉淀容易转化成 $K_{\text{sp}}^{\ominus}$ 小的沉淀,且差值越大,转化越完全。

12.4 沉淀滴定法

沉淀滴定法是利用沉淀反应进行滴定的方法。用于沉淀滴定的反应应具备以下条件:

(1) 生成的沉淀有固定的组成,而且溶解度要小。
(2) 沉淀反应要迅速,反应物之间有准确的计量关系。
(3) 有合适的指示终点的方法。
(4) 沉淀的吸附现象不至于引起显著的误差。

这些要求不易同时满足,所以能用于沉淀滴定的反应不多。目前在生产上应用较广的是生成难溶性银盐的反应,例如

$$\text{Ag}^+ + \text{Cl}^- \rightleftharpoons \text{AgCl} \downarrow$$
$$\text{Ag}^+ + \text{SCN}^- \rightleftharpoons \text{AgSCN} \downarrow$$

利用生成难溶银盐的沉淀滴定法称为银量法(argentimetry)。银量法可以测定 Cl^-、Br^-、I^-、Ag^+、SCN^- 等。银量法对于海、湖、井、矿盐和卤水以及电解液的分析和含氯有机物的测定,都有实际意义。

银量法中主要是终点的判断,现将几种不同指示剂确定终点的方法分别介绍如下。

12.4.1 莫尔法

1. 莫尔法（Mohr）原理

以铬酸钾为指示剂，在中性或弱碱性溶液中，用 $AgNO_3$ 标准溶液直接滴定 Cl^-（或 Br^-），这种直接滴定的方法通常称为莫尔法（Mohr）。该方法利用的是分步沉淀的原理。由于 AgCl（或 AgBr）的溶解度小于 Ag_2CrO_4 的溶解度，所以在滴定过程中 AgCl（或 AgBr）首先沉淀出来，待 AgCl（或 AgBr）定量沉淀后，过量一滴 $AgNO_3$ 与 K_2CrO_4 反应，形成砖红色的 Ag_2CrO_4 沉淀，指示滴定终点的到达。

该方法的关键在于：当 Cl^-（或 Br^-）沉淀完全后，稍微过量的 Ag^+ 就能与 K_2CrO_4 反应，形成砖红色的 Ag_2CrO_4 沉淀，变色要及时、明显，这样才能正确指示滴定终点。所以 K_2CrO_4 的用量对指示终点有较大的影响。指示剂 K_2CrO_4 用量若过多，则砖红色沉淀过早生成，即终点提前；用量若过少，则终点推迟，都将带来滴定误差。

2. 莫尔法的滴定条件

滴定应在中性或弱碱性（pH 6.5～10.5）介质中进行。

在酸性溶液中，CrO_4^{2-} 与 H^+ 发生如下反应，从而影响 Ag_2CrO_4 沉淀的生成：

$$CrO_4^{2-} + 2H^+ \rightleftharpoons 2HCrO_4^- \rightleftharpoons Cr_2O_7^{2-} + H_2O$$

如果溶液碱性太强，则析出 Ag_2O 沉淀，

$$2Ag^+ + 2OH^- \rightleftharpoons Ag_2O\downarrow + H_2O$$

如果试液为酸性，应该先用 $Na_2B_4O_7 \cdot 10H_2O$、$NaHCO_3$、$CaCO_3$ 或 MgO 中和。若显强碱性，可先用稀硝酸中和至酚酞的红色刚好退去。

3. 莫尔法应用时的注意事项

（1）滴定时必须剧烈摇动。因为在化学计量点前，Cl^- 还没有滴完，这一部分的 Cl^- 容易被 AgCl 沉淀吸附，使 Ag_2CrO_4 沉淀过早出现，终点提早到达。

（2）当 Cl^-（或 Br^-）共存时，测得的是它们的总量。

（3）不能测定 I^- 和 SCN^-，因为 AgI 或 AgSCN 沉淀强烈吸附 I^- 或 SCN^-，致使终点过早出现。

（4）莫尔法的选择性较差，凡能与 CrO_4^{2-} 或 Ag^+ 生成沉淀的阳、阴离子均干扰滴定。如 Ba^{2+}、pb^{2+}、Hg^{2+} 等及 PO_4^{3-}、AsO_4^{3-}、S^{2-}、$C_2O_4^{2-}$ 等均干扰测定。

（5）莫尔法是 Ag^+ 滴定 Cl^- 而不能用 Cl^- 滴定 Ag^+，因为 Ag_2CrO_4 转化成 AgCl 很慢。如要用莫尔法测 Ag^+ 可利用返滴定法，即先加入过量的 NaCl 溶液，待 AgCl 沉淀后，再用 $AgNO_3$ 滴定溶液中剩余的 Cl^-。

12.4.2 佛尔哈德法

以铁铵矾 $NH_4Fe(SO_4)_2 \cdot 12H_2O$ 作指示剂的银量法称为佛尔哈德（Volhard）法，它包括直接滴定和返滴定两种。

1. 直接滴定法测 Ag^+

在硝酸介质中，以铁铵矾 $NH_4Fe(SO_4)_2 \cdot 12H_2O$ 为指示剂，用 NH_4SCN（或 $KSCN$）标准溶液滴定 Ag^+。滴定过程中首先生成白色的 $AgSCN$ 沉淀：

$$Ag^+ + SCN^- = AgSCN\downarrow$$
待测　　标准溶液　　　（白色）

在化学计量点附近时，Ag^+ 的浓度迅速降低，而 SCN^- 浓度迅速增大，当过量的 SCN^- 与铁铵矾中 Fe^{3+} 生成红色的 $[Fe(SCN)]^{2+}$，从而指示终点的到达：

$$Fe^{3+} + SCN^- = [Fe(SCN)]^{2+}$$
指示剂　　　　　　（红色）

由于 $AgSCN$ 沉淀易吸附溶液中的 Ag^+，使终点提前出现。所以在滴定时必须剧烈摇动，使吸附的 Ag^+ 释放出来。

2. 返滴定法测定卤素离子

在含有卤素离子或 SCN^- 的溶液中，加入一定量过量的 $AgNO_3$ 标准溶液，使卤素离子或 SCN^- 生成银盐沉淀，然后以铁铵矾为指示剂，用 NH_4SCN 标准溶液滴定过量的 $AgNO_3$。由于滴定是在硝酸介质中进行，许多弱酸盐如 PO_4^{3-}、AsO_4^{3-}、S^{2-} 等不干扰卤素滴定，因此这个方法的选择性较高。例如测定 Cl^- 时，其反应为

$$Cl^- + Ag^+ = AgCl\downarrow$$
待测　　已知过量

$$Ag^+ + SCN^- = AgSCN\downarrow$$
剩余

$$Fe^{3+} + SCN^- = [Fe(SCN)]^{2+}$$
指示剂　　　　　　（红色）

应该注意的是：

(1) 用此法测 Cl^- 时，由于 $AgCl$ 沉淀的溶解度比 $AgSCN$ 的大。在临近化学计量点时，加入的 NH_4SCN 将和 $AgCl$ 发生沉淀的转化反应：$AgCl\downarrow + SCN^- = AgSCN\downarrow + Cl^-$，如果剧烈摇动溶液，反应将不断向右进行，直至达到平衡。显然，到达终点时，将多消耗一部分 NH_4SCN 标准溶液。为了避免以上误差，通常采取以下两种措施：①试液中加入过量的 $AgNO_3$ 标准溶液后，将溶液煮沸使 $AgCl$ 凝聚。滤去沉淀并以稀硝酸洗涤沉淀，再把洗涤液并入滤液中，然后用 NH_4SCN 返滴滤液中的 $AgNO_3$。②可在滴加 NH_4SCN 标准溶液前加入硝基苯并不断摇动，使 $AgCl$ 进入硝基苯层中而不与滴定液接触。

(2) 用返滴定法测定溴化物或碘化物时，由于 $AgBr$ 和 AgI 的溶解度都比 $AgSCN$ 小，不必把沉淀事先滤去或加硝基苯。但需指出，在测定碘化物时，指示剂应在加入过量 $AgNO_3$ 后才能加入，否则将发生下列反应，产生误差。

$$2Fe^{3+} + 2I^- = 2Fe^{2+} + I_2$$

(3) 反应当在酸性介质中进行。一般用硝酸来控制酸度，使 $c_{H^+} = 0.2 \sim 1.0\text{mol/L}$，在

中性或碱性介质中，Fe^{3+} 将水解形成 $Fe(OH)^{2+}$ 等深色配合物，影响终点观察。在碱性介质中，Ag^+ 会生成 Ag_2O 沉淀。

（4）该方法在硝酸介质中，许多阴离子 PO_4^{2-}、AsO_4^{3-} 等都不会与 Ag^+ 生成沉淀，所以此法比莫尔法的选择性高，可用来测定 Cl^-、Br^-、I^-、SCN^- 等。

（5）强氧化剂、氮的低价氧化物、汞盐等能与 SCN^- 起反应，干扰测定，必须预先除去。

12.4.3 法扬司法

法扬司（Fajans）法采用吸附指示剂来确定终点。吸附指示剂（adsorption indicators）是一些有机染料，它们的阴离子在溶液中容易被带正电荷的胶状沉淀所吸附，吸附后其结构发生变化而引起颜色变化，从而指示滴定终点的到达。几种常用吸附指示剂列于表 12-2。

表 12-2 常用吸附指示剂

指示剂	被测离子	滴定剂	滴定条件（pH）
荧光黄	Cl^-，Br^-，I^-	$AgNO_3$	7~10
二氯荧光黄	Cl^-，Br^-，I^-	$AgNO_3$	4~10
曙红	SCN^-，Br^-，I^-	$AgNO_3$	2~10
溴甲酚绿	SCN^-	$AgNO_3$	4~5

例如，用 $AgNO_3$ 标准溶液滴定 Cl^- 时，常用荧光黄作吸附指示剂，荧光黄是一种有机弱酸，可用 HFIn 表示。它的离解式如下：

$$HFIn \rightleftharpoons FIn^- + H^+$$

荧光黄阴离子 FIn^- 呈黄绿色。在化学计量点前，溶液中 Cl^- 过量，此时 AgCl 沉淀胶粒吸附 Cl^- 而带负电荷，形成 $AgCl \cdot Cl^-$，FIn^- 受排斥而不被吸附，溶液呈黄绿色。而在化学计量点时，稍微过量的 $AgNO_3$ 使得 AgCl 沉淀胶粒吸附 Ag^+ 而带正电荷，形成 $AgCl \cdot Ag^+$。这时溶液中的 FIn^- 被异电荷粒子所吸附，结构发生了变化，溶液由黄绿色变为粉红色，指示终点的到达。此过程可示意如下：

Cl^- 过量时　　　$AgCl \cdot Cl^- + FIn^-$（黄绿色）

Ag^+ 过量时　　　$AgCl \cdot Ag^+ + FIn^- \xrightarrow{吸附} AgCl \cdot Ag^+ FIn^-$（粉红色）

如果用 NaCl 标准溶液滴定 Ag^+ 时，则颜色的变化刚好相反。为了使终点颜色变化明显，使用吸附指示剂时要注意以下几点：

（1）由于颜色的变化发生在沉淀的表面，为此应尽量使沉淀的比表面大一些。所以在滴定过程中，尽量使沉淀保持胶体状态，因此要加入一些糊精或淀粉溶液保护胶体，以阻止卤化银凝聚。同样道理，溶液中不能有大量电解质存在。

（2）溶液的酸度要适当。常用的吸附指示剂大多是有机弱酸，其 $K_a^{\ominus}$ 值各不相同。例如荧光黄（$pK_a^{\ominus}=7$），只能在中性或弱碱性（pH 7~10）溶液中使用。若 pH 较低，则主要以 HFIn 形式存在，不被沉淀吸附，无法指示终点。

（3）溶液的浓度不能太稀，否则沉淀很少。观察终点比较困难。如用荧光黄作指示剂测氯化物时，其浓度 c_{Cl^-} 不能低于 $5×10^{-3}$ mol/L。

（4）滴定不能在直接阳光照射下进行。卤化银沉淀对光敏感，易分解出金属银使沉淀变为灰黑色，影响终点观察。

（5）指示剂的吸附能力要适当，不要过大或过小。否则终点会提前或推迟。卤化银对卤化物和几种吸附指示剂的吸附的次序为，$I^->SCN^->Br^->$ 曙光红 $>Cl^->$ 荧光黄。因此，滴定 Cl^- 不能选曙红，而应选荧光黄。

学习资源

人体微量元素

人体是由 60 多种元素所组成。根据元素在人体内的含量不同，可分为宏量元素和微量元素两大类。凡是占人体总重量的 0.01% 以上的元素，如碳、氢、氧、氮、钙、磷、镁、钠等，称为宏量元素；凡是占人体总重量的 0.01% 以下的元素，如铁、锌、铜、锰、铬、硒、钼、钴、氟等，称为微量元素。微量元素在人体内的含量真是微乎其微，如锌只占人体总重量的 0.0033%。铁也只有 0.006%。微量元素虽然在人体内的含量不多，但与人的生存和健康息息相关。它们的摄入过量、不足或缺乏都会不同程度地引起人体生理的异常或发生疾病。微量元素最突出的作用是与生命活力密切相关，仅仅像火柴头那样大小或更少的量就能发挥巨大的生理作用。值得注意的是这些微量元素必须直接或间接由土壤供给。根据科学研究，到目前为止，已被确认与人体健康和生命有关的必需微量元素有 18 种，即铁、铜、锌、钴、锰、铬、硒、碘、镍、氟、钼、钒、锡、硅、锶、硼、铷、砷等。这每种微量元素都有其特殊的生理功能。尽管它们在人体内含量极小，但它们对维持人体中的一些决定性的新陈代谢却是十分必要的。一旦缺少了这些必需的微量元素，人体就会出现疾病，甚至危及生命。如缺锌可引起口、眼、肛门或外阴部发红、丘疹、湿疹。又如铁是构成血红蛋白的主要成分之一，缺铁可引起缺铁性贫血。国外曾有报道：机体内含铁、铜、锌总量减少，均可减弱免疫机制（抵抗疾病力量），降低抗病能力，助长细菌感染，而且感染后的死亡率亦较高。微量元素在抗病、防癌、延年益寿等方面都还起着不可忽视的作用。

复习与思考

一、填空题

1. 银量法可以测定 _____、_____、_____、_____、_____ 和 _____ 等离子的含量。
2. 银量法按照指示滴定终点的方法不同而分为 _____、_____、_____ 法。
3. 佛尔哈德（Volhard）法按滴定方法分为 _____ 和 _____。
4. 硝酸银标准溶液见光易分解，应储于 _____ 瓶中，存放一段时间后需 _____。

二、计算题

1. 取尿样 5.00mL，加入 0.1016 mol/L AgNO$_3$ 的溶液 20.00ml，过量的 AgNO$_3$ 消耗 0.1096mol/L NH$_4$SCN 标准溶液 8.60mL，计算 1L 尿液中含 NaCl 多少克？

2. 称取 NaCl 基准试剂 0.1173g，溶解后加入 30.00ml AgNO$_3$ 标准溶液，过量的 Ag$^+$ 需要 20mL NH$_4$SCN 标准溶液滴定至终点。已知 20.00mL AgNO$_3$ 标准溶液与 21.00mL NH$_4$SCN 标准溶液能完全作用，计算 AgNO$_3$ 和 NH$_4$SCN 溶液的浓度各为多少？（已知 $M_{NaCl}=58.44$g/mol）

第13章 有机化学基础知识

> **能力要求**
> (1) 可判断常见有机化学物质的性质。
> (2) 能根据有机化学物质的性质，在实验过程当中做好防护措施。
> (3) 可以根据官能团，了解有机物质的基本属性。
>
> **知识要求**
> (1) 掌握简单有机化合物的命名。
> (2) 掌握常见官能团的化学反应。
> (3) 掌握有机化合物的组成与结构。
> (4) 了解复杂化合物的反应机理。
>
> **教学活动建议**
> 列举一些食品成分，比如维生素E，根据结构式判断出维生素E的功效。

13.1 有机化合物的结构与组成

13.1.1 有机化合物构造式的表示

1. 碳原子的成键方式

有机化合物的基本构架由碳原子组成，因此，有机化合物的结构特点决定于碳原子的结构。

碳的核外电子排布式为 $1S^2 2S^2 2P^2$，最外层有 4 个电子，根据原子结构理论，与其它原子成键时，不易得失电子，而以共用电子对的形式与其他原子相结合。因此，碳原子主要是以共价键的方式与其他原子相结合，表现为 4 价。

例如，最简单的有机物——甲烷，就是由碳原子最外层的 4 个电子分别与 4 个氢原子形成 4 个共价键，其结构可表达为

电子式：   结构式：

在有机化合物中，碳—氢之间、碳—碳之间均以共价键结合，且两个碳原子之间可共用一对、两对或三对电子构成单键、双键或叁键，如

$$-\overset{|}{\underset{|}{C}}-\overset{|}{\underset{|}{C}}- \qquad \overset{}{\underset{}{C}}=\overset{}{\underset{}{C}} \qquad -C\equiv C-$$

    单键   双键   叁键

2. 有机化合物结构表示方法

由于有机化合物中普遍存在同分异构现象，即同一个分子式可能代表的是几种不同的物质。因此，不能用分子式来表示一种确定的物质。用结构式来表示某种有机化合物的组成更为科学。

分子结构是指分子中各原子相互结合的次序、方式以及空间排布状况等。它包括分子的构造、构型和构象。有机化合物的结构可用结构式、结构简式、键线式三种形式来表示。结构式是将分子中的每一个共价键都用一根短线表示出来。结构简式则在结构式的基础上简化，不再写出碳与氢或其他原子间的短线，并将同一碳原子上的相同原子或基团合并表达。键线式则更为简练、直观，只写出碳的骨架和其他基团。

例如，丁烷 C_4H_{10}

    结构式   结构简式   键线式

环己烷 C_6H_{12}

    结构式   结构简式   键线式

13.1.2 有机化合物的分类

有机化合数目众多，种类繁杂，为了便于学习和研究，将有机化合物按结构特征进行分类。一种是以碳的间架结构不同分类，另一种是以官能团不同来分类。

1. 按碳架分类

$$\text{有机化合物}\begin{cases}\text{链状化合物}\\ \text{碳环化合物}\begin{cases}\text{脂环族化合物}\\ \text{芳香族化合物}\end{cases}\\ \text{杂环化合物}\end{cases}$$

1) 链状化合物

这类化合物中碳架可形成一条或长或短的链，有的长链上还带有支链。由于这类化合物最初是在脂肪中发现的，所以又称脂肪族化合物。根据碳原子成键方式不同，链状化合物又可以分为饱和化合物和不饱和化合物。例如

乙烷（饱和烃）　　丙烯（不饱和烃）　　丙炔（不饱和烃）

2) 碳环化合物

这类化合物分子中含有完全由碳原子构成的环。根据碳环的结构特点，又分为两类。

(1) 脂环化合物。这类化合物在结构上可视为由链状化合物首尾碳原子互相连接而成环状化合物，由于其性质与脂肪族化合物相似，因此称脂环族化合物。例如

甲基环丙烷　　环丁烷　　环戊烷　　环己烷　　1,3-环戊二烯

(2) 芳香族化合物。这类化合物分子中至少含有一个苯环（芳香环），性质上与链状化合物和脂环化合物不同。例如

苯　　萘　　蒽

3) 杂环化合物

这类化合物分子中的环是由碳原子和其他元素原子（如 O、S、N 等）组成的。环上除碳原子以外的其他原子称为杂原子，这类化合物称为杂环化合物。例如

呋喃　　噻吩　　吡啶

2. 按官能团分类

决定化合物主要化学性质的原子或基团称为官能团。官能团是有机化合物分子中较活泼的部位，官能团相同的化合物性质相似。为了便于学习和研究，常以官能团不同对有机化合物进行分类。常见官能团及分类见表13-1。

表 13-1　常见官能团及有机化合物类别

官能团结构	名称	类别	化合物举例	
C=C	双键	烯烃	$CH_2=CH_2$	乙烯
$-C\equiv C-$	叁键	炔烃	$HC\equiv CH$	乙炔
$-OH$	羟基	醇	CH_3OH	甲醇
		酚	C_6H_5-OH	苯酚
C=O	羰基	醛、酮	CH_3-CHO	乙醛
			$CH_3-CO-CH_3$	丙酮
$-COOH$	羧基	羧酸	CH_3-COOH	乙酸
$-C-O-C-$	醚键	醚	$CH_3CH_2-O-CH_2CH_3$	乙醚
$-NH_2$	氨基	胺	CH_3-NH_2	甲胺
$-NO_2$	硝基	硝基化合物	$C_6H_5-NO_2$	硝基苯
$-X$	卤素	卤代烃	CH_3Cl	氯甲烷
$-SH$	巯基	硫醇	C_2H_5SH	乙硫醇
$-SO_3H$	磺酸基	磺酸	$C_6H_5-SO_3H$	苯磺酸
$-C\equiv N$	氰基	腈	$CH_3C\equiv N$	乙腈
$-N=N-$	偶氮基	偶氮化合物	$C_6H_5-N=N-C_6H_5$	偶氮苯

13.1.3　有机化合物的特性

有机化合物的主要元素是碳。由于碳原子的特殊结构，使得有机化合物与无机化合物的性质存在明显的差异。一般而言，有机化合物具有以下特点。

(1) 对热不稳定，易燃烧。除少数有机化合物外，绝大多数均含有碳、氢两种元素，因此容易燃烧，如甲烷、酒精、汽油、木柴等。

(2) 熔点、沸点低。有机化合物一般为共价化合物，通常以微弱的分子间作用力相结合，因此，常温、常压下多数以气体、液体或低熔点的固体存在。大多数有机化合物的熔点都较低，一般不超过 400℃，沸点也较低。如尿素的熔点为 133℃，而无机化合物的熔点、沸点较高，如氯化钠的熔点为 800℃，沸点为 1440℃。

(3) 难溶于水，易溶于有机溶剂，是非电解质。有机化合物通常以弱极性键或非极性键相结合，根据"相似相溶"原理，绝大多数有机物难溶于水，易溶于乙醚、丙酮、苯等非极性溶剂中。

有机化合物一般是非电解质，即使在熔融状态下也以分子形式存在而不导电，而多数无机化合物是电解质，在溶液中或熔融状态下以离子形式存在而具有导电性。

(4) 反应速率慢、产率低、产物复杂。无机化合物间的反应往往是离子反应，反应速率较快，而有机化合物的反应主要在分子间进行，受分子结构和机制的影响，速率较慢，有些反应需要几十个小时甚至几十天才能完成。由于有机分子结构比较复杂，反应时，往往不局限于分子的某一特定部位，因此，主要反应发生的过程中伴随着一些副反应而导致产率低、产物复杂，最终得到的是混合物，常常需进一步分离、提纯。

(5) 同分异构现象普遍。分子式相同而结构不同的现象称为同分异构现象。这种情况在有机化合物中非常普遍。这也是组成有机物的元素较少，而有机物种类繁多的主要原因之一。例如分子式为 C_2H_6O 的物质就有可能是乙醇和甲醚两个性质不同的化合物，它们互称同分异构体。

13.2 有机化合物的命名

有机化合物数目很多，且结构复杂。为区别每一种有机化合物，一般采用的命名方法主要有普通命名法和系统命名法。早期的有机化合物，常常是根据它们的来源或性质命名的。例如，乙酸最初发现于食醋中，所以叫醋酸，又因为在 16℃ 易结晶且像冰，故又称冰醋酸。

HCOOH	CH_3OH	CH_3COOH	HOOCCOOH
蚁酸	木醇	冰醋酸 (16℃结晶像冰)	草酸

这种命名不能反映化合物的结构特征。但许多名词仍在使用，如青霉素、紫杉醇、氯仿等。

随着人们对有机化合物的认识的增多，简单的命名法已经不能满足需要。为了求得命名的统一，1892 年一些化学家在瑞士的日内瓦集会，拟定了一种有机化合物的系统命名法，叫做"日内瓦命名法"。此后，国际纯粹与应用化学联合会（International Union of Pure and Applied Chemistry）对其进行了多次修订，因此又称 IUPAC 命名法或系统命名法。该命名法目前被各个国家所采用。我国根据 1979 年公布的 IUPAC 命名法，结合我国文字的特点，自然科学名词审定委员会拟编了一套系统命名法，并于 1980 年颁布实施。

13.2.1 脂肪烃及碳环烃的普通命名法

（1）根据分子中所含碳原子的数目，用天干（甲、乙、丙、丁、戊、己、庚、辛、壬、癸）和中国数字十一、十二、十三等数字命名为"某烷"或"某烯"等，如表 13-2 所示。

表 13-2 一些烷烃的名称

烷烃	分子式	烷烃	分子式
甲烷	CH_4	十一烷	$C_{11}H_{24}$
乙烷	C_2H_6	十二烷	$C_{12}H_{26}$
丙烷	C_3H_8	十三烷	$C_{13}H_{28}$
丁烷	C_4H_{10}	十四烷	$C_{14}H_{30}$
戊烷	C_5H_{12}	二十烷	$C_{20}H_{42}$
己烷	C_6H_{14}	三十烷	$C_{30}H_{62}$
庚烷	C_7H_{16}	五十烷	$C_{50}H_{102}$
辛烷	C_8H_{18}	一百烷	$C_{100}H_{202}$
壬烷	C_9H_{20}	⋮	⋮
癸烷	$C_{10}H_{22}$	烷烃通式	C_nH_{2n+2}

（2）对碳链存在的异构体则用"正"、"异"、"新"、"伯"、"仲"、"叔"、"季"等冠词区分。例如

$$CH_3-CH_2-CH_2-CH_2-CH_3$$

正戊烷（"正"代表直链的化合物）

$$CH_3-\underset{\underset{CH_3}{|}}{CH}-CH_2-CH_3$$

异戊烷（"异"代表分子中碳链一端具有 $CH_3-\underset{\underset{CH_3}{|}}{CH}-$ 的结构）

$$CH_3-\underset{\underset{CH_3}{|}}{\overset{\overset{CH_3}{|}}{C}}-CH_3$$

新戊烷（"新"代表分子中碳链一端具有 $\underset{\underset{CH_3}{|}}{\overset{\overset{CH_3}{|}}{C}}-$ 的结构）

其中直接与一个碳原子相连的碳称为伯碳原子或一级碳原子，用 1° 表示；与 2 个碳

原子直接相连的称为仲碳原子或二级碳原子,用 2°表示;与 3 个碳原子直接相连的称为叔碳原子或三级碳原子,用 3°表示;与四个碳原子相连的称为季碳原子或四级碳原子,用 4°表示。例如

$$H-\overset{H}{\underset{H}{C^{1°}}}-\overset{H}{\underset{H}{C^{2°}}}-\overset{H}{\underset{CH_3}{C^{3°}}}-\overset{CH_3}{\underset{CH_3}{C^{4°}}}-CH_3$$

上述四种碳原子中,除了季碳原子外都连接有氢原子,分别称为伯氢原子、仲氢原子和叔氢原子。不同类型的氢原子反应活性不同。

有机化合物分子中去掉一个或几个氢原子后剩下的部分称为"基"。

常见的烷基有:

CH_3- CH_3-CH_2- $CH_3-CH_2-CH_2-$ $CH_3-\overset{CH_3}{\underset{}{CH}}-$

甲基   乙基   正丙基   异丙基

$CH_3-CH_2-CH_2-CH_2-$ $CH_3-CH_2-\overset{}{\underset{}{CH}}-CH_3$

正丁基   仲丁基

$CH_3-\overset{CH_3}{\underset{}{CH}}-CH_2-$ $CH_3-\overset{CH_3}{\underset{CH_3}{C}}-$

异丁基   叔丁基

常见的烯基有:

$CH_2=CH-$ $CH_3-CH=CH-$ $CH_2=CH-CH_2-$ $CH_3-\overset{}{\underset{}{C}}=CH_2$

乙烯基   丙烯基   烯丙基   异丙烯基

常见的芳基有:

⌬— （写为 C_6H_5- 或用 Ph— 表示）

苯基

⌬—CH_2- （写为 $C_6H_5CH_2-$ 或用 $PhCH_2-$ 表示）

苯甲基(也叫苄基)

13.2.2 脂肪烃及碳环烃的系统命名法

1. 烷烃的命名

烷烃的命名是所有开链烃及其衍生物命名的基础。

1) 直链烷烃的命名

与普通命名法相同,只是把"正"字去掉,称为"某烷"。例如 $CH_3CH_2CH_2CH_3$

（丁烷）。

2）支链烷烃的命名

对于有支链的烷烃可以将其当作是直链烷烃的烷基衍生物来命名。命名步骤及原则如下：

（1）选主链，定母体。选择含碳原子数最多的一条碳链作为主链，如果有几条含相同碳原子的碳链时，应选择含取代基多的碳链为主链。例如

$$
\underset{A}{\text{CH}_3\text{-CH}_2\text{-CH}_2\text{-CH(CH}_3\text{)-CH(CH}_2\text{CH}_3\text{)-CH}_3} \quad \underset{B}{\text{CH}_3\text{-CH}_2\text{-CH}_2\text{-CH(CH}_3\text{)-CH(CH}_2\text{CH}_3\text{)-CH}_3} \quad \underset{C}{\text{CH}_3\text{-CH}_2\text{-CH}_2\text{-CH(CH}_3\text{)-CH(CH}_2\text{CH}_3\text{)-CH}_3}
$$

A　　　　　　　　　　　　B　　　　　　　　　　　　C

上式中最长碳链含 7 个碳原子，共有 3 条，A 式中取代基为 2 个，B 式中为 4 个，C 式中为 3 个，所以上式中应选 B 式虚线内的作为主链。

（2）给主链碳原子编号。从离取代基最近的一端开始，用阿拉伯数字 1，2，3……的次序对主链碳原子编号。若有几种可能的情况，应使各取代基都有尽可能小的编号或取代基位次数之和最小。例如

$$
\underset{\text{左} \leftarrow 6\ 5\ 4\ 3\ 2\ 1}{\overset{\text{右} \rightarrow 1\ 2\ 3\ 4\ 5\ 6}{\text{CH}_3\text{CHCH}_2\text{CHCHCH}_3}}
$$

两种编号逐项比较，最先出现差别的是第二项，位次最小者为"3"，所以应选择式子下方的编号系列为取代基的位次，即 2，3，5。

（3）书写烷烃的名称。先写取代基，再写烷烃的名称。在取代基名称前用阿拉伯数字标明取代基的位次，多个位次间的阿拉伯数字要用逗号隔开，位次和取代基名称之间用半字线"—"隔开，相同取代基可合并，其数目用汉字一、二、三等表达。基本格式如下：取代基的位次—数目及名称—某烷。例如

$$
\overset{7}{\text{CH}_3}\text{-}\overset{6}{\text{CH}_2}\text{-}\overset{5}{\text{CH}}\text{-}\overset{4}{\text{CH}}\text{-}\overset{3}{\text{CH}_2}\text{-}\overset{2}{\text{CH}}\text{-}\overset{1}{\text{CH}_3}
$$

2,5-二甲基-4-异丁基庚烷（不是 2,6-二甲基-4-仲丁基庚烷）

当主链上有多个取代基时，命名时这些取代基列出顺序遵守"顺序规则"，较优基团后列出。通常用">"表示优于。

顺序规则内容：

（1）比较各取代基或官能团的第一个原子的原子序数，原子序数大者为较优基团。例如：I>Br>Cl>F>O>N>C>H。

（2）如果 2 个基团的第一个原子相同，则比较与之相连的第二个原子，以此类推。比较时，按原子序数排列，先比较各组中原子序数大者，若仍相同，再依次比较第二个，第三个……。

例如：—CH_2Cl 与 —CH_3，第一个原子相同，都为 C。比较与 C 相连的第二个原子，对 —CH_2Cl 第二个为（Cl、H、H），—CH_3 的第二个为（H、H、H），先比较原子序数大者，Cl＞H 因此 —CH_2Cl 为"较优"基团。

2. 烯烃的命名

烯烃的命名原则和烷烃的基本相同。首先选择包含双键的最长碳链为主链，从靠近双键的一端开始编号。命名时除了烷烃命名所遵循的原则外，还要标明双键的位置。基本格式如下：取代基的位次—数目及名称—双键位次—某烯。例如

$$\overset{4}{CH_3}-\overset{3}{CH_2}-\overset{2}{CH}=\overset{1}{CH_2} \qquad \overset{3}{CH_3}-\overset{2}{\underset{CH_3}{C}}=\overset{1}{CH_2}$$

1-丁烯　　　　　　　2-甲基丙烯（异丁烯）

对于含有 4 个或 4 个以上碳原子的烯烃，存在碳链异构及顺反异构体，其命名有顺/反命名法和 Z/E 命名法两种方法。

对于简单的化合物既可以用顺/反命名法命名，也可以用 Z/E 命名法命名。用顺反命名法命名时，相同的原子或基团在双键碳原子同侧的为顺式，反之为反式。例如

顺-2-戊烯　　　　　　　反-2-戊烯

如果双键碳原子上所连 4 个原子或基团都不相同时，则用 Z/E 命名。按照"次序规则"比较两对基团的优先顺序，2 个较优基团在双键碳原子同侧的为 Z（德文 zusammen）型，异侧的为 E（德文 entgegen）型。命名时将 Z 或 E 加括号放在烯烃名称的前面，中间用"-"相连。例如

（Z）-3-乙基-2-己烯　　　　（E）-3-乙基-2-己烯

必须注意：顺、反和 Z、E 是两种不同的表示方法，不存在必然的内在联系。有的化合物可以用顺反表示，也可以用 Z、E 表示，顺式的不一定是 Z 型，反式的不一定是 E 型。例如

（E）-3-甲基-2-戊烯　　　　（Z）-1,2-二氯-1-溴-乙烯
顺-3-甲基-2-戊烯　　　　　反-1,2-二氯-1-溴-乙烯

脂环化合物也存在顺反异构体，2 个取代基在环平面的同侧为顺式，反之为反式。

3. 炔烃的命名

炔烃的命名原则和烯烃相同，只是把"烯"字改为"炔"字。但是炔烃不存在顺反异构。基本格式如下：取代基的位次—数目及名称—叁键位次—某炔。例如

$$\overset{1}{CH_3}-\overset{2}{C}\equiv\overset{3}{C}-\overset{4}{CH_3} \qquad \overset{4}{CH_3}-\overset{3}{CH}-\overset{2}{C}\equiv\overset{1}{CH}$$
$$\underset{|}{} \underset{CH_3}{}$$

2-丁炔　　　　　　　3-甲基-1-丁炔

4. 碳环烃的命名

碳环烃分为脂环烃和芳香烃，命名方法不同。

1) 脂环烃的命名

简单环的命名与相应的脂肪烃基本相同，只在名称前加上"环"即可，称为"环某烷（烯或炔）"。例如

环丙烷　　　　　　环己烷　　　　　　环丙烯

含有支链的脂环烃的命名原则为：如果环上的支链"含碳"较环少时，则支链作为取代基，取代基的位次尽可能采用最小数字标出；若多个取代基，则以含碳最少的取代基所连的碳原子开始编号；如果环上的支链"含碳"较环多时，以环作为取代基。例如

丙基环己烷　　　　　　2-环丙基丁烷

2) 芳香烃的命名

单环芳香烃通常是以苯环作为母体，对于只含一个取代基的称为"某（基）苯"或"苯某"；连有多于一个取代基时，用阿拉伯数字表示取代位置，并习惯用"邻"、"间"、"对"表示两个取代基的相对位置。例如

甲（基）苯　硝基苯　苯酚　苯胺　苯甲醛　苯甲酸　苯磺酸

邻-二甲苯　　　间-二甲苯　　　对-二甲苯
（1,2-二甲苯）　（1,3-二甲苯）　（1,4-二甲苯）

对于环上的取代基较为复杂时,要将苯环作为取代基来进行命名。例如

$$CH_3-CH-CH_2-CH-CH_3$$
$$\quad\quad |\quad\quad\quad\quad |$$
$$\quad\quad CH_3\quad\quad C_6H_5$$

2-甲基-4-苯基戊烷

当苯环上含有 2 个不同取代基(官能团)时,命名按下列顺序:羧基(—COOH)、醛基(—CHO)、羟基(—OH)、氨基(—NH$_2$)、烷氧基(—OR)、烷基(—R)、卤素(—X)、硝基(—NO$_2$)。排在前面的官能团为母体,排在后面的作为取代基。例如

邻硝基苯甲酸   对氯苯酚   对氨基苯磺酸

稠环芳香烃通常以萘、蒽、菲为母体进行命名。

13.2.3 含氧有机化合物的命名

1. 醇的命名

结构简单的醇采用普通命名法。命名时可根据与羟基相连的烃基的普通名称来命名,称为"某(基)醇","基"字一般可以省去。例如

$$CH_3-CH_2-OH \quad\quad\quad C_6H_5-CH_2-OH$$

乙醇(酒精)   苄醇

$$CH_3-CH_2-CH_2-OH \quad\quad\quad CH_3-CH-OH$$
$$\quad\quad\quad\quad\quad\quad\quad\quad\quad\quad |$$
$$\quad\quad\quad\quad\quad\quad\quad\quad\quad\quad CH_3$$

正丙醇   异丙醇

叔丁醇   新戊醇

结构复杂的醇采用系统命名法。

1)饱和一元醇

烃基为直链的醇,根据碳原子数目称为"某醇"。例如

$$CH_3-OH \quad\quad\quad CH_3-CH_2-CH_2-OH$$

甲醇(木醇)   丙醇

烃基带有支链的醇,选择连有羟基碳原子最长的碳链为主链,根据主链碳原子的数

目称为某醇；从靠近羟基一端开始，用阿拉伯数字依次将主链碳原子编号；命名时，将羟基的位次写在某醇之前，中间用短线隔开；将取代基的位次、数目、名称写在主链名称的前面。基本格式如下：取代基的位次—数目及名称—羟基的位次—某醇。例如

$$CH_3-CH-CH_2-CH_2-OH$$
$$\quad\quad\;|$$
$$\quad\;CH_3$$
3-甲基丁醇

$$CH_3-CH-CH_2-OH-CH_3$$
$$\quad\quad\;|\quad\quad\quad\quad\;|$$
$$\quad\;CH_3\quad\quad\quad OH$$
4-甲基-2-丁醇

2,6-二甲基-5-乙基-4-辛醇

2) 不饱和一元醇

选择连有羟基和不饱和键在内的最长碳链为主链，根据主链碳原子数目称为某烯醇；从靠近羟基一端开始依次将主链碳原子编号。例如

3-丁烯-2-醇

2-甲基-5-乙基-5-庚烯-3-醇

3) 脂环醇

在脂环烃基的名称后加上"醇"（"基"字去掉）。若有取代基，则从连接羟基的碳原子开始给环上的碳原子编号，并尽量使取代基的位次最小。例如

环己醇

3-甲基环戊醇

4) 芳香醇

将芳香环作为取代基，按照脂肪醇的命名方法命名。例如

苯甲醇

4-苯基-2-戊醇

5) 多元醇

选择带羟基尽可能多的最长碳链作为主链，羟基的数目写在"醇"字的前面。例如

丙三醇（甘油）

2,3-二甲基-2,3-丁二醇

此外，常根据醇的来源使用其俗名。如：木醇、酒精、甘油等。

2. 醛、酮的命名

简单的醛、酮常用普通命名法。醛的普通命名与醇的相似，可在烃基的名称后面加一个醛字，称为"某醛"，有异构体的用正、异、新等字来区分。酮的普通命名是在羰基所连两个烃基名称后加上"酮"字，简单烃基在前，复杂烃基放在后面，"基"字可以省略。如有芳基，则将芳基写在前面。例如

$$CH_3CH_2CH_2CH_2CHO \qquad CH_3\underset{|}{\overset{CH_3}{C}}HCH_2CHO \qquad CH_3\underset{|}{\overset{CH_3}{\underset{CH_3}{C}}}CHO$$

正戊醛　　　　　异戊醛　　　　　新戊醛

$$CH_3-\overset{O}{\underset{\|}{C}}-CH_2CH_3 \qquad C_6H_5-COCH_3$$

甲乙酮　　　　　　　苯甲酮

复杂醛、酮的命名采用系统命名法。

1) 脂肪醛酮

选择包含羰基的最长碳链为主链，根据主链所含碳原子的数目称为"某醛"或"某酮"。主链碳原子的编号从靠近羰基的一端开始，醛基总是位于链端，编号为1，命名时不必标明它的位次。酮除丙酮、丁酮和苯乙酮外，其他酮分子中的羰基必须标明位次，取代基的位次和名称放在母体名称之前。基本格式如下：取代基的位次—数目及名称—羰基的位次（醛基不必标明）—某醛（酮）。例如

$$\overset{4}{C}H_3\overset{3}{\underset{|}{C}}H\overset{2}{C}H_2\overset{1}{C}HO \qquad \overset{1}{C}H_3-\overset{2}{\overset{\|}{C}}-\overset{3}{C}H_2\overset{4}{\underset{|}{C}}H\overset{5}{C}H_3$$
$$\overset{|}{CH_3} \qquad\qquad\qquad\qquad \overset{|}{CH_3}$$

3-甲基丁醛　　　　　　4-甲基-2-戊酮

碳原子的编号有时也用希腊字母 α，β，γ，…来表示，α 是指靠近羰基的碳原子，其次是 β、γ 等，若有 2 个 α 碳原子，可以用 α、α′ 表示。例如

$$\overset{\gamma}{C}H_3\overset{\beta}{\underset{|}{C}}H\overset{\alpha}{C}H_2CHO \qquad \overset{\alpha'}{C}H_3-\overset{O}{\overset{\|}{C}}-\overset{\alpha}{C}H_2\overset{\beta}{\underset{|}{C}}H CH_3$$
$$\overset{|}{CH_3} \qquad\qquad\qquad\qquad \overset{|}{CH_3}$$

β-甲基丁醛　　　　　　β-甲基-2-戊酮

2) 芳香醛酮

芳香醛、酮命名时，常以脂肪醛或脂肪酮为母体，把芳香烃基作为取代基。例如

$$CH_3-\underset{}{\bigcirc}-CHO \qquad \underset{}{\bigcirc}-\overset{O}{\overset{\|}{C}}-CH_2CH_3$$

对甲基苯甲醛　　　　　1-苯基-1-丙酮

3) 脂环醛、酮

脂环醛的命名与芳香醛的命名一致。脂环酮的命名，是根据构成碳环原子的总数命

名为环"某"酮。若环上有取代基,编号时使羰基位次最小。

例如

环戊基-甲醛　　2-甲基环己酮

4) 不饱和醛、酮

选择同时含有不饱和键及羰基在内的最长碳链为主链,编号从靠近羰基的一端开始,称为"某烯醛"或"某烯酮",同时要标明不饱和键和酮羰基的位次。例如

$CH_2=CCH_2COCH_3$　　　　　$C_6H_5-CH=CHCHO$
　　　　|
　　　CH_2CH_3

4-乙基-4-戊烯-2-酮　　　　　3-苯基-2-丙烯醛

$\overset{7}{H_2C}=\overset{6}{C}\overset{5}{CH_2}\overset{4}{CH_2}\overset{3}{CH}\overset{2}{CH_2}\overset{1}{CHO}$　　　$\overset{1}{CH_3}-\overset{2}{\underset{O}{C}}-\overset{3}{CH_2}\overset{4}{CH}\overset{5}{CH_2}\overset{6}{C}\equiv\overset{7}{CH}$
　　　　　|　　　　　　　　　　　　　　　　　　|
　　　　CH_3　　　　　　　　　　　　　　　CH_3

3-甲基-6-庚烯醛　　　　　　　4-甲基-6-庚炔-2-酮

另外,醛和酮的命名有时也可根据其来源或性质采用俗名。例如

$CH_3CH=CHCHO$　　　$C_6H_5-CH=CHCHO$　　　$C_6H_4(OH)CHO$

巴豆醛　　　　　　肉桂醛　　　　　　水杨醛
(2-丁烯醛)　　　(3-苯基丙烯醛)　　(邻羟基苯甲醛)

3. 羧酸的命名

(1) 饱和脂肪酸。饱和脂肪酸的命名与醛、酮的命名相似。即选择含有羧基最长的碳链为主链,从羧基开始给主链碳原子编号,然后按照取代基的位次、数目名称及母体名称的顺序直接写出羧酸的名称。

例如

$\overset{6}{CH_3}-\overset{5}{CH}-\overset{4}{CH}-\overset{3}{CH_2}-\overset{2}{CH_2}-\overset{1}{COOH}$　　　$\overset{6}{CH_3}-\overset{5}{CH}-\overset{4}{CH}-\overset{3}{CH_2}-\overset{2}{CH}-\overset{1}{CH_3}$
　　　　　|　　|　　　　　　　　　　　　　　　　　　　　|　　|　　　　|
　　　　CH_3 CH_2CH_3　　　　　　　　　　　　　CH_3 CH_2CH_3 $COOH$

5-甲基-4-乙基己酸　　　　　　5-甲基-4-乙基-2-丙基己酸

(2) 不饱和脂肪酸。不饱和脂肪酸命名时,选择含有羧基和不饱和键在内的最长碳链为主链,称为烯酸(或炔酸),并把不饱和键的位次写在"某烯酸"之前。如果主链上碳原子数目大于10时,母体称为"碳烯酸"。

例如

$H_2C=CH\ COOH$　　　$H_3CCH=CH\ COOH$

丙烯酸　　　　　　2-丁烯酸

CH₃(CH₂)₇CH=(CH₂)₇COOH

$$\underset{\text{CH}_3\text{CH}_2}{\overset{6}{\text{CH}_3\text{CH}}}-\overset{\text{CH}_3}{\underset{5}{\overset{|}{\text{CH}}}}-\overset{\text{CH}_3}{\underset{|}{\overset{4}{\text{C}}}}-\overset{3}{\text{CH}}=\overset{2}{\text{CH}}-\overset{1}{\text{COOH}}$$

  9-十八碳烯酸   4,4,5,6-四甲基-2-辛烯酸

（3）脂环族羧酸和芳香族羧酸的命名与脂肪酸的命名相同，通常将脂环烃基与芳香烃基作为取代基来命名。

例如

环己基甲酸   5-环戊基-3-戊烯酸

苯乙酸   3-苯丙酸

3-苯丙烯酸   3-甲基-4-苯基-2-丁烯酸

（4）多元羧酸的命名。选择含有两个羧基的最长碳链为主链，称为"某二酸"，其余的侧链作为取代基，写在主链名称前面。

例如

HOOC—COOH   HOOC—CH₂—CH₂—COOH

乙二酸   丁二酸   4-甲基-1,2-苯二甲酸

（反）-丁烯二酸   3-羟基-3-羧基戊二酸

有些羧酸还可根据来源和性质采用俗名命名。例如甲酸俗称蚁酸、乙二酸俗称草酸、3-苯丙烯酸俗称肉桂酸、3-羟基-3-羧基戊二酸俗称柠檬酸等。

4. 酚的命名

酚的命名一般是在"酚"字前面加上芳环的名称作母体；若芳环上有取代基，则将取代基的位次、数目、名称写在母体名称前面；若有多个酚羟基，要用汉字在"酚"字前面写出酚羟基的数目（小写）并在母体名称前标出位次。位次的确定是从酚羟基所连的碳原子开始为芳环编号，并采取最小编号原则。也可用邻、间、对、连、均、偏等汉

字表示。例如

苯酚　　　　2-氯苯酚　　　　2,6-二甲基苯酚
　　　　　　（邻-氯苯酚）

1,4-苯二酚　　1,2,3-苯三酚　　2,4,6-三硝基苯酚
（对-苯二酚）　（连-苯三酚）

5. 醚的命名

结构简单的醚，根据与氧原子相连接烃基来命名。单醚的名称是在烃基的名称前加"二"字，并把"基"字改成"醚"字（烃基是烷基时，"二"字可省略）；混醚的名称是在"醚"字前面加烃基名称，较小烃基在较大烃基之前，芳香烃基在脂肪烃基之前。（"基"可字省略）例如

$C_2H_5-O-C_2H_5$　　　　$C_6H_5-O-C_6H_5$　　　　$CH_3CH_2CH_2-O-C_6H_5$
（乙醚）　　　　　　（二苯醚）　　　　　　（苯丙醚）

结构复杂的醚常采用系统命名法命名。将醚分子中简单的烃基和醚键组合成烃氧基作为取代基，例如

2-甲氧基丁烷　　　　　　　　4-甲氧基-2-丁醇

环醚一般称为环氧某烃。例如

环氧乙烷　　1,4-环氧丁烷

总的来说，有机化合物的系统命名遵循基本相同的步骤与原则，即根据主要官能团确定母体，排列取代基列出顺序，写出化合物全称。基本格式如下：取代基的位次—数目及名称—官能团的位次—母体名称。

当有机物含有两个或以上不同官能团时，命名按下列顺序：羧基—醛基—羟基—氨基—烷氧基—烷基—卤素—硝基。排在前面的为母体，排在后面的为取代基。例如

$$\text{H-}\overset{\overset{\displaystyle O}{\|}}{\text{C}}\text{-CH}_2\text{-COOH} \qquad \text{CH}_3\text{-}\overset{\overset{\displaystyle O}{\|}}{\text{C}}\text{-CH}_2\text{-COOH}$$

3-羰基丙酸　　　　　　　　3-羰基丁酸

13.3　有机化合物的性质

13.3.1　烷烃

仅由碳和氢两种元素组成的有机化合物称为碳氢化合物，又叫烃。烷烃，即饱和烃，是只有碳碳单键和碳氢键的链烃，是最简单的一类有机化合物。烷烃分子里的碳原子之间以单键结合成链状（直链或含支链）外，其余化合价全部为氢原子所饱和。

1. 烷烃的通式

通式是指一类物质共同的分子式，它能代表这类物质中的每一个分子。最简单的烷烃是甲烷，分子式为 CH_4，依次还有乙烷、丙烷、丁烷、戊烷等，它们的分子式分别为 C_2H_6、C_3H_8、C_4H_{10}、C_5H_{12}。从这些分子的组成可以推出，烷烃分子中，若含有 n 个碳原子，则必然含有 $2n+2$ 个氢原子，因此烷烃的通式为 C_nH_{2n+2}（$n \geqslant 1$）。利用这个通式，只要知道烷烃分子所含的碳原子数，就可以写出此物质的分子式。例如，含 6 个碳原子的烷烃分子式为 C_6H_{14}。

2. 烷烃的同系列

烷烃分子中，随着碳原子的递增，分子形成一个系列，此系列中的化合物在组成上都相差一个或几个 CH_2。这种结构相似、组成上相差一个或几个"CH_2"的一系列化合物称为同系列，CH_2 称为同系差，同系列物质间互称为同系物。有机化合物中有很多同系列物质。各系列中的同系物之间由于结构相似，他们表现出来的理化性质也极为相似。

3. 烷烃的物理性质

有机化合物的物理性质一般包括物态、熔点、沸点、溶解度、相对密度及旋光度等。

(1) 物质存在状态。在常温常压下，$C_1 \sim C_4$ 的正烷烃以气体存在；$C_5 \sim C_{16}$ 的正烷烃以液体状态存在；C_{17} 以上的正烷烃则以固体的形式存在。

(2) 熔点。直链烷烃的熔点，基本上是随相对分子质量的增加而逐渐升高的。但熔点的升高并非是简单的直线关系，这是由于偶数碳原子的烷烃熔点增高的幅度比奇数碳原子升高的幅度要大一些。形成一条锯齿形的上升折线。一般对称性较好的烷烃分子，晶格排列较紧密，破坏这种排列较紧密的晶格需要较多的能量，所以熔点较高。反之，不对称排列的烷烃的熔点则较低。

(3) 沸点。正烷烃的沸点随着烷烃的碳原子数目的增加而呈现出有规律地升高的现象。但低级烷烃的沸点升高的幅度较大，而高级碳烷烃的沸点升高幅度则较小。这是因为物质沸点的高低是取决于分子之间作用力的大小。烷烃的碳原子数越多，分子间作用力越大，要使之沸腾就必须提供更高的能量，所以沸点越高。对于低级烷烃，随着碳原子的增加，使得相对分子质量增加很多，因此沸点增加明显。而对于相对分子质量较大的高级烷烃，随着碳原子的增加（每增加一个 CH_2），相对分子质量和分子体积增加的比例不大，因此沸点增加不明显。

（4）相对密度。所有烷烃的相对密度都比水小。但随着相对分子质量的增加，烷烃的密度也逐渐增加。

4. 烷烃的化学性质

烷烃分子中的碳碳键和碳氢键是稳定的，一般不和其他物质发生反应。但在一定条件下，烷烃也能参与某些化学反应。

1) 卤代反应

烷烃分子中的氢原子被卤素原子取代的反应称为卤代反应，卤素分子与烷烃反应的活泼顺序为：氟＞氯＞溴＞碘，氟的取代反应非常激烈，很难控制，而碘的反应却非常缓慢，因此一般发生的卤代反应都是指氯代和溴代。

烷烃和氯气混合物在常温和黑暗环境中几乎不发生反应，但在光线照射或高温下则发生反应。例如，甲烷在日光照射下，与氯气发生反应并放出大量的热。

$$CH_4 + Cl_2 \xrightarrow{光照} CH_3Cl + HCl$$
一氯甲烷

甲烷的卤代反应并不会自动停留在生成 CH_3Cl 这一步上，它们会继续反应生成 CH_2Cl_2、$CHCl_3$、CCl_4 的混合物。

$$CH_3Cl + Cl_2 \xrightarrow{光照} CH_2Cl_2 + HCl$$
二氯甲烷

$$CH_2Cl + Cl_2 \xrightarrow{光照} CHCl_3 + HCl$$
三氯甲烷（氯仿）

$$CHCl_3 + Cl_2 \xrightarrow{光照} CCl_4 + HCl$$
四氯甲烷（四氯化碳）

对于同一烷烃，不同级别的氢原子被取代的难易程度是不同的。经过实验得出结论，不同类型的氢原子被氯取代的活性顺序为：3°＞2°＞1°。

2) 氧化反应

（1）燃烧。常温常压下，烷烃不与氧气反应，但却可以在空气中燃烧，生成二氧化碳和水，并放出热量。

$$CH_4 + 2O_2 \xrightarrow{燃烧} CO_2 \uparrow + 2H_2O \quad \Delta H = -881 \text{kJ/mol}$$

（2）催化氧化。在一定条件下，烷烃也可以只氧化为含氧化合物，如在高锰酸钾、二氧化锰等催化剂作用下，用高级烷烃氧化，可制得高级脂肪酸。

$$RCH_2CH_2R' \xrightarrow[120℃，压力]{O_2，锰盐} RCOOH + R'COOH$$

13.3.2 烯烃的性质

链烃分子中，含有碳碳双键或叁键的烃称为不饱和烃。其中分子中含有碳碳双键的不饱烃称为烯烃。烯烃分子中由于含有一个碳碳双键，比相同碳原子数的烷烃少了 2 个氢原子。因此，烯烃的通式为 C_nH_{2n}（$n \geqslant 2$），最简单的烯烃为乙烯（C_2H_4）。

在常温、常压下烯烃的状态以及沸点、熔点等都与烷烃相似，均为无色物质。常温下 $C_2 \sim C_4$ 的烯烃为气体，$C_5 \sim C_{18}$ 的烯烃为液体，C_{18} 以上的烯烃为固体。双键位于链端的烯烃的异构体的沸点低于双键在碳链中间的异构体。直链烯烃的沸点略高于带支链的异构体。烯烃的密度均小于 $1g/cm^3$，但比相应烷烃的密度略高。烯烃一般难溶于水，易溶于有机溶剂，均溶于浓硫酸。

烯烃分子中碳碳双键的存在使烯烃具有很大的化学活性，易发生加成反应、氧化反应和聚合反应。

1. 加成反应

碳碳双键中的 π 键断裂，2 个原子或原子团分别加到不饱和键两端的碳原子上，得到饱和化合物，这类反应称为加成反应。

$$\begin{matrix} \diagdown \\ C=C \\ \diagup \end{matrix} \begin{matrix} \diagup \\ \\ \diagdown \end{matrix} + Y-Z \longrightarrow -\underset{Y}{\overset{|}{C}}-\underset{Z}{\overset{|}{C}}-$$

1) 催化加氢

烯烃在 Pt、Pd、Ni 等金属催化剂的存在下，可以与氢加成生成烷烃。

$$CH_3CH=CH_2 + H_2 \xrightarrow{催化剂} CH_3CH_2CH_3$$

2) 亲电加成

由于烯烃分子中 π 电子云均匀分布在碳碳双键平面的上、下方，这种结构使得它具有供电子能力，因此它易提供一对 π 电子而受到带正电的亲电性分子或离子进攻，从而接受 π 键的一对电子。这种在反应中可接受一对电子的试剂称为亲电试剂。由亲电试剂引起的加成反应叫亲电加成反应。

（1）加卤素。常温常压下，烯烃易与卤素（Cl_2、Br_2）发生加成反应。

$$CH_2=CH_2 + Br-Br \xrightarrow{CCl_4} \underset{Br}{\overset{|}{C}H_2}-\underset{Br}{\overset{|}{C}H_2}$$
1,2-二溴乙烷

烯烃与 F_2 反应太剧烈，难以控制，与碘则反应太慢。烯烃与溴水或溴的四氯化碳溶液反应时，溴的红棕色迅速消失成为无色，常以此法鉴定不饱和烃。

（2）加卤化氢。烯烃与卤化氢加成，生成相应的卤代烷。

$$CH_2=CH_2 + HI \longrightarrow CH_3-CH_2I$$
碘乙烷

同一烯烃与不同卤化氢反应时，反应活性的顺序为：HI＞HBr＞HCl。

烯烃与 HX、H_2SO_4、H_2O 这类的极性分子发生加成反应时，加在乙烯双键上的两部分是不一样的，这类试剂叫做不对称试剂。不对称试剂与乙烯（$CH_2=CH_2$）这样的对称烯烃反应时，产物只有一种；但与不对称烯烃反应时，加成产物却有 2 种。例如

$$CH_3CH=CH_2 + HCl \longrightarrow \underset{\underset{\text{2-氯丙烷}}{90\%}}{CH_3\underset{|}{C}HCH_3} + \underset{\underset{\text{1-氯丙烷}}{10\%}}{CH_3CH_2CH_2Cl}$$
$$Cl$$

俄国化学家马尔可夫尼可夫根据大量化学实验总结出经验规律：当不对称烯烃与不对称试剂发生加成反应时，不对称试剂中带正电部分总是加在氢较多的双键碳原子上，而带负电部分则加到含氢较少的双键碳原子上，此规律称为马氏规则。

如果有过氧化物存在，氢溴酸与不对称烯烃加成时，则反马氏规则进行。例如

$$CH_3CH=CH_2 + HBr \xrightarrow{\text{过氧化物}} CH_3CH_2CH_2Br$$

（3）加水。在酸的作用下，烯烃与水可发生加成反应，生成醇。例如

$$CH_3CH=CH_2 + H_2O \xrightarrow[\triangle]{H_2SO_4} \underset{\underset{\text{异丙醇}}{}}{CH_3\underset{|}{C}HCH_3}$$
$$\phantom{CH_3CH=CH_2 + H_2O \xrightarrow{H_2SO_4} CH_3}OH$$

（4）加硫酸。烯烃与硫酸加成符合马氏规则，加成产物硫酸氢酯，经水解后生成醇。

$$CH_3CH=CH_2 + H_2SO_4 \longrightarrow CH_3\underset{|}{C}HCH_3$$
$$OSO_3H$$

$$CH_3\underset{|}{C}HCH_3 + H_2O \xrightarrow{\triangle} CH_3\underset{|}{C}HCH_3 + H_2SO_4$$
$$OSO_3H \phantom{+ H_2O \xrightarrow{\triangle} CH_3} OH$$

以上两步反应的总体反应结果可看成烯烃与水加成生成醇，这是工业生产醇的一种常用方法，称为烯烃的间接水合法。

（5）加次卤酸。烯烃与次卤酸（HOX）加成，生成 β-卤代醇，一般反应是烯烃与溴或氯的水溶液反应。例如

$$CH_2=CH_2 + Cl_2 + H_2O \longrightarrow \underset{\text{2-氯乙醇}}{ClCH_2CH_2OH}$$

$$CH_3CH=CH_2 + Cl_2 + H_2O \longrightarrow \underset{\underset{\text{1-氯-2-丙醇}}{}}{CH_3\underset{|}{C}HCH_2Cl}$$
$$OH$$

2. α-H 的卤代反应

烯烃中与碳碳双键直接相连的碳原子上的氢原子称为 α-H 原子，由于受碳碳双键的影响，α-H 表现出较高的活性。在高温或光照条件下可与卤素发生卤代反应，生成相

应的卤代烯烃。例如

$$CH_3CH=CH_2 + Cl_2 \xrightarrow{500℃} CH_2CH=CH_2 + HCl$$
$$\phantom{CH_3CH=CH_2 + Cl_2 \xrightarrow{500℃} \ \ }|$$
$$\phantom{CH_3CH=CH_2 + Cl_2 \xrightarrow{500℃}\ \ }Cl$$

3. 氧化反应

烯烃很容易发生氧化反应，根据氧化剂氧化能力的差异，碳碳双键的断裂方式不同，得到的氧化产物也不同。

在中性或碱性条件下，烯烃与冷、稀的高锰酸钾溶液发生反应时，双键中的 π 键被打开，生成邻二醇。例如

$$RCH=CH_2 + KMnO_4 + H_2O \longrightarrow RCH-CH_2 + KOH + MnO_2 \downarrow$$
$$|\ \ \ |$$
$$OH\ OH$$

当烯烃与酸性高锰酸钾反应时，以双键结合的每一个碳原子被氧化成羰基 $\left(\diagdown C=O\right)$，与双键碳原子结合的氢原子被氧化成羟基（—OH）。

$$RCH=CH_2 \xrightarrow{KMnO_4/H^+} R-\overset{O}{\overset{\|}{C}}-OH + HO-\overset{O}{\overset{\|}{C}}-OH \longrightarrow CH_2\uparrow + H_2O$$

羧酸

$$\underset{R'}{\overset{R}{\diagdown}}C=C\underset{H}{\overset{R''}{\diagup}} \xrightarrow{KMnO_4/H^+} R-\overset{O}{\overset{\|}{C}}-R' + R''-\overset{O}{\overset{\|}{C}}-OH$$

酮　　羧酸

4. 烯烃的聚合反应

在催化剂的作用下，烯烃碳碳双键断裂，同时发生烯烃分子间的加成反应，得到长链的大分子或高分子化合物。这种由相对分子质量较低的化合物结合成为相对分子质量较高的化合物的反应称为聚合反应。聚合反应中参加反应的低分子量化合物称为单体，生成的高分子化合物称为聚合物。例如

$$nCH_2=CH_2 \xrightarrow[\text{温度，压力}]{\text{少量}O_2} \ce{[CH_2-CH_2]}_n$$

聚乙烯

$$nCH_2=CH_2 \xrightarrow[\text{温度，压力}]{Al(C_2H_5)_3-TiCl_4} \ce{[CH-CH_2]}_n$$
$$|\phantom{\xrightarrow[\text{温度，压力}]{Al(C_2H_5)_3-TiCl_4} \ce{[CH-CH_2]}_n\ }|$$
$$CH_3\phantom{\xrightarrow[\text{温度，压力}]{Al(C_2H_5)_3-TiCl_4} \ce{[CH-}}CH_3$$

聚异丙烯

聚烯烃广泛应用于塑料、化学纤维和橡胶等合成材料工业中。

13.3.3 炔烃的性质

炔烃的物理性质与烷烃、烯烃相似，低级炔烃在常温、常压下是气体，但沸点比相应碳原子数的烯烃略高。随着碳原子数目的增多，它们的沸点也相应升高，炔烃的碳碳叁键在碳链中间时的溶点和沸点比在碳链末端时要高。

炔烃的化学性质主要表现在它的碳碳叁键的反应上。

1. 加成反应

1）催化加氢

在催化剂（Pt、Ni、Pd）作用下，炔烃与氢能发生加成反应生成烷烃。例如

$$CH_3C\equiv CH \xrightarrow{H_2}{Pt} CH_3CH=CH_2 \xrightarrow{H_2}{Pt} CH_3CH_2CH_3$$

2）亲电加成反应

(1) 加卤素。炔烃与卤素的加成在常温下迅速发生。

$$CH_3C\equiv CH \xrightarrow{Br_2} CH_3CBr=CHBr \xrightarrow{Br_2} CH_3CBr_2-CHBr_2$$

1,1,2,2-四溴丙烷

(2) 加卤化氢。不对称炔烃加成时按马氏规则进行。

$$RC\equiv CH + HBr \longrightarrow RCBr=CH_2 \xrightarrow{HBr} RCBr_2-CH_3$$

卤化氢与炔烃反应的活性顺序为：HI＞HBr＞HCl。

2. 氧化反应

炔烃与烯烃一样，也能被氧化剂 $KMnO_4$ 所氧化并能使其退色，但褪色速度比烯烃慢。高锰酸钾的氧化一般可使炔烃的叁键断裂，最终得到羧酸或完全氧化为二氧化碳。

$$RC\equiv CH \xrightarrow[H_2O]{KMnO_4} RCOOH + CO_2\uparrow$$

$$RC\equiv CR' \xrightarrow[H_2O]{KMnO_4} RCOOH + R'COOH$$

当烯烃和炔烃的碳碳不饱和键在末端时，不饱和键断裂生成二氧化碳，当不饱和键在中间位置时，则氧化产物为2分子的羧酸。因此，我们可根据氧化产物的种类分析、确定烯烃和炔烃的结构及不饱和键的位置。

3. 生成金属炔化物的反应

炔烃分子与叁键相连的氢原子活泼性加大，炔烃显示出弱酸性。因此，具有末端叁键的炔烃（含 $-C\equiv CH$ 的结构）易被某些金属原子取代生成金属炔化物，如乙炔气

体通过加热熔融的金属钠时，可生成乙炔钠和乙炔二钠。

$$HC\equiv CH \xrightarrow{Na} HC\equiv CHa \xrightarrow{Na} NaC\equiv CHa$$
乙炔钠　　　乙炔二钠

具有末端叁键的炔烃与氨基钠反应时，叁键上的氢原子可被钠原子取代。

$$RC\equiv CH + NaNH_2 \xrightarrow{液氨} RC\equiv CHa + NH_3$$

具有末端叁键的炔烃与某些重金属取代反应，生成重金属炔化物，如将乙炔通入硝酸银或氯化亚铜的氨溶液中，则分别生成白色的乙炔银和棕色的乙炔亚铜沉淀。

$$HC\equiv CH + 2[Ag(NH_3)_2]NO_3 \longrightarrow AgC\equiv CAg\downarrow + 2NH_3 + 2NH_4NO_3$$
乙炔银（白色）

$$HC\equiv CH + [Cu_2(NH_3)_4]Cl_2 \longrightarrow CuC\equiv CCu\downarrow + 2NH_3 + 2NH_4Cl$$
乙炔亚铜（棕色）

上述两反应极为灵敏，现象明显，常用此方法鉴别末端叁键的炔烃（RC≡CH）结构特征。

$$RC\equiv CH \xrightarrow{[Ag(NH_3)_2]NO_3} RC\equiv CAg\downarrow$$
炔化银（白色）

$$RC\equiv CH \xrightarrow{[Cu_2(NH_3)_4]Cl_2} RC\equiv CCu\downarrow$$
炔化亚铜（棕色）

由于生成的重金属炔化物遇酸易分解为原来的炔烃，因此，可利用此法将末端叁键的炔烃从混合物中分离提纯出来。但必须注意的是，炔化银或炔化亚铜在溶液中较稳定，但在干燥时或受到撞击时会发生爆炸，因此，实验后要将生成的金属炔化物加入硝酸使之分解。

13.3.4 环烃

环烃包括脂肪烃和芳香烃两大类。脂环烃是指具有类似脂肪烃的性质而分子中含有碳环结构的烃类。

1. 环烷烃的化学性质

环烷烃的性质与烷烃相似，具有饱和性，不活泼，但在一定条件下能发生取代反应和氧化反应；同时环烷烃的性质与烯烃也相似，由于环的张力作用，易开环发生加成反应。

1) 卤代反应

在光照或高温下，环烷烃与烷烃一样，可以发生卤代反应生成卤代环烷烃。例如

环戊烷 + Br$_2$ $\xrightarrow{300℃}$ 溴代环戊烷 + HBr

甲基环己烷 + Cl$_2$ $\xrightarrow{光照}$ 1-甲基-1-氯环己烷 + HCl

2）开环加成反应

环烷烃的碳环被打开，试剂加到打开处的两个碳原子上，形成链状的化合物，这种反应通常称为开环加成反应。

（1）催化加氢。在催化剂作用下，环烷烃与1分子氢气发生加成反应，生成烷烃。例如

$$\triangle + H_2 \xrightarrow[80℃]{Ni} CH_3CH_2CH_3$$

$$\square + H_2 \xrightarrow[200℃]{Ni} CH_3CH_2CH_2CH_3$$

环戊烷在较高温度和加压才能反应，环己烷或更大环的环烷烃催化加氢非常困难。不难看出，环烷烃与氢气反应活性顺序为：环丙烷＞环丁烷＞环戊烷＞环己烷。

（2）加卤素。环丙烷与烯烃相似，在常温下可以与卤素发生加成反应，而环丁烷则较难发生。

$$\triangle + Br_2 \xrightarrow{CCl_4} CH_2CH_2CH_2 \atop \ \ \ |\ \ \ \ \ \ \ \ | \atop Br\ \ \ \ \ \ Br$$

1,3-二溴丙烷

$$\square + Br_2 \xrightarrow{\triangle} CH_2CH_2CH_2CH_2 \atop |\ \ \ \ \ \ \ \ \ \ \ \ \ \ \ | \atop Br\ \ \ \ \ \ \ \ \ \ \ Br$$

1,4-二溴丁烷

环戊烷以上的环烷烃与卤素发生加成反应非常困难，高温时发生卤代反应。

（3）加卤化氢。环丙烷、环丁烷容易与卤化氢发生开环加成反应，产物为卤代烷。例如

$$\triangle + HBr \longrightarrow CH_3CH_2CH_2 \atop |\atop Br$$

1-溴丙烷

$$\square + HBr \xrightarrow{\triangle} CH_3CH_2CH_2CH_2 \atop |\atop Br$$

1-溴丁烷

环丙烷的衍生物与卤化氢发生开环加成反应时遵循马氏规则，卤原子加到含氢最少的碳原子上。例如

$$\overset{CH_3}{\underset{CH_3}{\triangle}} + HBr \longrightarrow (CH_3)_2\!-\!CCH_2CH_3 \atop |\atop Br$$

2-甲基-2-溴丁烷

3) 氧化反应

在常温下,环烷烃与氧化剂(如高锰酸钾、臭氧等)不发生反应,即使是环丙烷,常温下也不能使高锰酸钾溶液褪色,以此鉴别环烷烃和烯烃。但加热或有催化剂时,与强氧化剂如硝酸或空气存在,环烷烃可以被氧化,环破裂生成二元酸。例如

$$\text{环己烷} + O_2 \xrightarrow[100℃, 1.0×10^6 \text{Pa}]{\text{钴,醋酸}} \begin{array}{c} CH_2CH_2COOH \\ | \\ CH_2CH_2COOH \end{array}$$
己二酸

2. 单环芳烃的性质

芳香烃简称芳烃,是芳香族化合物的母体。"芳香"二字来源于有机化学发展初期,是指从天然的树脂、香精油中提取得到的有芳香气味的一类物质,由于当初尚未搞清它们的结构,仅根据其中多数化合物有芳香气味这一特征,统称为芳香族化合物。显然,以气味来划分物质是不科学的。后来发现其在性质上与比较熟悉的脂肪族化合物有显著差异,例如从组成上看是有高度的不饱和性,却不容易发生加成和氧化反应而较易发生取代反应,这种特性被称为芳香性。现在沿用的"芳香族化合物"一词,已失去原有的含义。随着有机化合物的增多和深入研究,证明它们基本上都是苯的同系物、多苯环化合物及其衍生物。

苯及其同系物一般为无色液体,易挥发,相对密度小于1,一般在0.8～0.9,不溶于水,是许多有机物的良好溶剂。它们的蒸气有毒,尤其是苯,对呼吸道、神经系统和造血器官产生损害,因此大量和长期接触时需要注意防护。

由于苯环特殊的稳定性,有芳香性。表现在化学性质上,苯环结构稳定,难发生加成和氧化反应,易发生卤代、硝化、磺化和傅克烷基化等取代反应。

1) 取代反应

(1) 卤代反应。在路易斯酸(如 $FeCl_3$、$AlCl_3$、$FeBr_3$ 等)催化下,苯环上的氢原子被卤原子取代生成卤代苯的反应,称为卤代反应。不同卤素,反应活性也不同。氟最活泼,反应不易控制而无实际意义,碘过于稳定,不易发生反应,所以卤代反应通常是指苯与氯、溴的反应。例如

$$\text{苯} + Br_2 \xrightarrow{FeBr_3} \text{溴苯} + HBr$$

卤素与卤代苯继续作用,生成少量的二卤代苯,主要产物为邻位和对位。例如

$$2\,\text{溴苯} + Br_2 \xrightarrow{FeBr_3} \text{邻二溴苯} + \text{对二溴苯} + 2HBr$$

烷基苯的卤代反应比苯容易进行，主要也生成邻、对位产物。但在光照或高温条件下，则卤代反应发生在侧链烷基α-氢原子上。例如

$$CH_3-C_6H_5 \xrightarrow{Cl_2, FeCl_3} \text{邻氯甲苯} + \text{对氯甲苯}$$

$$CH_3-C_6H_5 \xrightarrow{Cl_2, 光照} \text{氯（化）苄} \xrightarrow{Cl_2, 光照} \text{苯二氯甲烷} \xrightarrow{Cl_2, 光照} \text{苯三氯甲烷}$$

由此可见，反应条件不同，卤代反应的位置不同，产物也不同。这是因为两者反应机理不同，前者为离子型取代反应，而后者为自由基取代反应。

(2) 硝化反应。苯与浓硝酸和浓硫酸的混合物（混酸）共热，苯环上的氢原子被硝基（—NO_2）取代，生成硝基苯的反应，称为硝化反应。

$$C_6H_6 + HNO_3 \xrightarrow[50\sim60℃]{浓H_2SO_4} C_6H_5NO_2 \text{（硝基苯）} + H_2O$$

硝基苯为浅黄色油状液体，有苦杏仁味，其蒸气有毒。硝基苯的进一步硝化比苯难，需要更高温和发烟硝酸作为硝化剂，主要生成间位产物。

$$C_6H_5NO_2 + HNO_3\text{（发烟）} \xrightarrow[100℃]{浓H_2SO_4} \text{间二硝基苯} + H_2O$$

烷基苯发生硝化反应比苯容易，且主要生成邻、对位产物。例如

$$CH_3-C_6H_5 \xrightarrow[30℃]{混酸} \text{邻硝基甲苯} + \text{对硝基甲苯}$$

如果继续发生硝化反应，则60℃时主要产物为2,4-二硝基甲苯，100℃时主要产物为2,4,6-三硝基甲苯（TNT）。

(3) 磺化反应。苯和浓硫酸或发烟硫酸共热时，苯环上的氢原子被磺酸基（—SO_3H）取代，生成苯磺酸的反应，称为磺化反应。

$$\text{C}_6\text{H}_6 + \text{H}_2\text{SO}_4 \rightleftharpoons \text{C}_6\text{H}_5\text{-SO}_3\text{H} + \text{H}_2\text{O}$$
（苯磺酸）

磺化反应为可逆反应，为了使反应正向进行，常用发烟硫酸（其中的三氧化硫能结合水分子）作磺化剂。苯磺酸是一种强酸，易溶于水难溶于有机溶剂。在磺化反应的混合物中通入水蒸气或将苯磺酸与稀硫酸一起加热，可以脱去磺酸基，故在有机合成上很重要。苯磺酸在高温下，磺化反应可以继续进行，生成间苯二磺酸。

烷基苯比苯更容易磺化，且在常温下主要生成对位产物和少量邻位产物。例如

$$\text{C}_6\text{H}_5\text{CH}_3 \xrightarrow{\text{H}_2\text{SO}_4} \text{o-CH}_3\text{C}_6\text{H}_4\text{SO}_3\text{H} + \text{p-CH}_3\text{C}_6\text{H}_4\text{SO}_3\text{H}$$

温度	邻甲基苯磺酸	对甲基苯磺酸
0℃	43%	53%
25℃	32%	62%
100℃	13%	79%

（4）傅-克反应。傅瑞德（C. Friedel）和克拉夫茨（J. M. Crafts）反应简称傅-克反应，它包含烷基化和酰基化两类反应。

在无水三氯化铝等催化剂存在下，苯与卤代烷（RX）反应，苯环上的氢原子被烷基取代生成烷基苯，称为傅-克烷基化反应。例如

$$\text{C}_6\text{H}_6 + \text{CH}_3\text{CH}_2\text{Cl} \xrightarrow{\text{无水AlCl}_3} \text{C}_6\text{H}_5\text{CH}_2\text{CH}_3 + \text{HCl}$$

当烷基化试剂有3个或3个以上碳原子的直链烷基时，由于碳正离子的重排，生成异构化产物为主要产物。例如

$$\text{C}_6\text{H}_6 + \text{CH}_3\text{CH}_2\text{CH}_2\text{Cl} \xrightarrow{\text{无水AlCl}_3} \text{C}_6\text{H}_5\text{CH(CH}_3)_2 + \text{C}_6\text{H}_5\text{CH}_2\text{CH}_2\text{CH}_3$$

重排产物，65%　　　35%

无水三氯化铝是傅-克烷基化反应常用的催化剂。此外，还可用 FeCl_3、BF_3、HF、H_2SO_4 等路易斯酸，除卤代烷外，烯烃或醇也可作为烷基化试剂。例如

$$\text{C}_6\text{H}_6 + \text{CH}_3\text{CH}=\text{CH}_2 \xrightarrow{\text{HF}} \text{C}_6\text{H}_5\text{CH(CH}_3)_2$$

$$\text{C}_6\text{H}_6 + \text{CH}_3\text{CHCH}_2\text{CH}_3 \xrightarrow{\text{H}_2\text{SO}_4} \text{C}_6\text{H}_5\text{CH(CH}_3)\text{CH}_2\text{CH}_3$$
　　　　　　　　|
　　　　　　　OH

当苯环上有硝基、磺酸基等强吸电子基时，则不能发生傅-克烷基化反应，所以常用硝基苯作为烷基化反应的溶剂。

在无水三氯化铝等催化剂存在下，苯与酰氯（RCOX）或酸酐（RCOOCOR1）反应，苯环上的氢原子被酰基（RCO—）取代，生成酰基苯（或芳酮），称为傅-克酰基化反应。例如

$$\text{苯} + CH_3-\underset{O}{\overset{\|}{C}}-Cl \xrightarrow{\text{无水}AlCl_3} \text{苯乙酮} + HCl$$

2）加成反应

（1）催化加氢。在加热、加压和催化剂（Pt、Ni）作用下，苯能与3分子氢加成生成环己烷。

$$\text{苯} + 3H_2 \xrightarrow[180\sim 250℃]{Ni} \text{环己烷}$$

（2）加氯。在紫外线照射下，苯可以和3分子氯发生加成反应生成六氯环己烷。

$$\text{苯} + 3Cl_2 \xrightarrow{\text{紫外光}} \text{六氯环己烷}$$

六氯环己烷俗称六六六，曾作为农药使用，但由于它的化学稳定性，不易分解，残毒性较大而被淘汰，很多国家都已禁止使用。

3）氧化反应

（1）苯环的氧化。苯环不易氧化，对一般氧化剂如高锰酸钾等是稳定的。但在强烈的条件如高温和五氧化二钒催化下，苯可以被空气氧化，生成顺丁烯二酸酐。

$$\text{苯} + O_2 \xrightarrow[450\sim 500℃]{V_2O_5} \text{顺丁烯二酸酐}$$

（2）苯环上侧链的氧化。在强氧化剂（如 $KMnO_4/H_2SO_4$、$K_2Cr_2O_7/H_2SO_4$）作用下，苯环上含 α-H 的侧链能被氧化，不论侧链多长，氧化产物均为苯甲酸。

$$\text{甲苯} \xrightarrow[\triangle]{KMnO_4/H^+} \text{苯甲酸}$$

$$\underset{}{\underset{CH_2CH_3}{\overset{CH_3}{\text{C}_6H_4}}} \xrightarrow[\triangle]{KMnO_4/H^+} \underset{\text{邻苯二甲酸}}{\underset{COOH}{\overset{COOH}{\text{C}_6H_4}}}$$

$$\underset{C(CH_3)_3}{\overset{CH(CH_3)_2}{\text{C}_6H_4}} \xrightarrow[\triangle]{KMnO_4/H^+} \underset{C(CH_3)_3}{\overset{COOH}{\text{C}_6H_4}}$$

3. 苯环亲电取代反应的定位规律

苯环上原有取代基的底物，在进行亲电取代反应时，环上已存在的取代基对底物活性及第二个取代基进入苯环的位置产生不同的影响。

在一元取代苯的亲电取代反应中，新进入的取代基可以取代邻位、间位或对位上的氢原子，生成 3 种不同的取代物。一元取代苯有 2 个邻位、2 个间位和 1 个对位氢原子，如果新取代基取代这 5 个氢原子的机会是均等的，生成的产物应当是 3 种取代物的混合物，其中邻位 40%、间位 40%、对位 20%，但实际上主要产物只有 1 种或 2 种。

在讨论苯环亲电取代反应时提到，甲苯的硝化反应主要生成邻硝基甲苯和对硝基甲苯 2 种产物，在甲苯的卤代、磺化、烷基化等反应的研究中，也得到相似的结果，而硝基苯的硝化反应情况就不同了，主要得到间二硝基苯 1 种产物。

第二个基团进入一元取代苯的位置和难易程度，主要取决于原有基团的结构。苯环上原有的基团称为定位基，定位基对苯环亲电取代反应有 2 种效应：①定位效应，即第二个基团主要进入定位基的邻、对位还是间位的效应；②活化或钝化效应，也就是更容易或更难发生亲电取代反应的效应。通过对大量实验结果的归纳，根据在亲电取代反应中的定位效应，可以把苯环上的定位基分为两类：

(1) 邻、对位定位基（又称第一类定位基），在亲电取代反应中使新引入的基团主要进入它的邻、对位（邻＋对＞60%），同时使苯环活化（卤素除外）。常见的邻对位定位基有：

$-\ddot{N}R_2$、$-\ddot{N}HR$、$-\ddot{N}H_2$、$-\ddot{O}H$、$-\ddot{O}R$、$-\ddot{N}HCOR$、$-R(-CH_3)$、$-\ddot{X}(-Cl、-Br)$
    氨基   羟基 烷氧基   烷基   卤素

邻、对位定位基的结构特点是，与苯环直接相连的原子带有未共用电子对。

(2) 间位定位基（又称第二类定位基），在亲电取代反应中使新进入的基团主要进入它的间位（间位＞40%），同时使苯环钝化。常见的间位定位基有：

$-\overset{+}{N}R_3$、$-\overset{O}{\underset{O}{N}}$、$-C\equiv N$、$-\overset{O}{\underset{}{C}}-OH$、$-\overset{O}{\underset{}{C}}-H$、$-\overset{O}{\underset{O}{S}}-OH$
     硝基   羧基   醛基   磺酸基

间位定位基的结构特点是，与苯环直接相连的原子带正电荷或有重键。

两类定位基的活化或钝化强弱不同，其强度次序见表13-3。

表13-3 常见邻、对位和间位定位基的定位效应

邻、对位定位基	定位效应	间位定位基
—NR_2、—NHR、—NH_2	强	—N^+R_3
—OH	↓	—NO_2
—OR		—CN
—NHCOR		—COOH
—R	弱	—CHO
—X		—SO_3H

13.3.5 卤代烃的性质

烃分子中一个或几个氢原子被卤原子（氟、氯、溴、碘）取代后生成的化合物，称为卤代烃。一般以 RX 或 ArX 表示，卤原子是其官能团。常见的卤代烃是氯代烃、溴代烃和碘代烃，而氟代烃因制法、性质和用途比较特殊，不在本书中讨论之列。

在室温下，除氯甲烷、溴甲烷、氯乙烷、氯乙烯等为气体外，一般卤代烃均为液体，C_{15} 以上的高级卤代烷为固体。

除一氯代烃外，多数卤代烃都比水重。具有相同烃基的卤代烃，它们的沸点和相对密度依氯代烃、溴代烃、碘代烃的次序而递增。在卤素相同的卤代烃中，它们的沸点随碳原子数的增加而增高，而相对密度则随碳原子数的增加而降低。在异构体中，支链越多，沸点越低，相对密度也越低。

卤代烃均不溶于水，而易溶于乙醇、乙醚、烃等有机溶剂。有些卤代烃本身也是常用的有机溶剂，如二氯甲烷、氯仿、四氯化碳等。

卤原子是卤代烃的官能团，卤代烃的许多化学性质都是由于卤原子的存在而引起的。由于卤素的电负性比碳大，卤素产生吸电子的诱导效应，使得α-碳和β-氢成为卤代烃的2个反应活性中心。卤代烃的化学反应主要表现在亲核取代反应和消除反应。现以卤代烷为例，来讨论卤代烃的主要化学性质。

1. 亲核取代反应

由于 C—X 键是极性共价键，共用电子对偏向卤原子，使碳原子带有部分正电荷，它容易受在反应中可提供一对电子的亲核试剂（简写为 Nu^-），如带有负电荷的 OH^-、OR^- 等，或带有未共用电子对的 H—Ö∶H、NH_3 等中性分子的进攻，然后卤素带走了碳卤键间的一对电子，以负离子的形式离开，而带正电荷的碳接受亲核试剂上的一对电子形成新的共价键。

$$R\overset{\delta^+}{-}\overset{\delta^-}{C}\to X + Nu^- \longrightarrow R-C-Nu + X^-$$

底物　　　　　亲核试剂　　　　产物　　　　离去基团

反应是由于亲核试剂的进攻而发生的取代,所以称为亲核取代反应(简写为 SN 反应)。反应中被亲核试剂进攻的物质叫做底物;卤素被 Nu^- 取代后,以负离子形式离去,叫做离去基团。

(1) 被羟基取代。卤代烷与氢氧化钠或氢氧化钾水溶液共热,卤原子被羟基(—OH)取代生成醇,此反应称为卤代烷的水解反应。例如

$$CH_3CH_2Cl + NaOH \xrightarrow[\triangle]{H_2O} CH_3CH_2OH + NaCl$$

(2) 被烷氧基取代。卤代烷与醇钠作用,在相应的醇中,卤原子被烷氧基(—OR)取代生成醚,此反应称为卤代烷的醇解反应。例如

$$CH_3CH_2CH_2CH_2Cl + NaOC_2H_5 \xrightarrow[\triangle]{C_2H_5OH} CH_3CH_2CH_2CH_2OC_2H_5 + NaCl$$
乙正丁醚

这是制备醚(特别是混合醚)最常用的方法,称为威廉姆逊(Williamson)合成法。

(3) 被氰基取代。卤代烷与氰化钠或氰化钾的醇溶液共热,则卤原子被氰基(—CN)取代生成腈,此反应称为卤代烷的氰解反应,腈水解即得羧酸。例如

$$CH_3CH_2CH_2CH_2Br + NaCH \xrightarrow[\triangle]{C_2H_5OH} CH_3CH_2CH_2CH_2CN + NaBr$$
戊腈

$$CH_3CH_2CH_2CH_2CN \xrightarrow[H_2O]{H^+} CH_3CH_2CH_2CH_2COOH$$
戊酸

生成的腈和羧酸比原来卤代烷多一个碳,这是有机合成中增长碳链的方法之一。

(4) 被氨基取代。卤代烷与氨作用,卤原子被氨基(—NH$_2$)取代生成胺,此反应称为卤代烷的氨解反应。例如

$$CH_3CH_2CH_2CH_2Cl + 2NH_3(过量) \xrightarrow[\triangle]{C_2H_5OH} CH_3CH_2CH_2CH_2NH_2 + NH_4Cl$$
正丁胺

(5) 与硝酸银反应。卤代烷与硝酸银醇溶液反应,生成卤化银沉淀,同时生成硝酸酯。例如

$$CH_3CH_2Cl + AgNO_2 \xrightarrow[\triangle]{C_2H_5OH} CH_3CH_2ONO_2 + AgCl\downarrow$$
硝酸乙酯

不同卤代烷的反应的活性次序是:叔卤代烷＞仲卤代烷＞伯卤代烷。当烷基相同时,卤代烷的反应活性顺序是:R—I＞R—Br＞R—Cl。此反应在有机分析中常用来检验卤代烷。

2. 消除反应

如前所述,伯卤代烷与稀、强碱(如稀氢氧化钠)的水溶液共热时,主要发生取代反应生成醇。但与浓、强碱(如浓氢氧化钾或氢氧化钠)的乙醇溶液共热时,则主要发生消除反应(简写为 E 反应),消去 1 分子卤化氢生成烯烃。

$$R-\underset{\underset{H}{|}}{CH}-\underset{\underset{X}{|}}{CH_2} \xrightarrow[\triangle]{KOH/C_2H_5OH} R-CH=CH_2 + KX + H_2O$$

由反应式可以看出,卤代烷分子中 β-碳原子上必须有氢原子时,才有可能进行消除反应。

如果是 2-溴丁烷与浓氢氧化钾的乙醇溶液共热,消除一分子溴化氢时,可能生成两种产物为 1-丁烯和 2-丁烯。

$$CH_3-\underset{\underset{H}{|}}{CH}-\underset{\underset{Br}{|}}{CH}-\underset{\underset{H}{|}}{CH_2} \xrightarrow[\triangle]{KOH/C_2H_5OH} \underset{\text{产率 } 81\%}{CH_3CH=CHCH_3} + \underset{19\%}{CH_3CH_2CH=CH_2}$$

实验表明,仲或叔卤代烃脱去卤化氢时,主要是含氢较少的 β-碳原子上脱去氢原子,换句话说,主要是生成双键碳原子上连有较多烃基的烯烃,这一经验规律称为札依采夫(Saytzeff)规则。

卤代烷消除的活性顺序是:叔卤代烷>仲卤代烷>伯卤代烷。

取代反应和消除反应是卤代烷与碱同时发生的相互竞争的反应。在稀碱的水溶液中,有利于取代反应;在浓碱的醇溶液中,有利于消除反应。此外,升高温度也有利于消除反应。

3. 与金属的反应

卤代烃能与多种金属如 Mg、Li、Al 等反应生成金属有机化合物(含有金属碳键的化合物)。例如,卤代烷与镁在无水乙醚(或称干醚)中作用,生成格利雅试剂,简称为格氏试剂,一般用 RMgX 表示。

$$R-X + Mg \xrightarrow{\text{无水乙醚}} RMgX \qquad (X=Cl,Br,I)$$

烷基卤化镁

与金属镁反应时,卤代烷的活性顺序是:碘代烷>溴代烷>氯代烷。其中氯代烷的活性最小,而碘代烷价格昂贵,实验室一般用溴代烷来制备格氏试剂。

格氏试剂中的金属碳键是极强的极性键,性质非常活泼,能与氨、水、卤化氢、醇、酸和末端炔等含有活泼氢的化合物反应,格氏试剂被分解,生成相应的烷烃。

$$RMgX + H-Y \longrightarrow RH + Mg\begin{matrix}X\\Y\end{matrix}$$

$$(Y=NH_2, OH, X, OR, C\equiv CR)$$

$$RMgX \xrightarrow{CO_2} R-\underset{\underset{}{\overset{O}{\|}}}{C}-OMgX \xrightarrow[H_2O]{H^+} R-\underset{\underset{}{\overset{O}{\|}}}{C}-OH$$
羧酸

格氏试剂与醛、酮、酯、酰卤、环氧乙烷、二氧化碳等化合物反应生成醇或羧酸,在有机合成中具有重大应用价值,格利雅在1912年因发现格氏试剂而获得诺贝尔化学奖。

13.3.6 醇、酚和醚

1. 醇的性质

水分子中去掉一个氢原子所剩下的基团称为羟基（—OH）。脂肪烃、脂环烃或芳香烃侧连上的氢原子被羟基取代而生成的化合物称为醇。例如

$$CH_3-CH_2-OH \qquad \text{(环己基)}-OH \qquad \text{(苯基)}-CH_2-OH$$

醇分子中的羟基又称醇羟基,醇的主要化学特征是由醇羟基引起的,故醇羟基是醇的官能团。

含4个碳原子以下的直链饱和一元醇,为有酒味的无色透明液体,含$C_5 \sim C_{11}$为具有难闻气味的油状液体,12个以上碳原子的醇在室温下为无嗅无味的蜡状固体。

低级醇分子间能形成氢键使分子缔合,因而其沸点比相应的烷烃高得多。随着碳链的增长,烃基的增大,阻碍氢键的形成,其沸点与相应烷烃沸点差距越来越小。碳原子数目相同的醇,所含支链越多,沸点则越低。

甲醇、乙醇、丙醇能与水任意混溶,从正丁醇起在水中的溶解度显著降低,到癸醇以上则几乎不溶于水。

低级醇还能和一些无机盐类如氯化钙、氯化镁等形成结晶醇,如$CaCl_2 \cdot 4CH_3OH$、$MgCl_2 \cdot 6CH_3OH$、$CaCl_2 \cdot 4C_2H_5OH$等。因此,不能用无水氯化钙作为醇类物质的干燥剂。结晶醇不溶于有机溶剂而溶于水,可利用这一性质将醇与其他有机化合物分开。

醇的化学反应主要是O—H键断裂,氢原子被取代,以及C—O键断裂,羟基被取代或脱去羟基的反应。

$$R-\overset{|}{\underset{|}{C}}{\vdots}O{\vdots}H$$

1) 与活泼金属的反应

醇与某些活泼金属（Na、K、Mg、Al等）反应,羟基中的氢原子被取代生成醇的金属化合物和氢气,并放出热量。

饱和一元醇的反应通式

$$2R-OH + 2Na \longrightarrow 2R-ONa + H_2\uparrow$$
醇　　　　　　　　醇钠

例如　　$2CH_3CH_2OH + 2Na \longrightarrow 2CH_3CH_2ONa + H_2\uparrow$
乙醇　　　　　　　　乙醇钠

此反应比金属钠与水反应缓和的多，放出的热也不足以使氢气燃烧。故常利用醇与钠的反应销毁残余的金属钠，而不发生燃烧和爆炸。

结构不同的醇，反应活性不同。一般规律是：甲醇＞伯醇＞仲醇＞叔醇。

生成的醇钠是白色固体，能溶于醇，遇水分解生成氢氧化钠和醇。

$$R-ONa + H_2O \longrightarrow R-OH + NaOH$$

2）与无机含氧酸反应

醇与无机含氧酸（如亚硝酸、硝酸、磷酸等）反应，醇的碳氧键断裂，羟基被无机酸的负离子取代而生成无机酸酯。例如：

$$(CH_3)_2CHCH_2CH_2OH + HONO \longrightarrow (CH_3)_2CHCH_2CH_2ONO + H_2O$$
异戊醇　　　　　亚硝酸　　　　　亚硝酸异戊酯
（治疗心绞痛药物）

$$\begin{array}{c}CH_2OH\\|\\CHOH\\|\\CH_2OH\end{array} + HONO_2 \xrightarrow[10℃]{浓H_2SO_4} \begin{array}{c}CH_2ONO_2\\|\\CHONO_2\\|\\CH_2ONO_2\end{array} + 3H_2O$$
三硝酸甘油酯　（硝化甘油）

$$\underset{磷酸一酯}{R-O-\overset{\overset{O}{\|}}{\underset{\underset{OH}{|}}{P}}-OH} \qquad \underset{磷酸二酯}{R-O-\overset{\overset{O}{\|}}{\underset{\underset{O-R}{|}}{P}}-OH} \qquad \underset{磷酸三酯}{R-O-\overset{\overset{O}{\|}}{\underset{\underset{O-R}{|}}{P}}-O-R}$$

磷酸酯广泛存在与有机体内，具有重要作用。例如细胞的重要组成成分核酸、磷脂和供能物质三磷酸腺苷（ATP）中都有磷酸酯结构，体内的某些代谢过程是通过具有磷酸酯结构的中间体完成的。

3）氧化反应

有机化合物分子得到氧或失去氢的反应称为氧化反应，反之失去氧或得到氢的反应称为还原反应。由于羟基的影响，伯醇、仲醇分子中烃基 α-碳原子上的氢原子较活泼，容易发生氧化反应。

（1）加氧氧化。常用的氧化剂有 K_2MnO_4、$K_2Cr_2O_7$。

伯醇氧化生成醛，醛可以继续被氧化生成羧酸：

$$R-CH_2-OH \xrightarrow{[O]} R-CHO \xrightarrow{[O]} R-COOH$$
伯醇　　　　　　　醛　　　　　　　羧酸

例如　$CH_3-CH_2-OH \xrightarrow{[O]} CH_3-CHO \xrightarrow{[O]} CH_3-COOH$
乙醇　　　　　　　乙醛　　　　　　　乙酸

用于检测司机是否酒后驾车的呼吸分析仪就是根据此原理设计的。在 100mL 血液中如含有超过 80mg 乙醇（最大允许量），呼出的气体所含的乙醇可使仪器得出正反应（橙红色重铬酸钾变为绿色硫酸铬）。

仲醇氧化生成酮，酮一般不易再被氧化。

$$R_1-\underset{\underset{\text{仲醇}}{|}}{\overset{\overset{OH}{|}}{CH}}-R_2 \xrightarrow{[O]} R_1-\underset{\underset{\text{酮}}{}}{\overset{\overset{O}{\|}}{C}}-R_2$$

例如

$$CH_3-\underset{\underset{\text{2-丙醇}}{|}}{\overset{\overset{OH}{|}}{CH}}-CH_3 \xrightarrow{[O]} CH_3-\underset{\underset{\text{丙酮}}{}}{\overset{\overset{O}{\|}}{C}}-CH_3$$

（2）脱氢氧化。在催化剂（铂、镍等）的作用下，伯醇和仲醇能发生脱氢氧化反应生成醛和酮。

$$R-\underset{\underset{\text{伯醇}}{\underset{|}{H}}}{\overset{\overset{H}{|}}{C}}-O-H \xrightarrow[-2H]{Pt} R-\underset{\text{醛}}{\overset{\overset{H}{|}}{C}}=O$$

$$R_1-\underset{\underset{\text{仲醇}}{\underset{|}{H}}}{\overset{\overset{R_2}{|}}{C}}-O-H \xrightarrow[-2H]{Pt} R_1-\underset{\text{酮}}{\overset{\overset{R_2}{|}}{C}}=O$$

叔醇分子中连有羟基的碳原子上没有氢原子，所以在同样条件下不易被氧化。

4）脱水反应

醇在催化剂（如硫酸、氧化铝等）作用下受热可发生脱水反应，其脱水方式因反应温度不同而异。一般规律是：在较高温度下主要发生分子内脱水生成烯烃；在稍低温度下发生分子间脱水生成醚。例如

分子内脱水

$$\underset{\text{乙醇}}{\overset{CH_2-CH_2}{\underset{|\quad\quad|}{H\quad\; OH}}} \xrightarrow[\text{或}Al_2O_3,360℃]{H_2SO_4,170℃} \underset{\text{乙烯}}{CH_2=CH_2}+H_2O$$

醇的分子内脱水反应属于消除反应。

分子间脱水

$$CH_3CH_2-OH+HO-CH_2CH_3 \xrightarrow[\text{或}Al_2O_3,360℃]{H_2SO_4,140℃} \underset{\text{乙醚}}{CH_3CH_2-O-CH_2CH_3}+H_2O$$

醇分子去掉羟基上的氢原子后剩下的基团（R—O—）称为烃氧基。例如

CH_3O- 　　　　　　　　　　　CH_3CH_2O-
甲氧基　　　　　　　　　　　　　乙氧基

醇的分子间脱水反应是取代反应。

从乙醇脱水反应的两种方式可以看出，在有机化学反应中，反应条件对生成的产物有很大的影响，条件不同，生成物往往不同。

2. 酚的性质

酚是羟基直接与芳环相连的化合物（羟基与芳环侧链的化合物为芳醇）。结构通式为 Ar—OH，酚的官能团也是羟基，称为酚羟基。

除少数烷基酚外，多数酚为固体，具有毒性。酚是无色物质，当把盛有酚类的瓶盖打开几次后会发现酚变成了有色的物质。这是因为酚在空气中易被氧气氧化，产生了杂质。例如苯酚是无色的针状结晶，但与空气接触后，就会被氧化成粉红色、红色或暗红色。

由于酚能形成分子间氢键，所以沸点高。酚能溶于乙醇、乙醚及苯等有机溶剂，在水中的溶解度不大，但随着酚中羟基的增多，水溶性增大。

1）弱酸性

酚的结构决定了它具有弱酸性，酚羟基上的氢不但能被碱金属取代，还能和氢氧化钠作用生成酚的钠盐。

$$2\ C_6H_5OH + Na \longrightarrow 2\ C_6H_5ONa + H_2\uparrow$$
　　苯酚　　　　　　　　　　　苯酚钠

$$C_6H_5OH + NaOH \longrightarrow C_6H_5ONa + H_2O$$

酚类物质的弱酸性，不能使蓝色石蕊试纸变红色，这说明其酸性比碳酸弱。苯酚的 pK_a 为 10，碳酸的 pK_a 为 6.4。

由此可知，苯酚的酸性很弱，只能和强碱成盐，不能和 $NaHCO_3$ 作用，不溶于碳酸氢钠溶液。若在苯酚钠溶液中通入二氧化碳，则苯酚又游离出来，可利用酚的这一特性进行分离提纯。

$$C_6H_5ONa + CO_2 + H_2O \longrightarrow C_6H_5OH + NaHCO_3$$

2）与三氯化铁的显色反应

多数的酚能与三氯化铁的水溶液发生显色反应，例如

苯酚与三氯化铁的反应式为

$$6C_6H_5OH + FeCl_3 \longrightarrow H_3[Fe(C_6H_5O)_6] + 3HCl$$
紫色

结构不同的酚所显示的颜色不同,见表 13-4。

表 13-4 酚和三氯化铁产生的颜色

化合物	生成的颜色	化合物	生成的颜色
苯酚	紫	间苯二酚	紫
邻甲苯酚	蓝	对苯二酚	暗绿色结晶
间甲苯酚	蓝	1,2,3-苯三酚	淡棕红色
对甲苯酚	蓝	1,3,5-苯三酚	紫色沉淀
邻苯二酚	绿	α-萘酚	紫色沉淀

常用这些颜色反应来鉴别酚类的存在及不同的酚。

3) 芳环的亲电取代反应

由于羟基是强的邻、对位定位基,使芳环活化,所以苯酚比苯更容易发生亲电取代反应。

(1) 卤代反应。在苯酚饱和溶液中滴加溴水,立即有白色沉淀生成

$$C_6H_5OH + 3Br_2 \longrightarrow \text{2,4,6-三溴苯酚} + 3HBr$$

这一反应很灵敏,极稀的苯酚溶液就能产生明显的沉淀现象。因此,可用于苯酚的鉴别或定量分析。

若要得到一溴苯酚,反应要在 CS_2 或 CCl_4 非极性的条件下进行:

$$C_6H_5OH + Br_2 \xrightarrow[CS_2]{0℃} \text{对溴苯酚} + \text{邻溴苯酚} + HBr$$

(2) 硝化反应。苯酚在常温下与稀硝酸即可发生硝化反应,产物是邻硝基苯酚和对硝基苯酚。

$$C_6H_5OH + \text{稀}HNO_3 \xrightarrow{25℃} \text{邻硝基苯酚} + \text{对硝基苯酚}$$

邻-硝基苯酚和对-硝基苯酚这两种异构体可用水蒸气蒸馏的方法分离。邻-硝基苯酚能形成分子内氢键，对-硝基苯酚则能形成分子间氢键。在水溶液中，前者不能与水形成氢键，后者与水可形成氢键。这种差异使得两者的沸点相差较大。当进行水蒸气蒸馏时，挥发性较大的邻-硝基苯酚可随水蒸气一起蒸出，从而将两者分离。

苯酚与浓硝酸反应则生成2,4,6-三硝基苯酚。

$$\text{C}_6\text{H}_5\text{OH} + 3\text{HNO}_3(\text{浓}) \longrightarrow 2,4,6\text{-三硝基苯酚} + 3\text{H}_2\text{O}$$

2,4,6-三硝基苯酚俗称苦味酸。苦味酸的酸性比一般羧酸的酸性还强。苦味酸及其盐都极易爆炸，可用于制造炸药和染料。

（3）磺化反应。酚类化合物在室温下即可与浓硫酸反应，主要产物是邻羟基苯磺酸。在100℃条件下反应时，主要产物是对羟基苯磺酸。

$$\text{苯酚} \xrightarrow[\text{浓}H_2SO_4]{25℃} \text{邻-羟基苯磺酸}$$
$$\xrightarrow[\text{浓}H_2SO_4]{100℃} \text{对-羟基苯磺酸}$$

4）氧化反应

酚环上的高电子密度，使其非常容易发生氧化反应。酚与强氧化剂作用时，随着反应条件的不同，产物不同，并且较复杂。在控制条件下酚的氧化有制备意义。苯酚在硫酸的作用下可被重铬酸钾氧化生成对苯醌：

$$\text{苯酚} \xrightarrow{\text{K}_2\text{Cr}_2\text{O}_7\text{-}\text{H}_2\text{SO}_4} \text{对苯醌}$$

邻苯二酚在乙醚溶液中用新生的氧化银可以将其氧化成邻苯醌：

$$\text{邻苯二酚} \xrightarrow[\text{乙醚}]{\text{Ag}_2\text{O}} \text{邻苯醌}$$

3. 醚的性质

水分子中的 2 个氢原子被烃基取代后得到的产物称为醚。可用通式 R—O—R′（R—O—Ar 或 Ar—O—Ar′）表示。R 可以是饱和烃基、不饱和烃基、脂环烃基和芳香烃基。例如

CH_3—O—CH_3　　　　CH_3CH_2—O—C_6H_5　　　　C_6H_5—O—C_6H_5

　甲醚　　　　　　　　　　苯乙醚　　　　　　　　　　二苯醚

醚中的 —C—O—C— 结构称为醚键，是醚的官能团。

除甲醚和甲乙醚是气体外，大多数醚在室温下为无色液体，有特殊气味，比水轻。由于醚分子中没有与氧原子相连的氢原子，不能形成分子间氢键，所以醚的沸点比相对分子质量相近的醇低。低级醚能与水形成氢键，因而在水中有一定的溶解度。醚易溶于有机溶剂，本身又能溶解很多有机物，是优良的有机溶剂。

(1) 生成过氧化物。有 α-氢的醚若长期与空气接触，能被空气中的氧氧化生成过氧化物。例如

$$CH_3-CH_2-O-CH_2-CH_3 \xrightarrow{O_2} CH_3-CH_2-O-\underset{\underset{O-H}{|}}{CH}-CH_3$$

过氧化物不稳定，受热时容易分解而发生爆炸。所以醚类应尽量避免露置在空气中。储存过久的醚在使用前，特别是在蒸馏以前，应当检查是否有过氧化物存在。常用的检查方法是用淀粉-碘化钾试纸，若试纸显蓝色，表明有过氧化物存在。向醚中加入硫酸亚铁或亚硫酸钠等还原剂，可除去过氧化物。

为了防止过氧化物的生成，醚类化合物常放在棕色试剂瓶中避光保存。

(2) 醚键的断裂。在浓氢卤酸且加热条件下，醚键可发生断裂，生成卤代烃和醇（或酚）。

$$CH_3CH_2OCH_3 + HI \longrightarrow CH_3I + CH_3CH_2OH$$
　　醚　　　　　氢卤酸　　　　卤代烃　　醇

$$C_6H_5-OCH_3 + HI \longrightarrow CH_3I + C_6H_5-OH$$
　　醚　　　　　氢卤酸　　　　卤代烃　　酚

13.3.7 醛和酮

醛和酮分子中都含有相同的官能团——羰基（$\diagdown C=O \diagup$），统称为羰基化合物。羰基是碳原子和氧原子通过双键结合在一起的极性键。羰基碳原子上连有两个烃基的化合物为酮，连有一个或两个氢原子的为醛，此时则把羰基与氢原子合并称为醛基，即

—C(=O)—H （或—CHO），醛基总是位于碳链的一端。醛和酮的结构通式分别为

$$\underbrace{\begin{array}{c}H\\|\\H-C=O\end{array}\quad\begin{array}{c}R\\|\\H-C=O\end{array}}_{\text{醛}}\quad\underbrace{\begin{array}{c}R\\|\\R'-C=O\end{array}}_{\text{酮}}$$

常温下，除甲醛是气体外，分子中含 12 个碳原子以下的脂肪醛、酮均为无色液体，高级脂肪醛、脂肪酮和芳香酮多为固体。

低级醛具有刺激性臭味，而某些高级醛、酮则有香味。如香草醛具有香草气味，环十五酮有麝香的香味，可用于化妆品及食品香精等。

醛、酮分子中的羰基氧能与水分子中的氢形成分子间氢键，因此低级醛酮易溶于水，含 5 个碳原子以上的醛、酮难溶于水，醛、酮易溶于有机溶剂。醛、酮分子间不能形成氢键，它们的沸点比相对分子质量相近的醇低。但由于羰基是极性基团，增加了分子间引力，故沸点比相应的烷烃高。

醛酮的化学性质主要是由羰基决定的。在羰基中，由于氧原子的电负性比碳大，使 π 电子云发生偏移形成一个极性不饱和键，氧原子带部分负电荷，羰基碳原子带少量的正电荷。羰基比较活泼。醛、酮分子中羰基结构的共同特点，使两类化合物具有相似的化学性质，例如，都能发生亲核加成反应、还原反应、α-H 的取代反应等。但由于醛的羰基碳上至少连有一个氢原子，而酮的羰基碳上连有两个烃基，因此，醛和酮的化学性质也有差异。在一般反应中，醛比酮具有更高的反应活性，某些醛能发生的反应，酮则不能发生反应。见图 13-1。

图 13-1 醛、酮发生化学反应的主要部位

1. 醛、酮的相似性

1）羰基上的加成反应

羰基上的加成反应为亲核加成反应，可用通式表示为

$$\begin{array}{c}R\\(R')H\end{array}\!\!\overset{\delta^+}{C}\!\!=\!\!\overset{\delta^-}{O}+\overset{\delta^+}{H}\!\!-\!\!\overset{\delta^-}{Nu}\rightleftharpoons (R')H-\underset{OH}{\overset{R}{\underset{|}{\overset{|}{C}}}}-Nu$$

亲核试剂

$Nu:^- = CN^-,\ HSO_3^-,\ R^-,\ OR^-,\ NHY^-$

不同的醛、酮进行亲核加成反应的活性也不同，其活性次序如下：

$HCHO > RCHO > ArCHO > CH_3COCH_3 > CH_3COR > RCOR$

(1) 与氢氰酸加成。醛、脂肪族甲基酮和分子中少于 8 个碳原子的环酮都能与氢氰酸发生加成反应，生成 α-羟基腈（或称 α-氰醇）。

$$\begin{matrix} R \\ (CH_3)H \end{matrix} C=O + HCN \rightleftharpoons (CH_3)H-\underset{\underset{OH}{|}}{\overset{\overset{R}{|}}{C}}-CN$$

（酮）或醛　　　　　α-羟基腈

α-羟基腈经水解反应可以得到比原来醛、酮多一个碳原子的羟基酸。该反应在有机合成中常用来增长碳链。

$$CH_3CHO \xrightarrow{HCN} CH_3-\underset{\underset{OH}{|}}{\overset{\overset{H}{|}}{C}}-CN \xrightarrow{H_2O^+} CH_3-\underset{\underset{OH}{|}}{\overset{\overset{H}{|}}{C}}-COOH$$

丙酮与 HCN 作用生成 α-羟基腈，在硫酸存在下与甲醇作用，生成 α-甲基丙烯酸甲酯，它是合成有机玻璃的单体。反应过程为

$$CH_3COCH_3 \xrightarrow{HCN_2} CH_3-\underset{\underset{OH}{|}}{\overset{\overset{CH_3}{|}}{C}}-CN \xrightarrow[CH_3OH,\triangle]{H_2SO_4} CH_2=\underset{}{\overset{\overset{CH_3}{|}}{C}}COOCH_3$$

α-甲基丙烯酸甲酯

$$nCH_2=\overset{\overset{CH_3}{|}}{C}COOCH_3 \xrightarrow{聚合} {+CH_2-\underset{\underset{COOCH_3}{|}}{\overset{\overset{CH_3}{|}}{C}}+}_n$$

有机玻璃

(2) 与亚硫酸氢钠加成。醛、脂肪族甲基酮和分子中少于 8 个碳原子的环酮都能与饱和亚硫酸氢钠溶液发生加成反应，生成 α-羟基磺酸钠盐。

$$\begin{matrix} R \\ (CH_3)H \end{matrix} C=O + NaSO_3H \rightleftharpoons (CH_3)H-\underset{\underset{SO_3Na}{|}}{\overset{\overset{R}{|}}{C}}-OH\downarrow$$

α-羟基磺酸钠

α-羟基磺酸钠不溶于亚硫酸氢钠的饱和溶液，以白色沉淀析出，利用此性质可以鉴别醛、酮。α-羟基磺酸钠遇稀酸或稀碱又可以分解生成原来的醛、酮。因此，利用此性质可以从混合物中分离提纯醛或甲基酮。

$$(CH_3)H-\underset{\underset{SO_3Na}{|}}{\overset{\overset{R}{|}}{C}}-OH + HCl \longrightarrow R-\overset{\overset{O}{\|}}{C}-H(CH_3) + SO_2\uparrow + NaCl + H_2O$$

$$(CH_3)H-\underset{\underset{SO_3Na}{|}}{\overset{\overset{R}{|}}{C}}-OH + Na_2CH_3 \longrightarrow R-\overset{\overset{O}{\|}}{C}-H(CH_3) + CO_2\uparrow + Na_2Cl_3 + H_2O$$

此反应加成产物与氰化钠作用可生成羟基腈。这避免使用挥发性的剧毒物 HCN，是合成羟基腈的好方法。

$$PhCHO \xrightarrow[H_2O]{NaHSO_3} PhCH\underset{|}{\overset{OH}{}}SO_3Na \xrightarrow[H_2O]{NaCN} PhCH\underset{|}{\overset{OH}{}}CN \xrightarrow[回流]{NCl} PhCH\underset{|}{\overset{OH}{}}COOH$$

（3）与醇加成。在干燥 HCl 催化下，醛能与醇加成，生成半缩醛。半缩醛不稳定，很难分离出来，可以与另一分子的醇进一步缩合，生成缩醛。

$$\underset{(R'')H}{\overset{R}{}}C=O \xrightleftharpoons[R'OH]{干HCl} \left[\underset{(R'')H}{\overset{R}{}}C\underset{OR'}{\overset{OH}{}}\right] \xrightleftharpoons[R_1OH]{干HCl} \left[\underset{(R'')H}{\overset{R}{}}C\underset{OR'}{\overset{OR'}{}}\right]$$

           半缩醛   缩醛

与醛相比，酮形成半缩酮和缩酮要困难些，在干燥 HCl 催化下，酮与过量的二元醇（如乙二醇）缩合，生成环状缩酮。

$$\underset{R'}{\overset{R}{}}C=O + \underset{HO-CH_2}{\overset{HO-CH_2}{}} \xrightleftharpoons{干HCl} \underset{R'}{\overset{R}{}}C\underset{O-CH_2}{\overset{O-CH_2}{}} + H_2O$$

（4）与格氏试剂加成。格氏试剂非常容易与醛、酮进行加成反应，加成产物不必分离经水解后生成相应的醇，是制备醇最重要的方法之一。

$$C=O + RMgX \xrightarrow{无水乙醚} \underset{R}{\overset{OMgX}{C}} \xrightarrow[H^+]{H_2O} \underset{R}{\overset{OH}{C}}$$

甲醛与格氏试剂作用可得伯醇，其他醛与格氏试剂作用可得仲醇，酮与格氏试剂作用则得到叔醇。

$$HCHO + RMgX \xrightarrow{无水乙醚} RCH_2OMgX \xrightarrow[H^+]{H_2O} RCH_2OH \quad （伯醇）$$

$$R'CHO + RMgX \xrightarrow{无水乙醚} R'\underset{R}{\overset{R}{}}CHOMgX \xrightarrow[H^+]{H_2O} R'\underset{R}{\overset{R}{}}CHOH \quad （伯醇）$$

$$R'COR'' + RMgX \xrightarrow{无水乙醚} R'\underset{R}{\overset{R''}{}}COMgX \xrightarrow[H^+]{H_2O} R'\underset{R}{\overset{R''}{}}COH \quad （叔醇）$$

（5）与氨的衍生物加成。醛、酮与氨的衍生物如伯胺、羟胺、肼、苯肼、氨基脲等

发生加成反应，首先生成不稳定的加成产物随即从分子内消去 1 分子水，生成相应的含碳氮双键的化合物，如

$$\begin{matrix}CH_3\\CH_3\end{matrix}\!C=O + H_2N-CH_3 \longrightarrow \begin{matrix}CH_3\\CH_3\end{matrix}\!C-NCH_3 \xrightarrow{-H_2O} \begin{matrix}CH_3\\CH_3\end{matrix}\!C=N-CH_3$$
$$\qquad\qquad\qquad\text{伯胺}\qquad\qquad\quad\boxed{OH\ H}\qquad\qquad\quad\text{希夫碱}$$

$$\begin{matrix}R'\\R\end{matrix}\!C=O + H_2N-OH \longrightarrow \begin{matrix}R'\\R\end{matrix}\!C-NOH \xrightarrow{-H_2O} \begin{matrix}R'\\R\end{matrix}\!C=N-OH$$
$$\qquad\qquad\qquad\text{羟胺}\qquad\qquad\quad\boxed{OH\ H}\qquad\qquad\quad\text{肟}$$

$$\begin{matrix}R'\\R\end{matrix}\!C=O + H_2N-OH \longrightarrow \begin{matrix}R'\\R\end{matrix}\!C-NOH \xrightarrow{-H_2O} \begin{matrix}R'\\R\end{matrix}\!C=N-OH$$
$$\qquad\qquad\qquad\text{羟胺}\qquad\qquad\quad\boxed{OH\ H}\qquad\qquad\quad\text{肟}$$

可用通式表示如下：

$$>\!C=O + H_2N-Y \longrightarrow >\!C-NY \xrightarrow{-H_2O} >\!C=N-Y$$
$$\qquad\qquad\qquad\qquad\qquad\boxed{OH\ H}$$

一些常见氨的衍生物及其与醛、酮反应产物的结构及名称见表 13-5。

表 13-5 氨的衍生物与醛、酮反应的产物

氨的衍生物		与醛酮反应的产物	
名 称	结构式	名 称	结构式
伯 胺	H_3N-R	希夫碱	$R-\underset{H(R')}{C}=N-R$
羟 胺	H_2N-OH	肟	$R-\underset{H(R')}{C}=N-OH$
肼	H_2N-NH_2	腙	$R-\underset{H(R')}{C}=N-NH_2$
苯 肼	$H_2N-NH-C_6H_5$	苯腙	$R-\underset{H(R')}{C}=N-NH-C_6H_5$
2,4-二硝基苯肼	$H_2N-NH-C_6H_3(NO_2)_2$	2,4-二硝基苯腙	$R-\underset{H(R')}{C}=N-NH-C_6H_3(NO_2)_2$
氨基脲	$H_2N-NH-\overset{O}{\underset{\ }{C}}-NH_2$	缩氨脲	$R-\underset{H(R')}{C}=N-NH-C_6H_5$

肟、苯腙及缩氨脲大多数都是白色固体，具有固定的结晶形状和熔点。测定其熔点就可以知道它是由那一个醛或者酮生成的，因此常用来鉴别醛、酮。肟、腙等在稀酸作用下，可水解得到原来的醛、酮，可利用这些反应来分离和精制醛、酮。

2) α-H 的反应

在醛、酮分子中，α-碳原子是指与羰基碳直接相连的碳原子，在 α-碳原子上连接的氢原子称为 α-氢原子。羰基吸电子诱导效应的影响，使 α-碳原子上 C—H 键的极性增强，反应活性增强，氢原子较易离去，容易发生反应。

(1) 卤仿反应。醛、酮分子中的 α-H 很容易被卤素所取代，生成 α-卤代醛、酮。例如

$$\text{C}_6\text{H}_5-\overset{\text{O}}{\overset{\|}{\text{C}}}-\text{CH}_3 + \text{Br}_2 \xrightarrow[0℃]{\text{乙醚}} \text{C}_6\text{H}_5-\overset{\text{O}}{\overset{\|}{\text{C}}}-\text{CH}_2\text{Br}$$

在碱的催化下，反应速率很快，若醛、酮分子中由多个 α-H，一般较难停留在一元取代阶段，常常生成 α-三卤代物。α-三卤代物在碱性溶液中不稳定，碳碳键断裂，最终产物为三卤甲烷（俗称卤仿）和羧酸盐，该反应称为卤仿反应。

$$(\text{H})\text{RCCH}_3 + 3\text{NaOX} \longrightarrow (\text{H})\text{RCCX}_3 + 3\text{NaOH}$$

$$(\text{H})\text{RCCX}_3 \xrightarrow{\text{NaOH}} (\text{H})\text{RCONa} + \text{CHX}_3$$

从反应过程可以看出，只有 CH_3CO- 结构才可以发生卤仿反应，而具有 $CH_3CH(OH)-$ 结构的醇能被次卤酸氧化为 CH_3CO- 结构的醛或酮，所以乙醛、α-甲基酮和具有 $CH_3CH(OH)-$ 结构的醇都能发生卤仿反应。当卤素是碘时，称为碘仿反应，反应产生的碘仿为黄色晶体，水溶性极小，且有特殊气味，该反应常常被用来鉴别是否具有 CH_3CO- 结构或 $CH_3CH(OH)-$ 结构的一种方法。

$$CH_3CH_2OH \xrightarrow{NaOI} CH_3CHO \xrightarrow{3NaOI} HCOONa + CHI_3 \downarrow$$

(2) 羟醛缩合反应。在稀碱作用下，2 分子含 α-H 的醛相互作用，生成 β-羟基醛（醇醛），这个反应叫羟醛缩合反应。例如

$$\underset{\underset{\text{H}}{|}}{\overset{\text{CH}_3}{\text{C}}}=\text{O} + \text{H}-\text{CH}_2\text{CHO} \xrightarrow{\text{稀碱}} \text{CH}_3-\underset{\underset{\text{OH}}{|}}{\text{CH}}-\text{CH}_2\text{CHO}$$

β-羟基丁醛

β-羟基醛在稍微受热或酸的作用下，即发生分子内脱水，生成 α,β-不饱和醛。总的结果是 2 个醛分子间脱去 1 分子水。

$$\text{CH}_3-\text{CH}-\text{CHCHO} \xrightarrow[\triangle]{-H_2O} \text{CH}_3\text{CH}=\text{CHCHO}$$
$$\phantom{\text{CH}_3-}\underset{\text{OH}}{|}\underset{\text{H}}{|}$$

β-羟基丁醛　　　　　　2-丁烯醛

羟醛缩合反应中，必须至少有一种醛具有 α-H。当两种不同的醛都含有 α-H 进行羟醛缩合反应时，生成四种不同的 β-羟基醛的混合物，没有实际应用价值。如果只有一种醛含有 α-H 进行羟醛缩合反应，可得到收率较好的一种产物。例如

$$C_6H_5CHO + CH_3CHO \xrightarrow[10℃]{稀碱} C_6H_5CH=CHCHO$$

含有 α-H 的酮也能发生类似的反应，生成 β-羟基酮，脱水后生成 α,β-不饱和酮。

$$CH_3-\overset{O}{\underset{}{C}}-CH_3 + CH_2-\overset{O}{\underset{H}{C}}-CH_3 \xrightleftharpoons{稀碱} CH_3-\overset{CH_3}{\underset{OH}{C}}-CH_2-\overset{O}{\underset{}{C}}-CH_3$$

4-甲基-4-羟基-2-戊酮

$$CH_3-\overset{CH_3}{\underset{OH}{C}}-CH_2-\overset{O}{\underset{}{C}}-CH_3 \xrightarrow[\triangle]{-H_2O} CH_3-\overset{CH_3}{\underset{}{C}}=CH-\overset{O}{\underset{}{C}}-CH_3$$

4-甲基-4-羟基-2-戊酮　　　　　　　　　　　4-甲基-3-戊烯-2-酮

其他酮分子中由于羰基碳原子受诱导效应和空间效应的影响，使酮缩合反应比较困难，反应只能得到少量的 β-羟基酮。

3）还原反应

醛和酮都可以被还原，用不同的试剂进行还原可以得到不同的产物。

（1）羰基还原成醇羟基。醛、酮在 Ni、Pt、Pd 等金属催化剂作用下，可被 H_2 还原成醇。例如

$$RCHO + H_2 \xrightarrow{Ni} RCH_2OH$$
　　　　醛　　　　　　　　伯醇

$$R-\overset{O}{\underset{}{C}}-R' + H_2 \xrightarrow{Ni} R-\overset{OH}{\underset{}{CH}}-R'$$
　　　酮　　　　　　　　　　仲醇

这种催化加氢方法产率高，但催化剂价格昂贵。若醛、酮分子中含有不饱和键（碳—碳双键或碳—碳叁键等）时，不饱和基团也同时被还原。例如

$$CH_3CH=CHCHO + H_2 \xrightarrow{Ni} CH_3CH_2CH_2CH_2OH$$

如果用选择性高的金属氢化物，如硼氢化钠（$NaBH_4$）、氢化铝锂（$LiAlH_4$），只有羰基被还原，而碳—碳双键等不饱和键一般不被还原。因此，把不饱和醛、酮还原成不饱和醇时常用金属氢化物作还原剂。例如

$$CH_3CH=CHCHO \xrightarrow[(2)H_2O,H^+]{(1)LiAlH_4,无水乙醚} CH_3CH=CHCH_2OH$$

$$\text{C}_6\text{H}_5-\text{CH}=\text{CHCH}_2-\overset{\text{O}}{\underset{\|}{\text{C}}}-\text{CH}_3 \xrightarrow[\text{C}_2\text{H}_5\text{OH}]{\text{NaBH}_4} \text{C}_6\text{H}_5-\text{CH}=\text{CHCH}_2\overset{\text{OH}}{\underset{|}{\text{CH}}}\text{CH}_3$$

（2）羰基还原成亚甲基。

方法一：将醛或芳香酮与锌汞齐和浓盐酸一起加热回流，羰基被还原为亚甲基。这种特殊的反应称为克莱门森（Clemmensen）反应。

$$-\overset{\text{O}}{\underset{\|}{\text{C}}}- \xrightarrow[\triangle]{\text{Zn-Hg,HCl}} -\text{CH}_2-$$

$$\text{C}_6\text{H}_5-\overset{\text{O}}{\underset{\|}{\text{C}}}-\text{CH}_2\text{CH}_3 \xrightarrow[\triangle]{\text{Zn-Hg,HCl}} \text{C}_6\text{H}_5-\text{CH}_2\text{CH}_2\text{CH}_3$$

方法二：将饱和醛或酮与肼反应生成的腙，在强酸或碱存在的条件下羰基被还原为亚甲基。

$$\text{C}=\text{O} \xrightarrow[\text{加成, 脱水}]{\text{NH}_2\text{-NH}_2} \text{C}=\text{N}-\text{NH}_2 \xrightarrow[\text{加成, 加压}]{\text{KOH 或 C}_2\text{H}_5\text{ONa}} \text{CH}_2 + \text{N}_2\uparrow$$

此反应是吉日聂耳和沃尔夫分别于1911年、1912年发现的，称为吉日聂耳-沃尔夫反应。

我国化学家黄鸣龙在1946年对此进行了改进，将醛、酮与氢氧化钠、肼的水溶液在高沸点溶剂如缩乙二醇（HOCH_2CH_2)$_2$O 中一起加热，羰基先与肼作用生成腙，腙在碱性条件下加热失去氮，结果是羰基被还原为亚甲基。

$$\text{C}_6\text{H}_5-\overset{\text{O}}{\underset{\|}{\text{C}}}-\text{CH}_2\text{CH}_3 \xrightarrow[(\text{HOCH}_2\text{CH}_2)_2\text{O}, \triangle]{\text{NH}_2\text{NH}_2, \text{NaOH}} \text{C}_6\text{H}_5-\text{CH}_2\text{CH}_2\text{CH}_3 + \text{N}_2\uparrow$$

此反应称为沃尔夫-凯惜纳-黄鸣龙反应。

克莱门森还原法和沃尔夫-凯惜纳-黄鸣龙还原法都是把醛、酮的羰基还原成亚甲基。

2. 醛的特殊性

由于在醛分子中，羰基碳原子上连有氢原子，使醛表现出某些特殊的化学性质。主要为氧化反应，如下所述：

（1）与托伦试剂反应。托伦试剂为硝酸银的氨溶液，有效成分为银氨络离子，它能把醛氧化成羧酸，同时银离子被还原为单质银，附着在器壁上形成光亮的银镜。这个反应称为银镜反应。

$$\text{RCHO} + 2\text{Ag}(\text{NH}_3)_2\text{OH} \xrightarrow{\triangle} \text{RCOONH}_4 + 3\text{NH}_3 + \text{H}_2\text{O} + 2\text{Ag}\downarrow$$

酮不发生上述反应，常利用银镜反应来鉴别醛和酮。

（2）与斐林试剂反应。斐林试剂是一种混合溶液，由硫酸铜溶液与氢氧化钠的酒石酸溶液等体积混合生成。氧化剂为铜络离子，与醛反应时，二价铜离子被还原成砖红色的氧化亚铜沉淀，甲醛则会有铜镜生成。

$$RCHO+2Cu(OH)_2+NaOH \longrightarrow RCOONa+3H_2O+Cu_2O\downarrow$$

酮和芳香醛都不能发生上述反应，可用斐林试剂鉴别脂肪醛和酮或脂肪醛与芳香醛以及甲醛与其他醛。

13.3.8 羧酸的性质

羧酸是一类含有羧基（—COOH）的化合物，通式为 R(H)COOH。羧酸的官能团是羧基（—COOH），它由两部分组成，一部分是羰基（碳氧双键 C=O），另一部分是羟基（—OH），结构如下。

在羧基中，由于羟基氧上的 p 电子与碳氧双键发生 p-π 共轭，使氧原子的电子密度减小，氧氢键的极性增大，氢易于电离出 H^+，呈酸性。

甲酸、乙酸、丙酸是具有刺激性气味的液体，含有 4~9 个碳原子的脂肪酸是有腐败臭味的油状液体，10 个碳原子以上的脂肪酸是蜡状固体。脂肪族二元羧酸和芳香族羧酸为结晶形固体。

羧酸分子中羧基间能形成两个氢键，相对分子质量相近的羧酸的沸点较醇的沸点高。例如甲酸与乙醇的分子量相近，甲酸的沸点为 100.5℃、乙醇的沸点为 78.5℃。另外，羧基与水分子之间可形成氢键，使得低级羧酸能与水任意比例混溶。但随着烃基增大，羧酸的溶解度明显降低，6 个碳原子以上的羧酸就难溶于水，而易溶于有机溶剂。

羧酸的化学性质决定于羧酸的分子结构，它的主要反应如图 13-2 所示。

图 13-2　羧酸发生化学反应的主要部位

1. 酸性

由于 p-π 共轭效应的影响，使氧氢键电子云更偏向氧原子，增强了氧氢键的极性，有利于羧基中氢原子的解离，故羧酸表现出明显的酸性。羧酸在水溶液中能电离出 H^+ 而呈酸性，能使蓝色石蕊变红。羧酸为弱酸，但酸性比碳酸和酚强。羧酸具有酸的通性，能与碱中和生成盐和水。

$$RCOOH+NaOH \Longrightarrow RCOONa+H_2O$$

$$RCOOH+NaHCO_3 \Longrightarrow RCOONa+CO_2\uparrow+H_2O$$

1) 羧酸与其他类物质的酸性强弱次序的比较

$$RCOOH>ArOH>H_2O>ROH>HC{\equiv}CR>NH_3>RH$$

2) 羧酸间酸性强弱次序的比较

烃基的大小对酸性的影响：

$$HCOOH > CH_3COOH > CH_3CH_2COOH > CH_3CH_2CH_2COOH$$
　　甲酸　　　　乙酸　　　　　丙酸　　　　　　　丁酸

烃基上有取代基时，羧酸的酸性强弱会发生变化。取代基为吸电子基时，羧酸酸性增强；若取代基为供电子基时，羧酸的酸性则会减弱。

相同取代基处于不同位置对酸性的影响：

$$CH_3CH_2CHClCOOH > CH_3CHClCH_2COOH > CH_2ClCH_2CH_2COOH >$$
　　α-氯代丁酸　　　　　　β-氯代丁酸　　　　　　　γ-氯代丁酸

$$CH_3CH_2CH_2COOH$$
　　丁酸

相同取代基数目不同时对酸性的影响：

$$Cl_3CCOOH > Cl_2CHCOOH > ClCH_2COOH > CH_3COOH$$
　　三氯乙酸　　　二氯乙酸　　　氯乙酸　　　乙酸

不同取代基处于相同位置对酸性的影响：

$$FCH_2COOH > ClCH_2COOH > BrCH_2COOH > ICH_2COOH > CH_3COOH$$
　　氟乙酸　　　　氯乙酸　　　　溴乙酸　　　　碘乙酸　　　乙酸

2. 羧基中羟基的取代反应

羧酸分子中去掉羧基中的羟基剩余的部分称为酰基。羧酸分子中羧基上的羟基在一定条件下可以被取代，生成酰卤、酯、酸酐、酰胺等衍生物。

(1) 酰氯的生成。羧酸与 PCl_3、PCl_5、$SOCl_2$ 等反应生成酰氯。但 HCl 不能与羧酸反应生成酰氯。

$$R-\underset{\underset{O}{\|}}{C}-OH + PCl_3 \longrightarrow R-\underset{\underset{O}{\|}}{C}-Cl\ \ H_3PO_3 + HCl$$

$$R-\underset{\underset{O}{\|}}{C}-OH + PCl_5 \longrightarrow R-\underset{\underset{O}{\|}}{C}-Cl\ \ POCl_3 + HCl$$

$$R-\underset{\underset{O}{\|}}{C}-OH + SOCl_2 \longrightarrow R-\underset{\underset{O}{\|}}{C}-Cl\ \ SO_2 + HCl$$

酰氯是很活泼的酰基化试剂，广泛用于药物合成中。

(2) 酯的生成。酸与醇作用生成酯的反应称为酯化反应。酯化反应是可逆反应，为了提高产率，可以增加某种反应物的浓度或及时将产物酯蒸出。反应一般用浓硫酸等强酸为催化剂。

$$R-\underset{\underset{O}{\|}}{C}-OH + HO-R_1 \underset{\triangle}{\overset{浓 H_2SO_4}{\rightleftharpoons}} R-\underset{\underset{O}{\|}}{C}-O-R_1 + H_2O$$

$$H_3C-\underset{\underset{O}{\|}}{C}-OH + HO-CH_2CH_3 \underset{\triangle}{\overset{浓 H_2SO_4}{\rightleftharpoons}} H_3C-\underset{\underset{O}{\|}}{C}-O-CH_2CH_3 + H_2O$$

(3) 酸酐的生成。除甲酸外，两分子羧酸在 P_2O_5、乙酸酐等脱水剂作用下，羧基间脱去 1 分子 H_2O 生成酸酐。常用乙酸酐作为制取其他酸酐的脱水剂。

$$R-\overset{O}{\underset{\|}{C}}-OH + HO-\overset{O}{\underset{\|}{C}}-R \xrightarrow[\triangle]{P_2O_5} R-\overset{O}{\underset{\|}{C}}-O-\overset{O}{\underset{\|}{C}}-R + H_2O$$

二元羧酸不需要脱水剂，加热即可发生分子内脱水，一般生成五员环或六员环的酸酐。例如

$$\begin{matrix} HC-\overset{O}{\underset{\|}{C}}-OH \\ \| \\ HC-\overset{O}{\underset{\|}{C}}-OH \end{matrix} \xrightarrow{150℃} \begin{matrix} HC-\overset{O}{\underset{\|}{C}} \\ \| \quad\quad O \\ HC-\overset{O}{\underset{\|}{C}} \end{matrix} + H_2O$$

(4) 酰胺的生成。羧酸与氨反应生成铵盐，铵盐加热分子内脱水即得酰胺。酰胺是一类重要化合物，许多药物分子中含有酰胺的结构。

$$R-\overset{O}{\underset{\|}{C}}-OH + NH_3 \rightleftharpoons R-\overset{O}{\underset{\|}{C}}-ONH_4 \underset{\triangle}{\rightleftharpoons} R-\overset{O}{\underset{\|}{C}}-NH_2 + H_2O$$

$$H_3C-\overset{O}{\underset{\|}{C}}-OH + NH_3 \rightleftharpoons H_3C-\overset{O}{\underset{\|}{C}}-ONH_4 \underset{}{\overset{150℃}{\rightleftharpoons}} H_3C-\overset{O}{\underset{\|}{C}}-NH_2 + H_2O$$

3. 脱羧反应

脂肪族一元羧酸不能直接加热脱羧，羧酸盐或羧酸 α-碳原子上连有强的吸电子基团时，脱羧反应较易发生。例如

$$R-\overset{O}{\underset{\|}{C}}-OH + NH_3 \rightleftharpoons R-\overset{O}{\underset{\|}{C}}-ONH_4 \underset{\triangle}{\rightleftharpoons} R-\overset{O}{\underset{\|}{C}}-NH_2 + H_2O$$

$$H_3C-\overset{O}{\underset{\|}{C}}-OH + NH_3 \rightleftharpoons H_3C-\overset{O}{\underset{\|}{C}}-ONH_4 \overset{150℃}{\rightleftharpoons} H_3C-\overset{O}{\underset{\|}{C}}-NH_2 + H_2O$$

二元羧酸加热时，由于 2 个羧基的相对位置不同，发生不同的反应。庚二酸以上的二元羧酸高温加热时，发生分子间脱水形成酸酐。丁二酸和戊二酸加热脱水形成酸酐，而不脱羧。

$$\begin{matrix} & CH_2-\overset{O}{\underset{\|}{C}}-OH \\ H_2C & \\ & CH_2-\overset{O}{\underset{\|}{C}}-OH \end{matrix} \xrightarrow[300℃]{乙酸酐} \begin{matrix} & CH_2-\overset{O}{\underset{\|}{C}} \\ H_2C & \quad\quad O \\ & CH_2-\overset{O}{\underset{\|}{C}} \end{matrix} + H_2O$$

己二酸和庚二酸加热时既脱羧又失水，生成环戊酮和环己酮。

$$\begin{matrix} H_2C-CH_2-\overset{O}{\underset{\|}{C}}-OH \\ | \\ H_2C-CH_2-\underset{\|}{\overset{\|}{C}}-OH \\ O \end{matrix} \xrightarrow{300℃} \begin{matrix} H_2C-CH_2 \\ | \\ H_2C-CH_2 \end{matrix}\!\!\!\!\!\!\!\!\!\!\!\!C=O + H_2O + CO_2$$

$$\begin{matrix} & CH_2-CH_2-\overset{O}{\underset{\|}{C}}-OH \\ H_2C & \\ & CH_2-CH_2-\underset{\|}{\overset{\|}{C}}-OH \\ & O \end{matrix} \xrightarrow{300℃} \begin{matrix} & CH_2-CH_2 \\ H_2C & \\ & CH_2-CH_2 \end{matrix}\!\!\!\!\!\!\!\!\!\!\!\!C=O + H_2O + CO_2$$

4. α-H 的取代反应

羧酸中的 α-氢也能发生卤代反应，但没有醛酮中的 α-氢活泼，反应需要红磷为催化剂。

$$H_3C-\overset{O}{\underset{\|}{C}}-OH + Cl_2 \xrightarrow{P} CH_2Cl-\overset{O}{\underset{\|}{C}}-OH$$

5. 还原反应

羧基较难还原，只有用较强的还原剂氢化铝锂能将羧酸还原为醇。反应中如果有双键不受影响，氢化铝锂价格较贵，一般适于实验室使用。

 学习资源

柠 檬 酸

柠檬酸（HOOC—CH$_2$—$\overset{\overset{\displaystyle OH}{|}}{\underset{\underset{\displaystyle COOH}{|}}{C}}$—CH$_2$—COOH）又称枸橼酸，最初柠檬酸是自柠檬中提取而来的。除了柠檬，这种酸还广泛存在于柚子、柑橘等果实中，在动物组织和乳汁中也含有。柠檬酸为固体，为半透明结晶或白色颗粒，尝起来则具有强酸味，味道柔和爽快，入口即达到最高酸感。但味道持续时间不长。

柠檬酸是世界上用量最大的酸味剂，是我国目前食品中最常用的酸味剂。但如果只使用柠檬酸（除柠檬汁外）一种酸味剂。产品口感显得比较单薄，这是由于柠檬酸的刺激性较强，酸味消失快，回味性差，所以常与其他酸味剂如苹果酸、酒石酸同用，以使产品味道浑厚丰满。

柠檬酸在食品中除做酸味剂外，还可以改善食品的风味。柠檬酸的酸味可以掩蔽或减少某些不希望的异味。对香味有增味的效果，未加柠檬酸的糖果和果汁等味道平淡，加入适量的柠檬酸可使食品的风味显著改善，使产品更加适口。

柠檬酸可以调整酸味，使其达到适当的标准来稳定产品的质量。柠檬酸还可以和其他酸味剂共同使用来模拟天然水果、蔬菜的酸味。在糖果中使用柠檬酸可提高糖的水果味，提供适度的酸味，防止糖分结晶及各种成分的氧化。在果冻、果酱中可改善风味、防腐和促进蔗糖转化，防止蔗糖结晶析出，影响口感。

柠檬酸还具有抑制细菌增殖，增强抗氧化作用，能够延缓油脂酸败。保护油炸食品用油和油炸食品，防止被氧化，如在油炸花生米中或各种植物油如芥末油、菜子油中加入一定量的柠檬酸，能有效防止变质。未经过加热杀菌的食品，加入一定量的柠檬酸，可起防腐作用而延长储存期。

饮料是柠檬酸的主要消费市场，用量占柠檬酸总耗量的75%~80%。柠檬酸能使饮料产生特定的风味，并且通过刺激产生的唾液，加强饮料的解渴效果。而且在一般清凉饮料中添加0.01%~0.3%的柠檬酸，细菌便难以生长，起到防腐作用。柠檬酸的通常用量为液体饮料中0.25%~0.4%，固体饮料中15%~5.0%。

应用在蔬菜、水果原料及罐头中，可调节酸度，使其尽可能保持原味，并且有一定防腐作用。应用在面制品中，柠檬酸与小苏打同时使用，降低面制品的碱度，改善口味。对焙烤食品有膨松和发酵的作用。

复习与思考

一、用系统命名法命名下列化合物

1. $CH_3CHCH_2CH_3$
   $\quad\ |$
   $\quad C_2H_5$

2. $CH_3CH_2CH_2CHCH_2CH_3$
   $\qquad\qquad\ \ |$
   $\qquad\qquad CH(CH_3)_2$

3. $\begin{array}{c} CH_3 \quad\ \ CH_3 \\ \ \ \diagdown\ \ /\ \\ C=C \\ /\ \ \ \diagdown \\ H\quad\ CH(CH_3)_2 \end{array}$

4. $CH_3CH_2CH_2C=CH_2$
   $\qquad\qquad\ |$
   $\qquad\quad CH_2CH_3$

5. $(CH_3)_3CCH_2C\equiv CH$

6. $CH_3CH_2C\equiv C-C=CHC_2H_5$
   $\qquad\qquad\qquad\ |$
   $\qquad\qquad\qquad C_2H_5$

7. $CH_3-CH_2-CH-CH-CH_3$ （苯基在CH上，OH在相邻CH上）

8. 邻甲基对硝基苯酚 (OH, CH₃, NO₂ 取代的苯环)

9. CH_3CH_2-O- 苯基

二、写出下列化合物的结构式
1. 5-甲基-3-乙基辛烷
2. 2,2-二甲基-4-异丙基庚烷
3. 2,3-二甲基-2-丁烯
4. 2,2,5-三甲基-3-己烯
5. 4-甲基-2-庚炔
6. 对氯苯酚
7. 1,3-二甲基环戊烷
8. 3-甲基戊醇
9. α-甲基-3-戊酮
10. 4-氯-2-硝基甲苯
11. 3-氯丁酸
12. 3-甲基丁醛

三、完成下列反应式

1. 甲基环丙烷 $\xrightarrow{H_2/Ni}$; $\xrightarrow{Br_2}$; $\xrightarrow{HI}$

2. 甲苯 $+ 3H_2 \xrightarrow{Pt}$

3. $CH_2=CHCH_3 \xrightarrow{(\ )} CH_2=CHCH_2Cl \xrightarrow{Cl_2+H_2O}$

4. $CH_3CH_2CHCH_3 + KOH \xrightarrow[\triangle]{C_2H_5OH}$
      $|$
      Br

5. $CH_3CH_2CH_2Br + NaOH \xrightarrow[\triangle]{H_2O}$

6. $CH_3-CH_2-OH + Na \longrightarrow$

7. $CH_3-CH_2-OH \xrightarrow[140℃]{浓 H_2SO_4}$

8. 苯酚 $+ NaOH \longrightarrow$

9. 苯酚 $+ 3Br_2 \longrightarrow$

10. $CH_3-\text{C}_6\text{H}_4-OCH_3 \xrightarrow{HI}$

11. $CH_3CH_2CHO \xrightarrow{CH_3MgBr} \xrightarrow{H_3O^+}$

12. $CH_3COCH_3 \xrightarrow{HCN}$

13. [cyclopentanone] $\xrightarrow{H_2NNHCNH_2 \text{ (}\overset{O}{\|}\text{)}}$

14. $CH_3\overset{\overset{O}{\|}}{C}CH_2CH_3 \xrightarrow{Zn-Hg/HCl}$

第14章 分析化学中常用的分离和富集方法

☞ **能力要求**

了解一些有机物质的分离方法。

☞ **知识要求**

(1) 了解分析测试中分离和富集的必要性。
(2) 掌握萃取和色谱分离的基本原理和应用。
(3) 掌握分离方法的选择。

☞ **教学活动建议**

举例一些物质，让学生寻找分离方法。

14.1 概 述

分离和富集是定量分析化学的重要组成部分。当分析对象中的共存物质对测定物有干扰时，如果采用控制反应条件、掩蔽等方法仍不能消除其干扰时，就要将其分离，然后测定；当待测组分含量低、测定方法灵敏度不足够高时，就要先将微量待测组分富集，然后测定。分离过程往往也是富集过程。

对分离的要求是分离必须完全，即干扰组分减少到不再干扰的程度；而被测组分在分离过程中的损失要小至可忽略不计的程度。被测组分在分离过程中的损失，可用回收率来衡量。

1. 回收率（R）

$$R = \frac{\text{分离后待测组分的质量}}{\text{分离前待测组分的质量}} \times 100\%$$

对质量分数为1%以上的待测组分，一般要求$R>99.9\%$；对质量分数为0.01%～1%的待测组分，要求$R>99\%$；质量分数小于0.01%的痕量组分要求R为90%～95%。

【例14.1】 含有钴与镍离子的混合溶液中，钴与镍的质量均为20.0mg，用离子交换法分离钴镍后，溶液中余下的钴为0.20mg，而镍为19.0mg，钴镍的回收率分别为多少？

解 $R_{Ni} = \dfrac{19.0}{20.0} = 95.0\%$, $R_{Co} = \dfrac{0.20}{20.0} = 1.0\%$

2. 分离因子 $S_{A/B}$

分离因子 $S_{B/A}$ 等于干扰组分 B 的回收率与待测组分 A 的回收率的比,可用来表示干扰组分 B 与待测组分 A 的分离程度。

$$S_{B/A} = \dfrac{R_B}{R_A} \times 100\%$$

B 的回收率越低,A 的回收率越高,分离因子越小,则 A 与 B 之间的分离就越完全,干扰消除越彻底。

14.2 沉淀分离法

沉淀分离法是一种经典的分离方法,它是利用沉淀反应选择性地沉淀某些离子,而与可溶性的离子分离。沉淀分离法的主要依据是溶度积原理。

沉淀分离法的主要类型如图 14-1 所示。

图 14-1 常见沉淀分离法类型

14.2.1 常量组分的沉淀分离

1. 氢氧化物沉淀分离

大多数金属离子都能生成氢氧化物沉淀,各种氢氧化物沉淀的溶解度有很大的差别。因此可以通过控制酸度,改变溶液中的 [OH^-],以达到选择沉淀分离的目的。

(1) 以 NaOH 作沉淀剂，将两性元素与非两性氢氧化物分离。表 14-1 中列举了多种金属离子的氢氧化物开始沉淀与沉淀完全时的 pH。可控制酸度使物质分离。

(2) 氨水法：在铵盐存在条件下，以 NH_3 作沉淀剂，利用生成氨络合物与氢氧化物沉淀分离。如 Ag^+、Cd^{2+}、Cu^{2+}、Co^{2+}、Zn^{2+}、Ni^{2+} 等生成络合物，与 Fe^{3+}、Al^{3+} 和 $Ti(Ⅳ)$ 定量分离。

加 NH_4^+ 的作用：可控制溶液的 pH 13~9，防止 $Mg(OH)_2$ 沉淀生成；NH_4^+ 作为抗衡离子，减少氢氧化物对其他金属离子的吸附；促进胶状沉淀的凝聚。

(3) 有机碱法：六次甲基四胺、吡啶、苯胺、苯肼等有机碱与其共轭酸组成缓冲溶液，可控制溶液的 pH，利用氢氧化物分级沉淀的方法达到分离的目的。

(4) ZnO 悬浮液法：在酸性溶液中加入 ZnO 悬浮液，使液 pH 提高，可控制 pH 为 6 左右，使部分氢氧化物沉淀。此外，碳酸钡、碳酸钙、碳酸铅及氧化镁的悬浮液也有同样的作用，但所控制的 pH 各不相同。

在使用氢氧化物沉淀分离法时，可以加入掩蔽剂提高分离选择性。

表 14-1 各种金属离子氢氧化物开始沉淀和沉淀完全时的 pH

氢氧化物	溶度积 K_{SP}	开始沉淀 pH[M^+]=0.01mol/L	沉淀完全时 pH[M^+]=0.01mol/L
$Sn(OH)_4$	1×10^{-57}	0.5	1.3
$TiO(OH)_2$	1×10^{-29}	0.5	2.0
$Sn(OH)_2$	1×10^{-27}	1.7	3.7
$Fe(OH)_3$	1×10^{-38}	2.2	3.5
$Al(OH)_3$	1×10^{-32}	4.1	5.4
$Cr(OH)_3$	1×10^{-31}	4.6	5.9
$Zn(OH)_2$	1×10^{-17}	6.5	8.5
$Fe(OH)_2$	1×10^{-15}	7.5	9.5
$Ni(OH)_2$	1×10^{-18}	6.4	8.4
$Mn(OH)_2$	1×10^{-13}	8.8	10.8
$Mg(OH)_2$	1×10^{-11}	9.6	11.6

2. 硫化物沉淀分离

40 余种金属离子可生成难溶硫化物沉淀，各种金属硫化物沉淀的溶解度相差较大，为硫化物分离提供了基础。

(1) 硫化物的溶度积相差比较大，可通过控制溶液的酸度来控制硫离子浓度，而使金属离子相互分离。

(2) 硫化物沉淀多是胶体，共同沉淀现象严重；而且 H_2S 是有毒气体，为了避免使用 H_2S 带来的污染，可以采用硫代乙酰胺在酸性或碱性溶液中水解进行均相沉淀。

在酸性溶液中的反应：$CH_3CSNH_2 + 2H_2O + H^+ \rightleftharpoons CH_3COOH + H_2S + NH_4^+$

在碱性溶液中的反应：$CH_3CSNH_2 + 3OH^- \rightleftharpoons CH_3COO^- + S^{2-} + NH_3 + H_2O$

(3) 硫化物沉淀分离的选择性不高，主要适用于沉淀分离除去重金属离子。

3. 其他无机沉淀剂

(1) 硫酸：使钙、锶、钡、铅、镭等离子为硫酸盐沉淀可与金属离子分离。

(2) HF 或 NH_4F：用于钙、锶、镁、钍、稀土金属离子与金属离子的分离。

(3) 硫酸：利用 $Zr(IV)$、$Hf(IV)$、$Th(IV)$、Bi^{3+} 等金属离子能生成磷酸盐沉淀而与其他离子分离。

4. 有机沉淀剂

有机沉淀剂分离法具有吸附作用小、高选择性与高灵敏度的特点，而且灼烧时共沉淀剂易除去，因而方法应用普遍。

有机沉淀剂与金属离子生成的沉淀主要有以下三种类型：

(1) 螯合物沉淀：例如，丁二酮肟在氨性溶液中，与镍的反应几乎是特效的。

$$2\ \begin{array}{c} H_3C-C=N-OH \\ | \\ H_3C-C=N-OH \end{array} + Ni^{2+} \Longrightarrow \begin{array}{c} \text{丁二酮肟镍络合物结构} \end{array}$$

又如 13-羟基喹啉与 Al^{3+}、Zn^{2+} 均生成沉淀，若在 13-羟基喹啉芳环上引入一个甲基，形成 2-甲基-13-羟基可选择沉淀 Zn^{2+}，而 Al^{3+} 不沉淀，达到 Al^{3+} 与 Zn^{2+} 的分离。

铜铁试剂可使 Fe^{3+}、$Th(IV)$、$V(V)$ 等形成沉淀而与 Al^{3+}、Cr^{3+}、Co^{2+}、Ni^{2+} 等分离。

(2) 缔合物沉淀：四苯基硼化物与 K^+ 的反应产物为离子缔合物，其溶度积很小，为 2.25×10^{-13}。

(3) 利用胶体的凝聚作用进行沉淀，如辛可宁、单宁、动物胶等。

14.2.2 痕量组分的共沉淀分离和富集

利用共沉淀现象，以某种沉淀作载体，将痕量组分定量地沉淀下来，达到分离的目的。共沉淀分离一方面要求待测的痕量组分回收率高，另一方面要求共沉淀载体不干扰被测组分的测定。

1. 利用吸附作用进行共沉淀分离

如利用 $Fe(OH)_3$、$Al(OH)_3$ 或 $MnO(OH)_2$ 作载体，通过吸附共沉淀将痕量组分共沉淀分离富集。

2. 利用生成混晶进行共沉淀分离

利用生成混晶对痕量组分进行共沉淀分离富集。例如利用 Pb^{2+} 与 Ba^{2+} 生成硫酸盐混晶，用 $BaSO_4$ 共沉淀分离富集 Pb^{2+}。

3. 有机共沉淀剂

（1）利用胶体的凝聚作用进行共沉淀：辛可宁、单宁、动物胶。
（2）利用形成离子缔合物进行共沉淀：甲基紫、孔雀绿、品红、亚甲基蓝。
（3）利用"固体萃取剂"进行共沉淀：例如 U(Ⅵ)-1-亚硝基-2-萘酚是微溶螯合物，量少时难以沉淀。在体系中加入 α-萘酚或酚酞的乙醇溶液，α-萘酚或酚酞在水溶液中溶解度小，故析出沉淀，同时将 U(Ⅵ)-1-亚硝基-2-萘酚螯合物一并共沉淀富集。α-萘酚或酚酞不与 U(Ⅵ) 及其螯合物发生反应，称为惰性共沉淀剂。

又如，萘作为萃取溶剂最早是以高温熔融萃取法应用于分析化学，当萘从高温冷却至室温时，萘以固体析出，从而使被萃取物很容易分离。但是这项操作需在 90℃ 下进行熔融萃取，分离后还需加热至 90℃ 熔融或以其他有机溶剂溶解萘相，再进行分光光度法测定。1971 年，提出了微晶萘萃取及共沉淀技术，其方法是将萘溶于丙酮中，取少量的萘丙酮溶液于被萃取金属配合物的溶液中，由于溶液中丙酮浓度的迅速降低，萘以微小的晶体析出，同时萃取了溶液中金属离子的配合物，达到了分离富集的目的。

14.3 挥发分离法

挥发分离法是指利用物质挥发性的差异分离共存组分的方法。它是将组分从液体或固体样品中转变为气相的过程，它包括蒸发、蒸馏、升华、挥发和汽化等。

有机分析中，常用挥发和蒸馏分离法，如 C、H、O、N 和 S 等元素的测定，多可用此方法分离。如氮的测定，将化合物中的氮经处理转化为 NH_4^+，然后在碱性条件下将 NH_3 蒸出，用酸吸收测定。

适于气态分离的无机化合物（不包括金属螯合物和有机金属化合物）如表 14-2 所示。

表 14-2 气态分离无机化合物

挥发形式	元素和化合物
单质	H、N、卤素、Hg 等
氢化物	As、Sb、Bi、Te、Sn、Pb、Ge、F、Cl、S、N、O
氟化物	B、Mo、Nb、Si、Ta、Ti、V、W
溴化物	Al、As、Cd、Cr、Ga、Ge、Hg、Mo、Sb、Sn、Ta、Ti、V、W、Zn、Zr
氯化物	As、Bi、Hg、Sb、Se、Sn
碘化物	As、Sb、Sn、Te
氧化物	As、C、H、Os、Re、Ru、S、Se、Te

14.4 液-液萃取分离法

液-液萃取分离法又称溶剂萃取分离法。该方法是利用物质在不同的溶剂中具在不同的溶解度为基础的。在含有被分离组分的水溶液中，加入与水不相混溶的有机溶剂，振荡，使其达到溶解平衡，一些组分进入有机相中，另一些组分仍留在水相，从而达到分离的目的。

14.4.1 萃取分离的基本原理

（1）萃取过程的实质。物质对水的亲疏性是可以改变的，为了将待分离组分从水相萃取到有机相，萃取过程通常也是将物质由亲水性转化为疏水性的过程。所以说，萃取过程的实质是完成由水相到有机相的变化，使亲水性的物质变成疏水性的物质。反之，由有机相到水相的转化，称为反萃取。

（2）分配系数 K_D。设水相中有某 A，加入有机溶剂并使两相充分接触后，A 在两相中进行分配，并在一段时间后达到动态平衡。当温度和离子强度一定时，A 在两相中的平衡浓度之比为常数，称为分配系数 K_D。

$$K_D = [A]_o / [A]_w$$

式中 $[A]_o$、$[A]_w$——有机相和水相中 A 的平衡浓度。

（3）分配比 D。水相和有机相中溶质常有多种存在形式，通常将溶质在有机相中的各种存在形式的总浓度与水相中各种存在形式的总浓度之比，称为分配比 D。

$$D = \frac{c_o}{c_w}$$

式中 c_o、c_w——A 在有机相和水相中的总浓度。

（4）萃取率 E。物质被萃取到有机相中的比率，称为萃取率，它是衡量萃取效果的一个重要指标。

$$E = \frac{\text{被萃物在有机相中的总量}}{\text{被萃物在两相中的总量}} = \frac{c_o V_o}{c_w V_w + c_o V_o}$$

式中 V_o、V_w——有机相和水相的体积。

14.4.2 重要萃取体系

1. 螯合物萃取体系

螯合物萃取是指螯合剂与金属离子形成疏水性中性螯合物后，被有机溶剂所萃取。例如，用 13-羟基喹啉 $HCCl_3$ 可以将 Al^{3+} 萃取到有机相。

2. 离子缔合物萃取体系

大体积的阳离子与阴离子通过静电引力相结合而形成电中性的化合物而被有机溶剂萃取，称为离子缔合萃取。例如，亚铜离子与双喹啉形成络阳离子后，可与阴离子 Cl^-、ClO_4^- 形成缔合物，被异戊醇萃取。

$$Cu^+ + 2\,(Bq) \Longrightarrow Cu(Bq)_2^+$$

$$Cu(Bq)_2^+ Cl = [Cu(Bq)_2^+ \cdot Cl^-]$$

3. 溶剂化合物萃取体系

某些溶剂分子通过其配位原子与无机化合物中的金属离子相键合，形成溶剂化合物，从而可溶于该有机溶剂中。这种萃取体系称为溶剂配合萃取体系。例如磷酸三丁酯（TBP）对硝酸盐的萃取，对 $FeCl_3$ 或 $HFeCl_4$ 的萃取等。杂多酸的萃取体系一般也属于溶剂化合物萃取体系。

4. 简单分子萃取体系

被萃物在水相和有机相中都以中性分子形式存在，溶剂与被萃物之间无化学结合，不需外加萃取剂。如 TBP 在水相与煤油间的分配。I_2、Cl_2、Br_2、AsI_3、SnI_4、$GeCl_4$ 和 OsO_4 等稳定的共价化合物，它们在水溶液中以分子形式存在，不带电荷，利用 CCl_4、$CHCl_3$ 和苯等惰性溶剂，可将它们萃取出来。

14.4.3 萃取条件的选择

不同萃取体系对萃取条件的要求不同。以螯合萃取体系为例，讨论以下条件对萃取的影响。

设金属离子 M^{n+} 与螯合剂 HR 作用生成螯合物 MR_n 被有机溶剂所萃取。如果 HR 易溶于有机相而难溶于水相，则总的萃取反应为

$$(M^{n+})_w + n(HR)_o \rightleftharpoons (MR_n)_o + n(H^+)_w$$

此反应的平衡常数称为萃取平衡常数 K_{ex}。

$$K_{ex} = \frac{[MR_n]_o [H^+]_w^n}{[M]_w [HR]_o^n}$$

将各平衡常数代入此式，可得

$$K_{ex} = K_{d(MRn)} \cdot K_f \times \left(\frac{K_a}{K_{d(HR)}}\right)^n$$

式中 $K_{d(MRn)}$——螯合物的分配系数；

K_a——HR 在水相中的解离常数；

K_f——螯合物的形成常数，$K_{d(HR)}$ 为 HR 的分配系数。

因为 $D = \dfrac{[MR_n]_o}{[M]_w}$，所以可推导得到

$$D = K_{ex} \frac{[HR]_o^n}{[H^+]_w^n}$$

可见，此萃取体系的分配比与 K_{ex} 有关，即与 $K_{d(MRn)}$、K_a、K_f 和 $K_{d(HR)}$ 有关；与水相中 pH 有关；与螯合剂在有机相中的浓度有关。

（1）螯合剂的选择。螯合剂与金属离子生成的螯合物越稳定，K_f 越大，萃取效率越高；螯合剂的疏水性越强，$K_{d(HR)}$ 越小，萃取效率越高。

（2）溶液的酸度。溶液的酸度越低，D 越大，越有利于萃取。

（3）萃取溶剂的选择。金属螯合物的 $K_{d(MRn)}$ 越大，越有利于萃取。根据螯合物的结构，按结构相似的原则，选择合适的萃取剂。例如含烷基的螯合物用卤代烷烃（如 CCl_4、$CHCl_3$）作萃取溶剂，含芳香基的螯合物用芳香烃（如苯、甲苯等）作萃取溶剂较合适。

此外还要考虑溶剂的其他性质，如密度与水溶液的密度的差别要大，黏度要小，最

好无毒性等。

(4) 干扰的消除。通过控制酸度或掩蔽作用减少干扰组分的影响。

14.5 离子交换分离法

利用离子交换剂与溶液中的离子发生交换反应而进行分离的方法。此法可用于：
(1) 分离。
(2) 富集微量物质。
(3) 除去杂质，高纯物质的制备。

14.5.1 离子交换剂的种类和性质

1. 种类

离子交换剂的种类很多，主要分为无机离子交换剂和有机离子交换剂。分析中应用较多的是有机离子交换剂。离子交换树脂是一种具有网状结构的高分子聚合物，在水、酸和碱中难溶，对有机溶剂、氧化剂、还原剂和其他化学试剂具有一定的稳定性。在网状结构的骨架上，有许多可以与溶液中的离子发生交换作用的活性基团。根据树脂的功能，可分为以下几大类型，如图14-2所示。

图14-2 离子交换剂的种类

(1) 阳离子交换树脂：树脂的活性基团为酸性，可与溶液中的阳离子发生交换。
① 强酸型阳离子交换树脂，活性基团为—SO_3H，在酸性、中性和碱性溶液中都能使用。
② 弱酸型阳离子交换树脂：活性基团为—COOH、—OH，在中性、碱性中使用。
(2) 阴离子交换树脂：树脂的活性基团为碱性，可与溶液中的阴离子发生交换。
① 强碱型阴离子交换树脂：活性基团为季铵基[—$N(CH_3)_3Cl$]，在酸性、中性和碱性溶液中都能使用。
② 弱碱型：活性基团为伯、仲、叔胺基，在中性和酸性中使用。

(3) 特殊功能树脂。

① 螯合树脂：含有特殊的活性基团，可与某些金属离子形成螯合物。在交换过程中能选择性地交换某些离子。例如，氨羧基螯合树脂如含有 $[-N(CH_2COOH)_2]$ 的螯合基团。这类树脂的特点是选择性高。

② 大孔树脂：这类树脂比一般树脂有更多、更大的孔道，表面积大，离子容易迁移扩散，富集速度快。

③ 氧化还原树脂：含有可逆的氧化还原基团，可与溶液中离子发生电子转移。

④ 萃淋树脂：也称萃取树脂，是一种含有液态萃取剂的树脂，是以苯乙烯-二乙烯苯为骨架的大孔结构和有机萃取剂的共聚物，兼有离子交换法和萃取法的优点。

⑤ 纤维交换剂：天然纤维素上的羟基进行酯化、磷酸化、羧基化后，可制成阳离子交换剂；经胺化后可制成阴离子交换剂。可用于提纯分离蛋白质、酶、激素等物质，也可用于无机离子的分离。

2. 离子交换树脂的结构

离子交换树脂为具有网状结构的高分子聚合物。例如，常用的聚苯乙烯磺酸型阳离子交换树脂，就是以苯乙烯和二乙烯苯聚合后经磺化制得的聚合物。

在树脂的庞大结构中碳链和苯环组成了树脂的骨架，它具有可伸缩性的网状结构，其上的磺酸基是活性基团。当这种树脂浸泡在溶液中时，$-SO_3H$ 的 H^+ 与溶液中阳离子进行交换。在苯乙烯和二乙烯苯聚合成具有网状骨架结构树脂小球中，二乙烯苯在苯乙烯长链之间起到"交联"作用。因此，二乙烯苯称为交联剂。通过磺化，在树脂的网状结构上引入许多活性离子交换基团，如磺酸基团。磺酸根固定在树脂的骨架上，称为固定离子，而氢离子可被交换，称为交换离子。

3. 离子交换树脂的性能参数

(1) 交联度。是树脂聚合反应中交联剂所占的质量百分数，是表征离子交换树脂骨架结构的重要性质参数。是衡量离子交换树脂孔隙度的一个指标。

交联度小：网眼大，对水膨胀性好，交换速度快，选择性差，机械性能差。

交联度大：网眼小，对水膨胀性差，交换速度慢，选择性好，机械性能高。

树脂的交联度一般以 $4\%\sim14\%$ 为宜。

(2) 交换容量（exchange capacity）。是指每克干树脂所能交换的物质的量 (mmol)。表征离子交换树脂活性基团的重要性质参数。它决定于网状结构中活性基团的数目。一般树脂的交换容量为 $3\sim6mmol/g$。

14.5.2 离子交换亲和力

树脂对离子的亲和力大小决定树脂对离子的交换能力。亲和力的大小与水合离子半径、电荷及离子极化程度有关。

1. 强酸型阳离子交换树脂

(1) 不同价态的离子，电荷越高，亲和力越大。例如以下离子的亲和力大小顺序是

$Na^+ < Ca^{2+} < Al^{3+} < Th^{4+}$。

（2）当离子价态相同时，亲和力随水合离子半径减小而增大，例如以下离子的亲和力大小顺序是 $Li^+ < H^+ < Na^+ < NH_4^+ < K^+ < Rb^+ < Cs^+ < Tl^+ < Ag^+$；$Mg^{2+} < Zn^{2+} < Co^{2+} < Cu^{2+} < Cd^{2+} < Ni^{2+} < Ca^{2+} < Sr^{2+} < Pb^{2+} < Ba^{2+}$。

（3）稀土元素的亲和力随原子序数增大而减小，主是由于镧系收缩现象所致。

2. 弱酸型阳离子交换树脂

H^+ 的亲和力比其他阳离子大，此外亲和力大小顺序与强酸型阳离子交换树脂相同。

3. 强碱型阴离子交换树脂

常见阴离子的亲和力顺序为 $F^- < OH^- < CH_3COO^- < HCOO^- < Cl^- < NO_2^- < CN^- < Br^- < C_2O_4^{2-} < NO_3^- < HSO_4^- < I^- < CrO_4^{2-} < SO_4^{2-} <$ 柠檬酸根。

4. 强碱型阴离子交换树脂

常见阴离子的亲和力顺序为 $F^- < Cl^- < Br^- < I^- < CH_3COO^- < MoO_4^{2-} < PO_4^{3-} < AsO_4^{3-} < NO_3^- <$ 酒石酸根 $< CrO_4^{2-} < SO_4^{2-} < CrO_4^{2-} < OH^-$。

14.5.3 离子交换分离操作

离子交换分离法包括静态法和柱交换分离法。

静态法是将处理好的交换树脂放于样品溶液中，或搅拌或静止，反应一段时间后分离。该法非常简便，但分离效率低。常用于离子交换现象的研究。在分析上用于简单组富集或大部分干扰物的去除。

柱交换分离法是将树脂颗粒装填在交换柱上，让试液和洗脱液分别流过交换柱进行分离。以下介绍的是离子交换柱分离法，如图 14-3 所示。

图 14-3 离子交换柱结构图

1. 树脂的选择和预处理

选择：根据待分离试样的性质与分离的要求，选择合适型号和粒度的离子交换树脂。

浸泡：让干树脂充分溶胀，除去树脂内部杂质。如强酸型阳离子交换树脂，先用乙醇洗去有机杂质，再用 2～4mol/L HCl 浸泡 1～2d；然后用水和去离子水洗净离子交换树脂。

转型：根据分离需要进一步转型。如强酸型阳离子交换树脂，可用 NH_4Cl 溶液转化为铵型阳离子交换树脂；强碱型阴离子交换树脂可分别用 NaCl 溶液转化为氯型阴离子交换树脂。

2. 装柱

交换柱的选择：交换柱的直径与长度主要由所需交换的物质的量和分离的难易程度所决定，较难分离的物质一般需要较长的柱子。

装柱：用处理好离子交换树脂装柱。在柱管底部装填少量玻璃丝，柱管注满水，倒入一定量的湿树脂，让其自然沉降到一定高度。装柱时应防止树脂层中夹有气泡。要保证树脂颗粒浸泡在水中。

3. 交换

将试液按适当的流速流经交换柱，试液中那些能与离子交换树脂发生交换的相同电荷的离子将保留在柱上，而那些带异性电荷的离子或中性分子不发生交换作用，随着液相继续向下流动。当试液不断地倒入交换柱，在交换层的上面一段树脂已全部被交换（已交换层），下面一段树脂完全还没有交换（未交换层），中间一段部分交换（交界层）。在不断的交换过程中，交界层逐渐向下移动。当交界层底部到达交换柱底部时，在流出液开始出现未被交换的样品离子，交换过程达到"始漏点"（break-through point）。此时，对应交换柱的有效交换容量称为"始漏量"（break-through capicity）。

4. 淋洗（洗脱）

用适当的淋洗剂，以适当的流速，将交换上去的离子洗脱并分离。因此说洗脱过程是交换过程的逆过程。当洗脱液不断地注入交换柱时，已交换在柱上的样品离子就不断地被置换下来。置换下来的离子在下行过程中又与新鲜的离子交换树脂上的可交换离子发生交换，重新被柱保留。在淋洗过程中，待分离的离子在下行过程中反复地进行着"置换—交换—置换"的过程。洗脱过程可用洗脱曲线表示，如图14-4所示。

根据离子交换树脂对不同离子的亲和力差异，洗脱时，亲和力大的离子更容易被柱保留而难以置换。亲和力大的离子向下移动的速度慢，亲和力小的离子向下移动的速度快。因此可以将它们逐个洗脱下来。亲和力最小的离子最先被洗脱下来。因此，淋洗过程也就是分离过程。

图14-4 离子交换柱洗脱曲线

5. 再生

使交换树脂上的可交换离子回复为交换前的离子，以便再次使用。有时洗脱过程就是再生过程。

14.6 色谱分离法

色谱法（chromatography）又称层析法，是利用各组分的物理化学性质的差异，使各组分不同程度地分配在两相中。一相是固定相，另一相是流动相。由于各组分受到两相的作用力不同，从而使各组分以不同的速度移动，达到分离的目的。

根据流动相的状态，色谱法又可分为液相色谱法和气相色谱法。这里只简单介绍属于经典的液相色谱法的纸上色谱分离法、薄层色谱分离法和萃取色谱分离法。

14.6.1 纸色谱分离法

1. 方法原理

纸色谱分离法是根据不同物质在固定相和流动相间的分配比不同而进行分离的。以层析滤纸为载体，滤纸纤维素吸附的水分构成纸色谱的固定相。由有机溶剂等组成的展开剂为流动相。样品组分在两相中做反复多次分配达到分离。方法具有简单、分离效能较高、所需仪器设备价廉、应用范围广泛等特点，因而在有机化学、分析化学、生物化学等方面得到应用。

2. 操作过程

取一大小适宜的滤纸条，在下端点上标准和样品，放在色谱筒中展开，取出后，标记前沿，晾干，着色，计算比移值。

比移值（retardation factor，R_f）等于展开后组分斑点中心到原点的距离与溶剂前沿到原点距离之比。如图 14-5 所示，组分 1 的比移值为 $R_{f_1}=h_1/h$，组分 2 的比移值为 $R_{f_2}=h_2/h$，组分 3 的比移值为 $R_{f_3}=h_3/h$。式中 h 为展开后溶剂前沿到原点的距离，h_1、h_2、h_3 为组分 1、2、3 展开后斑点中心到原点的距离。比移值相差越大的组分，分离效果越好。

图 14-5 比移值测量结果图

3. 应用

纸色谱的展开方式有：

（1）上行法，即展开剂从层析纸的下方因毛细管作用而向上运动。

（2）下行法，试液点在层析纸的上端，滤纸倒悬，展开液因重力而向下展开。

（3）双向展开法，若一种展开剂不能将待分离组分分开，可用此方法。先用一种展开剂按一个方向展开后，再用另一种展开剂按垂直于第一种方向进行展开。

因纸色谱具有简单、分离效能较高、所需仪器设备价廉、应用范围广泛等特点，因而在有机化学、分析化学、生物化学等方面得到应用。如用丁酮、甲基异丁酮、硝酸和水作展开剂，可分离铀、钍、钪及稀土。用甲基异丁酮、丁酮、氢氟酸和水作展开剂可分离铌和钽。还可用于性质相近的多种氨基酸的分离及产品中微量杂质的鉴定等方面。

14.6.2 薄层色谱分离法

1. 方法原理

薄层色谱是把吸附剂铺在支撑体上，制成薄层作为固定相，以一定组成的溶剂作为流动相，进行色谱分离的方法。其吸附剂常为纤维素、硅胶、活性氧化铝等，支撑体常为铝板、塑料板、玻璃板等。它利用吸附剂对不同组分的吸附力的差异，试样沿着吸附层不断地发生"溶解—吸附—再溶解—再吸附……"的过程。造成它们在薄层上迁移速度的差别，从而得到分离，各组分比移值的计算同纸色谱。

2. 应用

薄层色谱是一种吸附层析，需利用各种不同极性的溶剂来配制适当的展开剂，常用溶剂按极性增强次序为石油醚、环己烷、CCl_4、苯、甲苯、$CHCl_3$、乙醚、乙酸、乙酯、正丁醇、1,2-二氯乙烷、丙酮、乙醇、甲醇、水、吡啶、HAc。

展开的方式可采用上行下行的单向层析法，对于难分离组分，还可采用"双向层析法"。

根据一定条件下组分的比移值与标准进行对照，可进行定性分析。斑点显色后，观察色斑的深浅程度，参照标准可作半定量分析。

将该组分色斑连同吸附剂一块刮下，然后洗脱、测定，可进行定量分析。也可用薄层扫描仪，直接扫描斑点，得出峰高或积分值，自动记录进行定量分析。

学习资源

超临界流体萃取法

超临界流体是指某种气体（液体）或气体（液体）混合物在操作压力和温度均高于临界点时，使其密度接近液体，而其扩散系数和黏度均接近气体，其性质介于气体和液体之间的流体。超临界流体萃取法技术就是利用超临界流体为溶剂，从固体或液体中萃取出某些有效组分，并进行分离的一种技术。

超临界流体萃取法的特点在于充分利用超临界流体兼有气、液两重性的特点，在临界点附近，超临界流体对组分的溶解能力随体系的压力和温度发生连续变化，从而可方便地调节组分的溶解度和溶剂的选择性。超临界流体萃取法具有萃取和分离的双重作用，物料无相变过程因而节能明显，工艺流程简单，萃取效率高，无有机溶剂残留，产品质量好，无环境污染。

复习与思考

一、填空题

1. 离子交换剂的种类很多，主要分为_____和_____。
2. _____和_____是定量分析化学的重要组成部分。
3. 各种氢氧化物沉淀的溶解度有很大的差别。因此可以通过控制酸度，改变溶液中的_____，以达到选择沉淀分离的目的。

二、问答题

1. 常见的沉淀方法都有哪些？
2. 色谱法所利用的原理是什么？

第15章 实践操作技能

15.1 化学检验实验（技能）鉴定的基本知识

15.1.1 化学检验实验（技能）鉴定课的要求

1. 科学的学习态度

化学检验实验课是化学分析实验和操作训练的综合，它与化学分析理论课紧密配合但又具有独立性。要求学生在熟练掌握基本操作技能的前提下，在化学分析理论的指导下，建立被检测物质"有多少量"（即"定量"）的概念。通过操作训练，实际项目动手测试，并以规定的规则读写实验数据，最后通过理论计算，得出正确的实验结论，提交实验报告。因此，上好化学检验实验（技能）鉴定课应注意以下几点：

（1）有基本的实验常识，严格遵守实验课规则。
（2）充分进行实验前的思想、知识准备，了解所用试剂、仪器的性能，预估计出现的问题及解决问题的方法，对意外事故有处理的措施。
（3）对任何操作，一定要先动脑、再动手。搞不懂的一定不要盲目操作。
（4）化学分析实验的实践教学活动，对体力要求不严，但要求操作人员心灵手巧，是智力与动手能力的有机配合。
（5）要保持良好的实验秩序，要求实验场所安静、清洁，仪器摆放井井有条。
（6）实验用化学仪器种类繁多，用途各异，为保证环境和自身的安全，一定要按规定穿工作服。实验告一段落后要洗手。
（7）树立安全第一的原则，严格按基本操作规程进行实验。要特别注意易燃、易爆、有毒试剂的使用方法。

2. 学习方法

化学分析实验是一门应用性很强的课程，"学以致用"是学习本课程的必备理念。本课程的学习既是后续课程的基础，也是一门工种和职业。所以在学习过程中应有明确的学习目标，培养对实验的兴趣，树立做好实验的信心。操作中时刻注意"沾污"问题，牢固树立"量"与"准确"的概念。

在学习本课程时，应按照以下步骤进行：

（1）实验前充分预习，写好预习报告。先动脑思考，再动手操作，并对结果有预料。事先做好充分准备，合理安排各个环节，这样做起来就得心应手。

预习时应做到：认真阅读实验教材、有关教科书和参考资料，查阅有关数据，明确实验目的和基本原理，了解实验的内容和实验步骤，熟悉安全注意事项，合理安排实验时间，书写实验预习报告。有问题记下来，实验课时向老师提出。

实验预习报告是实验报告的一部分。内容包括实验题目、实验目的、基本原理、实验过程（或步骤）。要求书写简明扼要，按不同实验要求，可用方框、箭头或表格形式表达。无预习报告，暂停实验，重新预习，达到预习效果后才能进行实验。

（2）实验操作前认真听实验教师讲解实验要点。结合预习达到融会贯通，不明白的问题及时向实验教师提出，整个实验内容清楚后再操作。

（3）在实验过程中要规范操作。学生在教师指导下，首先熟练掌握分析化学实验的基本操作技能，对每一个实验操作项目，搞懂原理，检查使用的玻璃仪器、设备及试剂规格，然后按操作步骤进行，操作要规范，观察要仔细，及时记录每个实验现象、实验异常、实验数据、实验结论。

实验时原则上应按教材上所规定的步骤、方法和实际用量进行，若有新的实验方案，应当经教师批准后方可进行实验。

（4）实验报告的整理。实验操作完成后，必须根据自己的实验记录进行归纳总结，分析讨论，整理成文。完成实验报告是对所学知识进行归纳和总结的过程，也是培养严谨的科学态度，实事求是精神的措施，是教师对学生实验课考核的手段之一，应该认真对待。实验报告的格式要规范，内容要完整，字迹应端正、整齐、清楚。

3. 课程目标

（1）在培养学生掌握实验的基本操作、基本技能和基本知识的同时，努力培养学生的创新意识与创新能力。

（2）利用严格的实验训练，培养学生规范地掌握基本操作与基本技能。

（3）结合研究性实验与设计实验，培养学生具有自我获取知识、提出问题、分析问题、解决问题的独立工作能力。

（4）注意培养学生实事求是的科学态度、勤俭节约的优良作风、认真细致的工作作风、相互协作的团队精神，为学生参加实际工作和开展科学研究打下良好的基础。

4. 实验室规则

实验室规则是人们在长期的实验室工作中归纳总结出来的。它可以防止意外事故，保持正常的实验环境和工作秩序。遵守实验室规则是做好实验的重要前提。因此，学生在做实验时必须严格遵守以下实验室规则：

（1）穿好实验服，准备好实验教材、预习报告、记录本，准时到实验室。

（2）实验前一定要做好预习和实验准备工作，检查实验所需要的试剂、仪器是否齐全。实验时要集中精力，认真操作，仔细观察，积极思考，如实详细地做好实验记录。

（3）实验中必须保持肃静，不准大声喧哗，不得到处乱走。不得无故缺席，因故缺席未到的实验应该补做。

（4）爱护国家财物，小心使用仪器和实验设备，注意节约水、电和试剂。用自己的仪器，不得动用他人的仪器；公用仪器和临时用的仪器用完后应清洗干净，放回原处。如有损坏，必须及时登记并及时通知实验教师。

（5）实验台上的仪器应整齐地放在一定的位置，并保持台面的整洁。废纸、火柴梗和碎玻璃应倒入垃圾箱内，酸性废液应倒入废液缸内，切忌倒入水槽，以防堵塞或锈蚀下水管道。碱性废液倒入水槽并用水冲洗。树立环保意识。

（6）按规定的量取用药品，注意节约。称取药品后，及时盖好原瓶盖，放在指定地方的药品不得擅自拿走。

（7）使用精密仪器时，必须严格按照操作规程进行操作，细心谨慎，避免因粗心大意而损坏仪器。如发现仪器有故障，应立即停止使用，报告教师，及时排除故障。使用后必须自觉填写登记本。

（8）发生意外事故应保持镇静，不要惊慌失措。遇有烧伤、烫伤时应立即报告教师，及时急救和治疗。

（9）实验后，应将所用仪器洗净并整齐地放回柜内。实验台及试剂架必须擦净，最后关好电闸、水龙头。实验柜内仪器应存放有序，清洁整齐。

（10）每次实验后由学生轮流值日，负责打扫和整理实验室，并检查水龙头和门窗是否关紧，电闸是否关闭，以保持实验室的整洁和安全。

15.1.2　化学分析实验常用玻璃仪器与器材

定量分析实验常用器皿如表 15-1 所示。

表 15-1　定量分析实验常用器皿

仪器	规格	一般用途	注意事项
烧杯	1. 玻璃品质：硬质或软质 2. 容积（mL）	反应容器，可以容纳较大量的反应物	1. 硬质烧杯可以加热至高温，但软质烧杯要注意勿使温度变化过于剧烈 2. 加热时放在石棉网上，不应直接加热
锥形瓶	1. 玻璃品质：硬质或软质 2. 容积（mL）	反应容器，摇荡方便，口径较小，因而能减少反应物的蒸发损失	同烧杯
称量瓶	1. 玻璃品质 2. 上口有磨口塞 3. 分高形和扁形两种	1. 精确称量试样和基准物 2. 质量小，可直接在天平上称量	称量瓶盖要密合

续表

仪器	规格	一般用途	注意事项
移液管	1. 玻璃品质 2. 在一定温度时以刻度的容积（mL）表示	吸取一定量准确体积的液体时用	1. 不能加热或烘干 2. 将吸取的液体放出时，管尖端剩余的液体不得吹出，如刻有"吹"字的要把剩余部分吹出
容量瓶	1. 玻璃品质 2. 规格：一定温度下的容积（mL）例 20℃	配制标准溶液	1. 不能盛热溶液或加热或烘烤 2. 磨口塞必须密合并且要避免打碎，遗失和互相搞混
滴定管	1. 玻璃品质 2. 所容的最大容积（mL）表示 3. 分酸式（玻璃活塞）和碱式（橡皮管），酸式有无色和棕色两种	1. 滴定时用 2. 用以取得准确体积的液体时用	1. 小心酸式滴定管的玻璃活塞，避免打碎、遗失或相互搞混 2. 用滴定管时要清洗洁净，液体下流时，管壁不得有水珠悬挂，滴定管的活塞下部也要充满液体，全管不得留有气泡
量筒 量杯	1. 玻璃品质 2. 以所能量度的最大容积（mL）表示	量度液体的体积（不是十分准确的）	1. 不能用做反应容器 2. 不能加热或烘烤
洗瓶	1. 塑料和玻璃两种 2. 规格：用容积（mL）表示，如 500mL	用蒸馏水洗涤沉淀和容器用	1. 不能装自来水 2. 塑料洗瓶不能加热

仪器	规格	一般用途	注意事项
表面皿	1. 玻璃品质 2. 口径（cm）表示（如直径9cm）	1. 用做烧杯等容器的盖子 2. 用来进行点滴反应 3. 观察小晶体及结晶过程	1. 不能加热 2. 用做烧杯盖子时，表面皿的直径应比烧杯直径略大些
干燥器	1. 厚玻璃制 2. 以口径（cm）表示 3. 尚有真空干燥器可抽气减压	1. 定量分析时用 2. 盛需保持干燥的仪器物品	1. 干燥剂不要放得太满 2. 干燥器的身与盖间应均匀涂抹一层凡士林 3. 灼烧过的物品放入干燥器前温度不能过高 4. 打开盖时应将盖向旁边推开，搬动时应用手指按住盖，避免滑落而打碎 5. 干燥器内的干燥剂要按时更换
毛刷	1. 柄为铁质 2. 以大小表示	洗刷一般玻璃仪器时用	1. 洗刷玻璃器皿，应小心勿使刷子顶部的铁丝撞穿器皿底部 2. 刷子不应与酸特别是洗液接触
石棉网	1. 铁线，石棉 2. 面积大小	加热玻璃容器时垫在玻璃容器底部，使加热均匀	1. 不能随意扔丢，以免损坏石棉 2. 不能浸水弄湿

15.1.3 基准物质与标准溶液

1. 基准物质

化学分析实验常常需要配制某种物质的已知浓度的标准溶液，并非所有试剂都可以用来直接配制标准溶液，可用于直接配制标准溶液的物质称为基准物质。作为基准物质必须具备以下条件：

（1）物质的组成恒定并与化学式相符。若含结晶水，例如 $H_2C_2O_4 \cdot 2H_2O$，$Na_2B_4O_7 \cdot 10H_2O$ 等，其结晶水的实际含量也应与化学式严格相符。

（2）试剂纯度足够高，一般要求达 99.9% 以上，杂质含量应少到不至于影响分析方法要求的准确度。

(3) 试剂在一般情况下性质稳定，不易吸收空气中的水分和 CO_2，不分解，不易被空气氧化。

(4) 试剂最好有较高的摩尔质量，以减少称量时的相对误差。

(5) 自己参加反应时，应严格按反应式定量进行，没有副反应。

常用的基准物质有 $KHC_8H_4O_4 \cdot 2H_2O$（邻苯二甲酸氢钾）、$H_2C_2O_4 \cdot 2H_2O$、Na_2CO_3、$K_2Cr_2O_7$、$NaCl$、$CaCO_3$、金属锌等。基准物质在使用前必须以适宜方法进行干燥处理，并妥善保存。

2. 标准溶液的配制

标准溶液的配制方法有直接法和标定法两种。

1）直接法

准确称量一定量的基准物质，经溶解后，定量转移于一定体积的容量瓶中，用规定纯度的水稀释至刻度。根据溶质的质量和容量瓶的体积即可计算出该标准溶液的准确浓度。然后用移液管和容量瓶分取、定容配制成所需的准确浓度。

2）标定法

大多数物质是不能满足基准物质条件的，如 HCl、NaOH、$KMnO_4$、I_2、$Na_2S_2O_3$ 等试剂，它们不适合用直接法配制成标准溶液，需要采用标定法（又称间接法）。这种方法是：先大致配成所需浓度的溶液（其浓度值在所需浓度值的5%范围以内），然后用基准物质或另一种标准溶液来确定它的准确浓度。例如，欲配制 0.1mol/L NaOH 标准溶液，先用 NaOH 饱和溶液稀释成浓度大约是 0.1mol/L 的稀溶液，然后称量一定量的基准物质邻苯二甲酸氢钾进行标定，根据基准试剂的质量和待标定 NaOH 标准溶液消耗的体积，计算该标准溶液的准确浓度。

有时也可用另一种标准溶液标定，如 NaOH 标准溶液可用已知准确浓度的 HCl 标准溶液标定。方法是移取一定体积的已知准确浓度的 HCl 标准溶液滴定至终点，根据 HCl 标准溶液的浓度和体积以及待定的 NaOH 标准溶液消耗的体积计算 NaOH 溶液的准确浓度。这种方法的准确度不如用基准物质直接标定法高。

实际工作中，为消除共存元素对滴定的影响，有时也选用与被分析样品组成相似的"标准样品"来标定标准溶液的浓度。另外，有的基准物质实际价格高，为降低分析成本，也可采用纯度较低的试剂，用标定法制备标准溶液。

15.1.4 试剂及其取用方法

1. 试剂的分类

根据化学试剂的纯度，按杂质含量的多少，国内将化学试剂分为四级：

(1) 一级试剂（优级纯试剂）通常用 GR 表示。

(2) 二级试剂（分析纯试剂）通常用 AR 表示。

(3) 三级试剂（化学纯）通常用 CP 表示。

(4) 四级试剂（实验或工业试剂）通常用 LR 表示。

此外，根据特殊的工作目的，还有一些特殊的纯度标准。例如光谱纯、荧光纯、半导体纯等。取用时应按不同的实验要求选用不同规格的试剂。例如一般无机实验用三级或四级试剂即可，分析实验则需取用纯度较高的二级甚至一级试剂。

2. 试剂的包装

固体试剂一般装在带胶木塞的广口瓶中，液体试剂则盛在细口瓶中（或滴瓶中），见光易分解的试剂（如硝酸银）应装在棕色瓶中，每一种试剂都贴有标签以表明试剂的名称、浓度、纯度。（实验室分装时，固体只标明试剂名称，液体还需注明浓度。）

3. 试剂的取用

固体粉末试剂可用洁净的牛角勺取用。要取一定量的固体时，可把固体放在纸上或表面皿上在台秤上称量。要准确称量时，则用称量瓶在天平上进行称量。液体试剂常用量筒量取，量筒的容量为 5mL、10mL、50mL、500mL 等数种，使用时要把量取的液体注入量筒中，使视线与量筒内液体凹面的最低处保持水平，然后读出量筒上的刻度，即得液体的体积。

如需少量液体试剂则可用滴管取用，取用时应注意不要将滴管碰到或插入接收容器的壁上或里面。

4. 取用试剂规则

为了达到准确的实验结果，取用试剂时应遵守以下规则，以保证试剂不受污染和不变质：

（1）试剂不能与手接触。

（2）要用洁净的牛角勺，量筒或滴管取用试剂，绝对不准用同一种工具同时连续取用多种试剂。取完一种试剂后，应将工具洗净（牛角勺要擦干）后，方可取用另一种试剂。

（3）试剂取用后一定要将瓶塞盖紧，不可放错瓶盖和滴管，绝不允许张冠李戴，用完后将瓶放回原处。

（4）已取出的试剂不能再放回原试剂瓶内。

另外取用试剂时应本着节约精神，尽可能少用，这样既便于操作和仔细观察现象，又能得到较好的实验结果。

15.1.5 实训中安全操作常识与环保

1. 化学分析操作安全规则

在进行化学实验时，经常使用水、电、煤气并常碰到一些有毒的、有腐蚀性的或者易燃、易爆的物质。由于不正确和不经心的操作，以及忽视操作中必须注意的事项都能够造成着火，爆炸和其他不幸的事故发生。因此重视安全操作，熟悉一般的安全知识是非常必要的。而且注意安全是集体的事情，发生事故不仅损害个人健康，还会危害到周围同学，使国家财产受到损失，影响工作的正常进行。所以我们必须从思想上重视安全，决不要麻痹大意，但也不能盲目害怕而缩手缩脚不敢做实验。

安全措施是为了保护实验的顺利进行，而绝不是实验的障碍。为此必须熟悉和注意以下几点：

（1）必须熟悉实验室及其周围环境和水闸、电闸、灭火器的位置。

（2）使用电器时，要谨防触电，不要用湿的手、物去接触电插销。实验完毕后及时拔下插销切断电源。

（3）一切有毒和有恶臭气体的实验，都应在通风橱内进行。

（4）为了防止试剂腐蚀皮肤或进入体内，不能用手直接拿取试剂，要用牛角勺或指定的容器取用。取用一些强腐蚀性的试剂如氢氟酸、溴水等，必须戴上橡皮手套。决不允许用舌头尝试药品的味道。实验完毕后须将手洗净，严禁将食品及餐具等带入实验室中。

（5）不允许将各种化学药品任意混合，以免引起意外事故，自行设计的实验必须和教师讨论，征得同意后方可进行。

（6）易燃物（如酒精、丙酮、乙醚等）、易爆物（如氯酸钾），使用时要远离火源，用完后应及时加盖存放在阴凉处。

（7）酸、碱是实验室常用试剂，浓酸、碱具有强烈腐蚀性，应小心使用，不要把它洒在衣服或皮肤上。所用玻璃器皿不要甩干。在倾注或加热时，不要俯视容器，以防溅在脸上或皮肤上。实验用过的废酸应倒入指定的废酸缸中。

（8）启开易挥发的试剂瓶时，尤其在夏季，不可使瓶口对着自己或他人脸部，以防万一有大量气液冲出时，造成严重烧伤。

（9）实验完毕后，值日生和最后离开实验室的人员应负责检查门、窗、水、煤气是否关好，电闸是否断开。

2. 实验室中意外事故的急救处理

实验室内备有小药箱，以备发生事故临时处理之用。

（1）割伤（玻璃或铁器刺伤等）：先把碎玻璃从伤处挑出，如轻伤可用生理盐水或硼酸溶液擦洗伤处，涂上紫药水（或红汞水），必要时撒些消炎粉，用绷带包扎。伤势较重时，则先用酒精在伤口周围擦洗消毒，再用纱布按住伤口压迫止血，立即送医院缝合。

（2）烫伤：可用10%高锰酸钾溶液擦灼伤处，若伤势较重，撒上消炎粉或烫伤药膏，用油纱绷带包扎。

（3）受强酸腐伤：先用大量水冲洗，然后擦上碳酸氢钠油膏。如受氢氟酸腐伤，应迅速用水冲洗，再用5%苏打溶液冲洗，然后浸泡在冰冷的饱和硫酸镁溶液中0.5h，最后敷硫酸镁26%、氧化镁6%、甘油18%、水和盐酸普鲁卡因1.2%配成的药膏（或甘油和氧化镁2:1悬浮剂涂抹，用消毒纱布包扎），伤势严重时，应立即送医院急救。

当酸溅入眼内时，首先用大量水冲眼，然后用3%的碳酸氢钠溶液冲洗，最后用清水洗眼。

(4) 受强碱腐伤：立即用大量水冲洗，然后用1％柠檬酸或硼酸溶液洗。当碱溅入眼内时，除用大量水冲洗外，再用饱和硼酸溶液冲洗，最后滴入蓖麻油。

(5) 磷烧伤：用1％硫酸铜、1％硝酸银或浓高锰酸钾溶液处理伤口后，送医院治疗。

(6) 吸入溴、氯等有毒气体时，可吸入少量酒精和乙醚的混合蒸汽以解毒，同时应到室外呼吸新鲜空气。

(7) 触电事故：应立即拉开电闸，截断电源，尽快地利用绝缘物（干木棒，竹竿）将触电者与电源隔离。

以上事故如果严重，应立即送医院医治。

3. 实验室中的一些剧毒、强腐蚀物品知识

(1) 氰化物和氢氰酸：如氰化钾、氰化钠、丙烯腈等，系烈性毒品，进入人体50mg即可致死。甚至与皮肤接触经伤口进入人体，即可引起严重中毒。这些氰化物遇酸产生氢氰酸气体，易被吸入人体而中毒。

在使用氰化物时严禁用手直接接触，大量使用这类药品时，应戴上口罩和橡皮手套。含有氰化物的废液，严禁倒入酸缸。应先加入硫酸亚铁使之转变为毒性较小的亚铁氰化物，然后倒入水槽，再用大量水冲洗原储放的器皿和水槽。

(2) 汞和汞的化合物：汞的可溶性化合物如氯化高汞，硝酸汞都是剧毒物品，实验中应特别注意金属汞（如使用温度计、压力计、汞电极等），因金属汞易蒸发，蒸气有剧毒，又无气味，吸入人体具有积累性，容易引起慢性中毒，所以切不可以麻痹大意。

汞的密度很大（约为水的14.6倍），作压力计时，应该用厚玻璃管，储汞容器必须坚固，且应用厚壁的，并且只应存放少量汞而不能盛满，以防容器破裂，或因脱底而流失。在装置汞的容器下面应放一搪瓷盘，以免不慎洒在地上。为减少室内的汞蒸气，储汞容器应是紧闭密封，汞表面应加入水覆盖，以防蒸气逸出。

若不慎将汞洒在地上，它会散成许多小珠，钻入各处，成为表面积很大的蒸发面，此时应立即用滴管或毛笔尽可能将它拾起，然后用锌皮接触使成合金而消除之，最后散上硫磺粉，使汞与硫反应生成不挥发的硫化汞。

废汞切不可以倒入水槽冲入下水管。因为它会积聚在水管弯头处，长期蒸发、毒化空气，误洒入水槽的汞也应及时捡起。使用和储存汞的房间应经常通风。

(3) 砷的化合物。砷和砷的化合物都有剧毒，常使用的是三氧化二砷（砒霜）和亚砷酸钠。这类物质中毒一般由于口服引起。当用盐酸和粗锌制备氢气时，也会产生一些剧毒的砷化氢气体，应加以注意。一般将产生的氢通过高锰酸钾溶液洗涤后再使用，砷的解毒剂是二巯基丙醇，肌肉注射即可解毒。

(4) 硫化氢。是极毒的气体，有臭鸡蛋味，它能麻痹人的嗅觉，以至逐渐不闻其臭，所以特别危险。使用硫化氢和用酸分解硫化物时，应在通风橱中进行。

(5) 一氧化碳。煤气中含有一氧化碳，使用煤炉和煤气时一定要提高警惕，防止中毒。煤气中毒，轻者头痛、眼花、恶心，重者昏迷。对中毒的人应立即移出中毒房间，呼吸新鲜空气，进行人工呼吸，保暖，及时送医院治疗。

(6) 很多有机化合物也是很毒的，它们又常用做溶剂，用量大，而且多数沸点又低，蒸气浓，容易引起中毒，特别是慢性中毒，使用时应特别注意和加强防护。常用的有毒的有机化合物有苯、二硫化碳、硝基苯、苯胺、甲醇等。

(7) 溴。棕红色液体，易蒸发成红色蒸气，对眼睛有强烈的刺激催泪作用，能损伤眼睛、气管、肺部，触及皮肤，轻者剧烈灼痛，重者溃烂，长久不愈。使用时应带橡皮手套。

(8) 氢氟酸。氢氟酸和氟化氢皆具剧毒，强腐蚀性。灼伤肌体，轻者剧痛难忍，重者使肌肉腐烂，渗入组织，如不及时抢救，就会造成死亡，因此在使用氢氟酸时应特别注意，操作必须在通风橱中进行，并带橡皮手套。

其他遇到的有毒、腐蚀性的无机物还很多，如磷、铍的化合物，铅盐，浓硝酸、碘蒸气等，使用时都应加以注意，这里不一一介绍。

4. 灭火常识

1) 起火原因

(1) 一般有机物，特别是有机溶剂，大都容易着火，它们的蒸汽或其他可燃性气体、固体粉末等（如氢气、一氧化碳、苯、油蒸气、面粉）与空气按一定比例混合后，当有火花时（点火、电火花、撞击火花）就会引起燃烧或猛烈爆炸。

(2) 由于某些化学反应放热而引起燃烧，如金属钠，钾等遇水燃烧甚至爆炸。

(3) 有些物品易自燃（如白磷遇空气就自行燃烧），由于保管和使用不善而引起燃烧。

(4) 有些化学试剂相混在一起，在一定的条件下会引起燃烧和爆炸（如将红磷与氯酸钾混在一起，磷就会燃烧爆炸）。

2) 采取措施

万一发生着火，要沉着快速处理，首先要切断热源、电源，把附近的可燃物品移走，再针对燃烧物的性质采取适当的灭火措施。但不可将燃烧物抱着往外跑，因为跑时空气更流通，会烧得更猛。常用的灭火措施有以下几种，使用时要根据火灾的轻重，燃烧物的性质，周围环境和现有条件进行选择：

(1) 石棉布。适用于小火。用石棉布盖上以隔绝空气，就能灭火。如果火很小，用湿抹布或石棉板盖上就行。

(2) 干沙土。一般装于沙箱或沙袋内，只要抛洒在着火物体上就可灭火。适用于不能用水扑救的燃烧，但对火势很猛，面积很大的火焰欠佳。沙土应该用干的。

(3) 水。是常用的救火物质。它能使燃烧物的温度下降，但一般有机物着火不适用，因溶剂与水不相溶，又比水轻，水浇上去后，溶剂还漂在水面上，扩散开来继续燃烧。但若燃烧物与水互溶时，或用水没有其他危险时可用水灭火。在溶剂着火时，先用泡沫灭火器把火扑灭，再用水降温是有效的救火方法。

(4) 泡沫灭火器。是实验室常用的灭火器材，使用时，把灭火器倒过来，往火场喷，由于它生成二氧化碳及泡沫，使燃烧物与空气隔绝而灭火，效果较好，适用于除电流起火外的灭火。

(5) 二氧化碳灭火器。在小钢瓶中装入液态二氧化碳，救火时打开阀门，把喇叭口对准火场喷射出二氧化碳以灭火,在工厂实验室都很适用,它不损坏仪器,不留残渣,对于通电的仪器也可以使用,但金属镁燃烧不可使用它来灭火。

(6) 四氯化碳灭火器。四氯化碳沸点较低,喷出来后形成沉重而惰性的蒸气掩盖在燃烧物体周围,使它与空气隔绝而灭火。它不导电,适于扑灭带电物体的火灾。但它在高温时分解出有毒气体,故在不通风的地方最好不用。另外,在有钠、钾等金属存在时不能使用,因为有引起爆炸的危险。

除了以上几种常用的灭火器外,近年来生产了多种新型的高效能的灭火器。如1211灭火器,它在钢瓶内装有一种药剂二氟—氯—溴甲烷,灭火效率高。又如干粉灭火器是将二氧化碳和一种干粉剂配合起来使用,灭火速度很快。

(7) 水蒸气。在有水蒸气的地方把水蒸气对火场喷,也能隔绝空气而起灭火作用。

(8) 石墨粉。当钾、钠或锂着火时,不能用水、泡沫灭火器、二氧化碳、四氯化碳等灭火,可用石墨粉扑灭。

(9) 电路或电器着火时扑救的关键首先要切断电源,防止事态扩大。电器着火的最好灭火器是四氯化碳和二氧化碳灭火器。

当在着火和救火当中,衣服着火时,千万不要乱跑,因为这会由于空气的迅速流动而加强燃烧,应当躺在地下滚动,这样一方面可压熄火焰,另一方面也可避免火烧到头部。

15.2 基本操作技能及训练项目

15.2.1 洗液的配制

洗液常用于洗涤容量分析的玻璃仪器,如容量瓶、移液管、滴定管等。洗涤时先用该洗液浸泡仪器,再用水冲洗干净。如洗液变绿即告失效。洗液具有强酸性和强氧化性,小心不要溅到皮肤和衣物上。

【技能要点】
(1) 掌握量筒量取溶液方法。
(2) 掌握洗液的配制方法。
(3) 掌握洗液的原理及使用方法。

【实验时间】
1课时。

【仪器与试剂】
托盘天平、量筒、烧杯、玻璃棒、磨石塞的玻璃瓶、重铬酸钾、98%浓硫酸。

【实验内容】
40mL洗液的配制。

【实验步骤】
(1) 仪器准备。
(2) 铬酸洗液配制方法如下:将2.5g重铬酸钾(托盘天平)以少量水润湿,慢慢加入 40mL 粗浓硫酸，边加边搅，可加热使之溶解。配好的溶液储于具磨石塞的玻璃瓶中备用。贴上标签（需注明品名、配制日期、配制人）。

15.2.2 常用玻璃仪器的洗涤和干燥

1. 容器的洗涤

分析化学实验室经常使用玻璃容器和瓷器，用不干净的容器进行实验时，往往由于污物和杂质的存在而得不到准确的结果。所以容器应该保证干净。

洗涤容器的方法很多，应根据实验的要求，污物的性质和沾污的程度加以选择。

一般来说，附着在仪器上的污物有尘土和其他不溶性物质、可溶性物质、有机物质及油污等。针对这些情况，可采用下列方法：

（1）用水刷洗：用自来水和毛刷刷洗容器上附着的尘土和水溶物。

（2）用去污粉（或洗涤剂）和毛刷刷洗容器上附着的油污和有机物质。若仍洗不干净，可用热碱液洗。容量仪器不能用去污粉和毛刷刷洗，以免磨损器壁，使体积发生变化。

（3）用还原剂洗去氧化剂如二氧化锰。

（4）进行定量分析实验时，即使少量杂质也会影响实验的准确性。这时可用洗液清洗容量仪器。洗液是重铬酸钾在浓硫酸中的饱和溶液（5g 粗重铬酸钾溶于 10mL 热水中，稍冷，在搅拌下慢慢加入 100mL 浓硫酸中就得到铬酸洗液，简称洗液）。

洗液具有很强的去污能力，洗涤时往容器内加入洗液，其用量为容器总容积的1/3，然后将容器倾斜，慢慢转动容器，使容器的内壁全部为洗液润湿，然后将洗液倒入原来瓶内，再用水将洗液洗去。如果用洗液将容器浸泡一段时间或者将其加热使用，则效果更好。

使用洗液时要注意以下几点：

① 使用洗液前最好先用水或去污粉将容器洗一下。

② 使用洗液前应尽量把容器内的水去掉，以免将洗液稀释。

③ 洗液用后应倒入原瓶内，可重复使用。

④ 不要用洗液去洗涤具有还原性的污物（如某些有机物），这些物质能把洗液中的重铬酸钾还原为硫酸铬（洗液的颜色则由原来的深棕色变为绿色）。已变为绿色的洗液不能继续使用。

⑤ 洗液具有很强的腐蚀性，会灼伤皮肤和破坏衣物。如果不慎将洗液洒在皮肤、衣物和实验桌上，应立即用水冲洗。

⑥ 因重铬酸钾严重污染环境，应尽量少用洗液。用上述方法洗涤后的容器还要用水进行洗涤。并用蒸馏水再洗涤 3 次。

洗涤容器时应符合少量（每次用少量的洗涤剂）多次的原则。既节约，又提高了效率。用布或纸擦拭已洗净的容器非但不能使容器变得干净，反而会将纤维留在器壁上，沾污了容器。

已洗净的容器壁上，不应附着不溶物或油污。这样的器壁可以被水完全润湿。检查是否洗净时，将容器倒转过来，水即顺着器壁流下，器壁上只留下一层既薄又均匀的水膜，而不应有水珠。

2. 容器的干燥

1）可以用加热的方法来干燥容器

（1）烘干。洗净的一般容器可以放入恒温箱内烘干，放置容器时应注意平放或使容器口朝下。

（2）烤干。烧杯或蒸发皿可置于石棉网上用火烤干。

2）也可在不加热的情况下干燥容器

（1）晾干。洗净的容器可倒置于干净的实验柜内或容器架上晾干（倒置后不稳定的容器如量筒则不宜这样做）。

（2）吹干。可用吹风机将容器吹干。

（3）用有机溶剂干燥：有些有机溶剂可以和水相溶，最常用的是酒精，在容器内加入少量酒精，将容器倾斜转动，器壁上的水即与酒精混合，然后倾出酒精和水。留在容器内的酒精挥发，而使容器干燥。往仪器内吹入空气可以使得酒精挥发快一些。

带有刻度的量器不能用加热方法进行干燥，加热会影响这些容器的精密度，也可能造成破裂。

3. 实验内容

【技能要点】

（1）掌握常见玻璃仪器的名称及使用方法。

（2）常见玻璃仪器的清洗与烘干。

（3）掌握酒精灯的使用方法及常见的加热方式（酒精灯、电热套、水浴锅）。

【实训时间】

2课时。

【仪器与试剂】

（1）教师使用：梨形分液漏斗、量筒、烧杯、试管、研钵、表面皿、酒精灯、玻棒、冷凝装置、电热套、水浴锅、试剂瓶、酸碱滴定管、移液管、锥形瓶、洗耳球、洗气瓶、干燥器、称量瓶各一份。

（2）学生使用：梨形分液漏斗（1个）、试管（3个）、烧杯（3个）、试剂瓶（500mL玻璃试剂瓶1个，500mL塑料试剂瓶1个，30mL试剂瓶2个）、量筒（1个）。

【实验内容】

（1）教师模拟操作常见仪器（梨形分液漏斗、量筒、烧杯、试管、酒精灯、玻棒、冷凝装置、电热套、玻璃漏斗、布氏漏斗）的使用及操作及常见仪器名称。

（2）常用玻璃仪器（试管、量筒、容量瓶、烧杯、试剂瓶）的清洗与烘干。

【实验步骤】

（1）相互考核常见仪器名称。

（2）清洗下列仪器或实验室提供的仪器。

① 梨形分液漏斗（1个）试漏、清洗、晾干、存放。
② 试管（3个）清洗、烘干、存放。
③ 烧杯（3个）清洗、晾干、存放。
④ 试剂瓶（500mL 玻璃试剂瓶1个，500mL 塑料试剂瓶1个，30mL 试剂瓶2个）清洗、晾干、存放。
⑤ 量筒（1个）清洗、晾干、存放。

15.2.3 托盘天平的使用

托盘天平又称台秤，常用于试样粗称或精确度要求不高的溶液配制中的称量。由托盘、横梁、平衡螺母、刻度尺、指针、刀口、底座、分度标尺、游码、砝码等组成。精确度一般为 0.1g 或 0.2g。最大荷载一般是 200g。

【技能要点】
(1) 掌握托盘天平的使用（包括调零、游码、读数）。
(2) 掌握采用托盘天平进行直接称量。

【实验时间】
1 课时。

【仪器与试剂】
托盘天平、食盐。

【实验内容】
(1) 分别称取 3 个烘干的烧杯重量。
(2) 分别称取 3 份 1.0~1.5g 的食盐。

【实验步骤】
(1) 调零。托盘天平要放置在水平的地方，游码归零。观察指针是否在刻度盘的中心。若不在，调节平衡螺母，使天平左右平衡。
(2) 称量。右放砝码，左放物体。如果是药品，根据称量物的性状应放在玻璃器皿或洁净的纸上，事先应在同一天平上称得玻璃器皿或纸片的质量，然后称量待称物质。添加砝码从估计称量物的最大值加起，逐步减小。托盘天平只能称准到 0.1g。加减砝码并移动标尺上的游码，直至指针再次对准中央刻度线。物体的质量＝砝码＋游码
(3) 实验结束。游码回到零位，砝码应放在砝码盒中，左盘叠放在右盘处。

【注意事项】
(1) 在称量过程中，不可再碰平衡螺母。
(2) 砝码不能用手拿，要用镊子夹取。在使用天平时游码也不能用手移动。
(3) 过冷过热的物体不可放在天平上称量。应先在干燥器内放置至室温后再称。
(4) 加砝码应该从大到小，可以节省时间。
(5) 取用砝码必须用镊子，取下砝码应放在砝码盒中，称量完毕，应把游码移回零点。
(6) 称量干燥的固体药品时，应在两个托盘上各放一张相同质量的纸，然后把药品

放在纸上称量。

(7) 易潮解的药品，必须放在玻璃器皿（如：小烧杯、表面皿）里称量。

(8) 砝码若生锈，结果结果偏小；砝码若磨损，测量结果偏大。

15.2.4 电子分析天平的使用

电子天平，用于称量物体质量。电子天平一般采用应变式传感器、电容式传感器、电磁平衡式传感器，应变式传感器，结构简单。不需要添加砝码，能在几秒钟内达到平衡，显示读数，称量速度快，精密度高。

天平安装后，第一次使用或存放时间较长，应对天平进行校准。方法：轻按CAL键当显示器出现CAL-时，即松手，显示器就出现CAL-100 其中"100"为闪烁码，表示校准砝码需用100g的标准砝码。此时就把准备好"100g"校准砝码放上称盘，显示器即出现"——"等待状态，

经较长时间后显示器出现100.000g，拿去校准砝码，显示器应出现0.0000g，若出现不是为零，则再清零，再重复以上校准操作。（注意：为了得到准确的校准结果最好重复以上校准操作步骤2次）。

1) 称量方法

（1）直接称量法。直接称量物体的质量。此法适于称量洁净干燥的不易潮解或升华的固体试样。

（2）固定质量称量法（加重法）。此法用于称量某一固定质量的试剂（如基准物质）。要求被称物为粉末状或细丝状，以便容易调节质量。此法不适合在空气中不稳定、容易吸湿的物质。

（3）减量称量法。此法用于称量一定质量范围的样品或试剂。适合不稳定、容易吸湿的物质。称取式样是由两次之差求得。

2) 电子天平使用方法

（1）水平调节。观察水平仪，如水平仪水泡偏移，需要调节水平脚，使水泡位于水平仪的中心。

（2）预热。接通电源，预热1h后，方可进行操作（如后面仍需使用，一般不用切断电源，省去预热时间）。

（3）清洁。用清洁刷，清扫电子天平。（清扫天平，一定是关机状态）

（4）开启显示器。请按"power"键，显示器全亮，约2s后显示天平型号，然后是称量模式0.0000g。读数时应关上天平门。

（5）称量。按"O/T"键，扣除皮重，置被称物于秤盘上，待数字稳定，该数字即为被称物的质量值。

（6）称量结束。按"power"键关闭显示器。若当天不再使用天平，应切断电源。

【技能要点】

（1）掌握不同的称量方法。

（2）掌握电子分析天平的使用（清洁、水平调节、预热、调零）。

【实验时间】

2课时。

【仪器与试剂】

电子天平、碳酸钠粉末、邻苯二甲酸氢钾、称量瓶。

【实验内容】

(1) 固定质量称量法（加重法）称取无水碳酸钠 0.10~0.11g，2份。

(2) 采用减重称量法，称取邻苯二甲酸氢钾 0.30~0.40g，2份。

【实验步骤】

(1) 称取无水碳酸钠 0.10~0.11g，2份（直接称量法）。

① 电子天平准备工作：水平调节、预热、清洁、开启。

② 放入折叠好的称量纸，扣除皮重，然后用小牛角匙缓慢加入试剂。

(2) 称取邻苯二甲酸氢钾 0.30~0.40g，2份（减重称量法）。

① 电子天平准备工作水平调节、预热、清洁、开启。

② 用小纸片从干燥器中取出称量瓶（注意不要让手指直接触及称量瓶及瓶盖），直接称取重量，并记录读数。用小纸片夹住称量瓶盖柄，打开瓶盖，在接受器的上方，倾斜称量瓶的瓶身，用瓶盖轻敲瓶口上部使样品落入容器中。然后，盖上瓶盖，再次称量。两次质量之差，为敲出样品的质量。

15.2.5 容量瓶的使用

容量瓶的用途是配制准确精度的溶液或定量地稀释溶液。是一种细颈梨形平底瓶，由无色或棕色玻璃制成，带有磨口玻璃塞或塑料塞。颈上刻有一环形标的是量入式量器，表示在所指温度下（一般为20℃）液体充满至标线时的容积。该量瓶常和移液管配合使用。通常有 25、50、100、250、500、1000(mL) 等数种规格，实验中常用的是 100mL 和 250mL 的容量瓶。

在使用容量瓶之前，要先进行以下两项检查：

(1) 容量瓶容积与所要求的是否一致。

(2) 为检查瓶塞是否严密，不漏水。在瓶中放水到标线附近，塞紧瓶塞，使其倒立 2min，看有无水珠渗出。如果不漏，再把塞子旋转180°，塞紧，倒置。合用的瓶塞必须妥为保护，用绳把它系在瓶颈上，以防跌碎或与其他容量瓶搞混。

【技能要点】

(1) 掌握容量瓶的清洗、试漏方法。

(2) 掌握容量瓶配制及稀释溶液的方法。

【实验时间】

1课时。

【仪器与试剂】

容量瓶、烧杯、玻璃棒。

【实验内容】

配制 100mL 0.01mol/L 碳酸钠标准溶液。

【实验步骤】

(1) 仪器准备与清洗。

(2) 称取无水碳酸钠。

(3) 溶解。将精确称重的试样放在小烧杯中，加入少量溶剂，搅拌使其溶解（若难溶，稍加热，但必须放冷后才能转移）。

(4) 转移。用玻棒将溶液定量地移入洗净的容量瓶中，然后用洗瓶吹洗烧杯壁 2～3 次，按同法转入容量瓶中（图 15-1）。

(5) 定容（配好溶液，备用）。当溶液加到瓶球 2/3 处以后，将容量瓶水平方向摇转几周（勿倒转），使溶液大体混匀（图 15-1）。然后，把容量瓶平放在桌子上，慢慢加水到距标线 1～2cm，等待 1～2min，使黏附在瓶颈内壁的溶液流下，胶头滴管于瓶口处，眼睛平视标线，加水至溶液凹液面底部与标线相切。立即盖好瓶塞，用一只手的食指按住瓶塞，另一只手的手指托住瓶底，注意不要用手掌握住瓶身，以免体温使液体膨胀，影响容积的准确（对于容积小于 100mL 的容量瓶，不必托住瓶底）。随后将容量瓶倒转，使气泡上升到顶，此时可将瓶振荡数次。再倒转过来，仍使气泡上升到顶。如此反复 10 次以上，才能混合均匀。

图 15-1 容量瓶的使用

【注意事项】

(1) 容量瓶不能久储溶液，尤其是碱性溶液会侵蚀瓶壁，并使瓶塞粘住，无法打开。容量瓶不能加热。

(2) 使用前检查瓶塞处是否漏水。

(3) 不能在容量瓶里进行溶质的溶解，应将溶质在烧杯中溶解后转移到容量瓶里。

(4) 用于洗涤烧杯的溶剂总量不能超过容量瓶的标线。

(5) 容量瓶不能进行加热。如果溶质在溶解过程中放热，要待溶液冷却后再进行转移，因为温度升高瓶体将膨胀，所量体积就会不准确。

(6) 容量瓶只能用于配制溶液，不能储存溶液，因为溶液可能会对瓶体进行腐蚀，从而使容量瓶的精度受到影响。

(7) 容量瓶用毕应及时洗涤干净，塞上瓶塞，并在塞子与瓶口之间夹一条纸条，防止瓶塞与瓶口粘连。

15.2.6 移液管的使用

移液管主要用于定量分析时，可用来准确移取一定体积的溶液的量器。移液管是一种量出式仪器，只用来测量它所放出溶液的体积。它是一根中间有一膨大部分的细长玻璃管。其下端为尖嘴状，上端管颈处刻有一条标线，是所移取的准确体积的标志。常用的移液管有 5、10、25、50（mL）等规格。通常又把具有刻度的直形玻璃管称为吸量管。常用的吸量管有 1、2、5、10(mL) 等规格。移液管和吸量管所移取的体积通常可准确到 0.01mL。

移取溶液时，用右手的大拇指和小指捏着移液管颈的上方，将其末端插入溶液中，左手拿洗耳球，先把球中空气压出，再将球的尖嘴接在移液管上口，慢慢松开压扁的洗耳球使溶液吸入管内。当液面升高到刻线以上时，移去洗耳球，立即用右手食指堵住上口。将移液管提出液面，使其保持垂直，同时末端靠在容器的内壁上，为此可使容器略倾斜。然后略为放松食指，并轻轻捻动管身，使液面缓慢下降，当溶液的弯月面下沿恰与刻线相切时，立即用食指压紧上口，使溶液不再流出。将移液管取出并插入承接容器中。为保持其垂直并使末端靠在容器内壁，可使承接容器略倾斜。松开食指，让管内溶液自然地全部沿容器壁流下。全部溶液流完后需等 15s 后再拿出移液管，以便使附着在管壁的部分溶液得以流出。如果移液管未标明"吹"字，则残留在管尖末端内的溶液不可吹出，因为移液管所标定的量出容积中并未包括这部分残留溶液。

【技能要点】
（1）掌握移液管量取溶液方法。
（2）掌握移液管的清洗方法。

【实验时间】
2 课时。

【仪器与试剂】
1、5、10(mL) 移液管、洗耳球、锥形瓶、洗液。

【实验内容】
（1）清洗 3 根 [1、5、10(mL)] 移液管。
（2）从上述容量瓶中分别移取 1.00、5.00、10.00(mL) 溶液于锥形瓶中。

【实验步骤】
（1）仪器准备与清洗。使用移液管前，应先用铬酸洗液润洗，以除去管内壁的油污。然后用自来水冲洗残留的洗液，再用蒸馏水洗净。洗净后的移液管内壁应不挂水珠。移取溶液前，应先用滤纸将移液管末端内外的水吸干，然后用欲移取的溶液涮洗管壁 2~3 次，以确保所移取溶液的浓度不变。
（2）练习分别移取 1.00、5.00、10.00(mL) 3 份溶液于锥形瓶中（可重复练习）。

15.2.7　溶液的配制

【技能要点】
（1）掌握溶液配制资料查询方法。
（2）掌握普通溶液的配制方法。

【实验时间】
2 课时。

【仪器与试剂】
自查资料。

【实验内容】

(1) 200mL、0.1mol/L HCl 溶液的配制。

(2) 200mL、0.1mol/L NaOH 的配制。

(3) 10mL 甲基橙指示剂。

(4) 10mL 酚酞指示剂。

【实验步骤】

(1) 查询上述溶液的配制方法。

(2) 列出所需仪器（名称与规格）。

(3) 挑选并清洗仪器。

(4) 配制溶液。

(5) 转入试剂瓶，保存待用。（标签需注明、浓度、名称、配制人、日期）。

15.2.8 酸式滴定管的使用

滴定管是滴定时准确测量流出标准溶液体积的玻璃量器。滴定管一般分为两种：一种是下端带有玻璃旋塞的酸式滴定管；另一种是用于盛放碱液的碱式滴定管，碱性滴定管下端连接一段乳胶管，内放玻璃珠以控制溶液流出，乳胶管下端再连接一个尖嘴玻璃管。

酸式滴定管用来装酸性、中性及氧化性溶液，但不宜装碱性溶液，因为碱性溶液能腐蚀玻璃，放久了旋塞不能旋转。碱性滴定管用来装碱性及无氧化性溶液，凡与橡皮起反应的溶液，如高锰酸钾、碘和硝酸银等溶液，都不能用碱式滴定管来装。

滴定管的总容量最小为 1mL，最大的为 100mL，常用的是 50、25(mL)，其最小刻度 0.1mL，最小刻度间可估计 0.01mL。

【技能要点】

(1) 掌握酸式滴定管的清洗方法。

(2) 掌握酸式滴定管润滑油的涂抹方法。

(3) 掌握酸式滴定管活塞捆绑方法。

(4) 掌握酸式滴定管装液方法。

(5) 掌握酸式滴定管排气泡方法。

(6) 掌握酸式滴定管调零及读数方法。

(7) 掌握酸式滴定管滴定速度控制及半滴操作方法。

(8) 掌握酸碱滴定，终点颜色的判断。

(9) 掌握实验数据的处理方法。

(10) 掌握独立完成实验的能力。

【实验时间】

6 课时。

【仪器与试剂】

25mL 酸式滴定管、移液管、洗耳球、锥形瓶、无水碳酸钠。

【实验内容】

(1) 酸式滴定管的准备。

(2) 0.1mol/LHCl（上一个项目配制）标准溶液的标定。

【实验步骤】

(1) 酸式滴定管的准备。

① 检查。使用前，首先应检查活塞与活塞套是否配合紧密，如不紧密将会出现漏水现象，则不宜使用。

② 除去难溶污垢。

管身：滴定管一般用自来水冲洗，零刻度以上可用毛刷蘸洗涤剂刷洗，零刻度以下部位如不干净，则采用洗液洗，酸式滴定管可直接倒入洗液。

少量的污垢可装入 10mL 洗液，双手平托滴定管两端，不断转动滴定管，使洗液润洗滴定管内壁，操作时管口对准洗液瓶口，以防洗液外流。洗完后，将洗液分别由两端放出。如果滴定管太脏，可将洗液装满整根滴定管浸泡一段时间。为了防止洗液漏出，在滴定管下方可放一个烧杯。最后用自来水冲洗干净。

管尖：

a. 洗液：将滴定管尖嘴部分浸泡在洗液中，除去残留的凡士林。

b. 自来水：冲洗滴定管，将洗液除去。

③ 玻璃活塞涂油。为使活塞转动灵活并防止漏水现象，需将活塞涂油（凡士林或真空活塞油）。操作如下：

a. 取下活塞小头处的小橡皮套圈，再取出活塞（注意勿使活塞跌落地上）。

b. 用滤纸片将活塞和活塞套擦干擦净，擦拭活塞套时可将滤纸片卷在玻棒上。

c. 用玻棒或火柴梗将油脂薄而均匀地涂抹在活塞套小口内侧，用手指将油脂涂抹在活塞的大头上。也可以用手指均匀地涂一薄层油脂于活塞的两头，但不涂活塞套。油脂涂得太少，活塞转动不灵活。涂得太多，活塞孔容易被堵塞。油脂涂得不好还会漏水。

d. 将活塞插入活塞套中。插入时活塞孔应与滴定管平行，径直插入活塞套，不要转动活塞，这样可以避免将油脂挤到活塞孔中。然后向同一方向不断旋转活塞，并轻轻用力向活塞小头部分挤，以免来回移动活塞。直到油脂层中没有纹路，旋塞呈均匀的透明状态。最后将橡皮套圈在活塞的小头部分沟槽上。

④ 试漏。用水充满滴定管，安置在滴定管架上直立静置 2min，观察有无水漏下。然后将活塞旋转 180°，再在滴定管架上直立静置 2min，观察有无水漏下。如果有水漏下，则重新涂油。

若活塞孔或出口管尖被油脂堵塞，可将它插入热水中温热片刻，然后打开活塞，使管内水突然流下，冲出软化油脂。必要时取下活塞，用螺旋状金属丝将油脂带出。

⑤ 清洗。可直接用自来水和蒸馏水进行冲洗。在正式装入操作溶液时，应用操作溶液先将滴定管润洗 3 次。第一次用 10mL，润洗时两手平端滴定管，边转动、边倾斜管身，使溶液洗遍全部内壁，大部分可由上口放出（注意不要打开活塞，否则活塞上的油脂可能流入滴定管内）。第二、三次各用 5mL，从下口放出。每次洗涤尽量放干残留

液。对于碱性滴定管,应特别注意玻璃珠下方的洗涤。最后,关好活塞(注意应使活塞柄与管身垂直),倒入操作溶液,直到充满到 0 刻度以上为止。

⑥ 装液。将溶液装入滴定管之前,应将试剂瓶或容量瓶中溶液摇匀,使凝结在瓶内壁的水珠混入溶液。在天气热、室温变化较大或溶液放置时间长时,此项操作尤其必要。混匀后的溶液应直接倒入滴定管中,不得用其他容器(如烧杯、漏斗、滴管等),否则既浪费操作溶液又增加污染的机会。如果试剂瓶或容量瓶确实太大,小容量滴定管管口很小,也可先将操作溶液转移入烧杯(不过要用干燥、洁净的烧杯,并用操作溶液洗涤 3 次,盖上表面皿),再倒入滴定管。转移溶液到滴定管时,用左手前三指持滴定管上部无刻度处,并倾倒,右手拿住试剂瓶,向滴定管倒入溶液。如用小试剂瓶,右手可握住瓶身(试剂瓶标签应向手心),倾倒溶液于管中。如遇到大试剂瓶或容量瓶,可将瓶放在桌沿,手拿瓶颈,使瓶倾斜让溶液慢慢倾入管中。

⑦ 管尖气泡的检查、排除及调零。管充满操作溶液后,应检查管的出口下部尖嘴部分是否充满溶液,是否留有气泡。酸式滴定管的气泡一般很容易看出。当有气泡时,右手拿滴定管上部无刻度部分,并使滴定管倾斜 30°,左手迅速打开活塞,使溶液冲出管口,反复数次,一般可以除去气泡。

(2) 0.1mol/L HCl 标准溶液的标定。

实验方法:自查。

动作要求:

① 滴定姿势。滴定时,将滴定管垂直地夹在滴定管架上。操作者面对滴定管可坐着也可站着,滴定管高度要适宜。左手控制滴定管滴定溶液,右手振摇锥形瓶。

② 酸式滴定管的操作。使用酸式滴定管时,左手握住滴定管,无名指和小指向手心弯,无名指轻轻靠住出口玻管,拇指和食指、中指分别放在活塞柄上、下,控制活塞大转动。应注意,不要向外用力,以免推出活塞造成漏水,应使活塞稍有一点向心的回力。当然也不要过分向里用力,以免造成活塞旋转困难。

③ 边滴边摇瓶,要配合好。滴定操作可在锥形瓶或烧杯内进行。在锥形瓶中进行滴定时,用右手的拇指、食指和中指拿住锥形瓶,其余两指辅助在下侧,使瓶底离滴定台高约 2~3cm,滴定管下端伸入瓶口约 1cm。左手握住滴定管,按前述方法,边滴加溶液,边用右手手腕旋转,摇动锥形瓶,使溶液做圆周运动。注意滴定管尖不能碰到锥形瓶内壁。如果有滴定液溅在内壁上,要用水冲到溶液中。

④ 半滴的控制和吹洗。快到滴定终点时,要一边摇动,一边逐滴地滴入,甚至是半滴定地加入。学生应该扎扎实实地练好半滴溶液的加入技术。用酸式滴定管时,可轻轻转动旋塞,使溶液悬挂在出口管嘴上,形成半滴,用锥形瓶内壁将其沾落,再用洗瓶吹洗。

⑤ 滴定管的读数。读数时,滴定管管尖不能挂水珠,否则无法准确读数。一般读数时要遵守如下原则:

a. 读数时应将滴定管从滴定管架上取下,用右手大拇指和食指捏住玻璃管上部无刻度处,其他手指辅助在旁,使滴定管保持垂直,然后读数。滴定管夹在滴定管架上读数,一般不宜采用,因为这样很难确保滴定管垂直和准确读数。

b. 由于水的附着力和内聚力的作用，滴定管内液面呈弯月形，无色和浅色溶液比较清晰，读数时，应读弯月面下缘实线的最低点，视线、刻度与弯月面下缘实线的最低点应在同一平面上。对于有色溶液（如 $KMnO_4$、I_2 等），其弯月面不够清晰，读数时，视线与弯月面两侧的最高点相切，这样比较容易读准。但一定要注意初读数与终读数采用同一标准。

c. 为了便于读数准确，在管装满或放出溶液后，必须等 1～2min，使附着在内壁的溶液流下来后，再读数。如果放出液的速度较慢（如接近终点时），等 0.5～1min 后即可读数。注意，每次读数前，都要看一下管壁有没有挂水珠，管的出口尖嘴处有无悬挂液滴，管嘴有无气泡。

d. 读数时必须读至毫升小数点后第二位，即要求估计到 0.01mL。正确估计 0.01mL 读数的方法很重要。滴定管上 2 个小刻度之间为 0.1mL，要求估计 1/10 的值，对于一个分析工作者来说是要进行严格训练的。为此，可以这样来估计：当液面在 2 小刻度中间为 0.05mL；若液面在 2 小刻度的 1/3 处为 0.03mL 或 0.07mL；若液面在 2 小刻度的 1/5 处为 0.02mL 或 0.08mL 等。

e. 对于有蓝线的滴定管，读数方法与上述相同。当有蓝线的滴定管盛液后将会出现 2 个类似弯月面的上下 2 个尖端交叉，此上下 2 个尖端交叉点的位置，即为有蓝线的滴定管的读数的正确位置。此上下 2 个尖端交叉点的位置比弯月面最低点略高些。

f. 初学者可采用黑白板练习读数。读数时，将纸板放在滴定管背后，使黑色部分在弯月面下面约 1cm 处，此时即可看到弯月面的反射层全部成为黑色，然后，读此黑色弯月面下缘的最低点。对于有色溶液需读弯月面两侧的最高点时，要用白色纸板作为背景。基本掌握读数方法后，可不要求借助黑白纸板进行读数。

【注意事项】

（1）最好每次滴定都从 0.01mL 或接近 0 开始，这样可以减少滴定管刻度不均匀引起的误差。

（2）滴定时，左手不能离开活塞，不能"放任自流"。

（3）摇动锥形瓶时，应微动腕关节，使溶液向同一方向旋转形成旋涡，不能前后或左右摇动，不应听到滴定管下端与锥形瓶内壁的撞击声。摇动时，要求有一定的速度，不能摇得太慢，以免影响化学反应速度。

（4）滴定时，要注意观察滴落点周围颜色的变化。不要只看滴定管的刻度变化，而不顾滴定反应的进行。

（5）滴定速度控制。一般开始时，滴定速度可稍快，呈"见滴呈线"，这时的速度约 10mL/min，即 3～4 滴/s。而不要滴成"水线"，这样，滴定速度太快了。接近终点时，用洗瓶吹洗一下锥形瓶内壁，并改为一滴一滴加入，即每滴加一滴摇几下。最后是每加半滴，摇几下锥形瓶，溶液碰在内壁上要立即用洗瓶吹洗一下，直至溶液出现明显的颜色变化。

滴定通常在锥形瓶中进行，而溴酸钾法、碘量法（滴定碘法）等最好在碘量瓶中进行反应和滴定。碘量瓶是带有磨口玻璃塞和水槽的锥形瓶，喇叭形瓶口与瓶塞柄之间形成一圈水槽，槽中加纯水可形成水封，防止瓶中溶液生成的气体（等）逸失。反应一定时间后，打开瓶塞，水即流下并同时冲洗瓶塞和瓶壁，接着进行滴定。滴定结束后，滴定管内的溶液应弃去，不要倒回原瓶中，以免沾污操作溶液。洗净滴定管，用蒸馏水充满全管，夹在滴定管架上，上口用一微量烧杯或试管罩住，备用；或倒尽水后收在仪器柜中。

15.2.9 碱式滴定管的使用

碱性滴定管下端连接一段乳胶管，内放玻璃珠以控制溶液流出，乳胶管下端再连接一个尖嘴玻璃管。碱性滴定管用来装碱性及无氧化性溶液，凡与橡皮起反应的溶液，如高锰酸钾、碘和硝酸银等溶液，都不能用碱式滴定管来装。

【技能要点】
(1) 掌握碱式滴定管的清洗方法。
(2) 掌握碱式滴定管橡皮管的更换方法。
(3) 掌握碱式滴定管装液方法。
(4) 掌握碱式滴定管排气泡方法。
(5) 掌握碱式滴定管调零及读数方法。
(6) 掌握碱式滴定管滴定速度控制及半滴操作方法。
(7) 掌握酸碱滴定，终点颜色的判断。
(8) 掌握实验数据的处理方法。
(9) 掌握独立完成实验的能力。

【实验时间】
6课时。

【仪器与试剂】
25mL碱式滴定管、移液管、洗耳球、锥形瓶、邻苯二甲碱氢钾。

【实验内容】
(1) 碱式滴定管的准备。
(2) 0.1mol/L NaOH（上一个项目配制）标准溶液的标定。

【实验步骤】
(1) 碱式滴定管的准备。

① 检查。使用前，应检查乳胶管是否老化、变质。检查玻璃珠是否完整球形，玻璃珠的大小是否合适。玻璃珠过大，不便操作；玻璃珠过小，则会漏水。如不合适及时更换。

② 除去难溶污垢。管身：碱性滴定管应取下乳胶管，用橡胶乳头（准备被腐蚀的）将滴定管下口封住，再倒入洗液。少量的污垢可装入10mL洗液，双手平托滴定管两端，不断转动滴定管，使洗液润洗滴定管内壁，操作时管口对准洗液瓶口，以防洗液外流。洗完后，将洗液分别由两端放出。如果滴定管太脏，可将洗液装满整根滴定管浸泡一段时间。为了防止洗液漏出，在滴定管下方可放一个烧杯。最后用自来水冲洗干净。

管尖：

  a. 洗液。将滴定管尖嘴部分浸泡在洗液中，除去残留的凡士林。

  b. 自来水。冲洗滴定管，将洗液除去。

③ 试漏。同酸式滴定管。

④ 清洗。同酸式滴定管。

⑤ 装液。同酸式滴定管。

⑥ 管尖气泡的检查、排除及调零。为了排除碱性滴定管的气泡，右手拿滴定管上端，并使管稍向右倾斜，左手指捏住玻璃珠侧上部位，使乳胶管向上弯曲翘起，挤捏乳胶管，使气泡溶液排出，再一边捏乳胶管一边把乳胶管放直，注意待乳胶管放直后，再松开拇指和食指，否则出口管仍会有气泡。除去气泡后，重新补充溶液至 0 刻度以上。

（2）0.1mol/L NaOH 标准溶液的标定。

实验方法：自查。

动作要求：

① 滴定姿势。同酸式滴定管。

② 碱式滴定管的操作。使用碱式滴定管时，仍以左手握管，拇指在前食指后，其余三指辅助夹住出口管。用拇指和食指捏在玻璃珠所在部位，通常向右边捏玻璃珠侧偏上方的乳胶管（其实左右均可，通常往右比较省力），使溶液从玻璃旁空隙处流出。注意不要从正中相反方向用力捏玻璃珠的中心位置，也不要使玻璃珠上下移动，不要捏玻璃珠下部胶管，以免空气倒吸，影响读数结果。

③ 边滴边摇瓶，要配合好，同酸式滴定管。

④ 半滴的控制和吹洗。碱式滴定管加入半滴溶液时，应先轻挤乳胶管使溶液悬挂在出口管嘴上，再松开拇指与食指，用锥形瓶内壁将其沾落，再用洗瓶吹洗。

⑤ 滴定管的读数。同酸式滴定管。

15.3 技 能 训 练

15.3.1 粗食盐的提纯与质量检验

【实验目的】

（1）学习提纯粗食盐的原理和方法。

（2）掌握称量、溶解、沉淀、过滤、蒸发、结晶等基本操作。

（3）学习有关离子的鉴定原理和方法。

【技能要求】

称量、溶解、沉淀、过滤、蒸发、结晶等基本操作。

【仪器与试剂】

托盘天平、烧杯（100mL、200mL 各 1 个）、试管、玻璃棒、酒精灯（两盏）、洗瓶、点滴板、石棉网、三脚架、漏斗（长、短各 1 个）、布氏漏斗、抽滤瓶、蒸发皿、保温漏斗、铁架台、铁夹、铁圈、研钵、药匙、坩埚钳、镊子、真空泵等。

固体药品：粗食盐。

液体药品：$AgNO_3$（0.1mol/L）、$BaCl_2$（1mol/L）、H_2SO_4（1mol/L）、NaOH（0.02mol/L、2mol/L）、HCl（0.02mol/L、2mol/L）、氨试液（1mol/L）、氨水（6mol/L）、HNO_3（6mol/L）、饱和碳酸钠、草酸铵试液、95%乙醇、溴麝香草酚蓝指示液。

滤纸（中速9cm、11cm）、pH试纸、称量纸。

【实验原理】

粗食盐中除含有少量泥沙等不溶性杂质和有机化合物外，通常还含有 K^+、Ca^{2+}、Mg^{2+}、Fe^{3+}、SO_4^{2-}、CO_3^{2-}、K^+、Br^-、I^-、NO_3^- 等可溶性杂质离子，这些离子可通过下列方法除去。

(1) 加热灼烧，除去有机化合物等杂质。

(2) 溶解、过滤，除去泥砂等不溶性杂质。

(3) 加入试剂，使杂质离子形成沉淀，过滤，除去 Ca^{2+}、Mg^{2+}、SO_4^{2-} 等杂质。

① 加 $BaCl_2$，除 SO_4^{2-}。

$$Ba^{2+} + SO_4^{2-} = BaSO_4 \downarrow$$

② 加 NaOH、Na_2CO_3，除去 Mg^{2+}、Ca^{2+}、Fe^{3+} 和过量的 Ba^{2+}。

$$Mg^{2+} + 2OH^- + CO_3^{2-} = Mg_2(OH)_2CO_3 \downarrow$$
$$Ca^{2+} + CO_3^{2-} = CaCO_3 \downarrow$$
$$Fe^{3+} + 3OH^- = Fe(OH)_3 \downarrow$$
$$2Fe^{3+} + 3CO_3^{2-} + 3H_2O = 2Fe(OH)_3 \downarrow + 3CO_2 \uparrow$$
$$Ba^{2+} + CO_4^{2-} = BaCO_4 \downarrow$$

③ 加 HCl，除过量 OH^-、CO_3^{2-}。

$$OH^- + H^+ = H_2O$$
$$CO_3^{2-} + 2H^+ = CO_2 \uparrow + H_2O$$

(4) 由于钾盐的溶解度比 NaCl 的溶解度大，故在 NaCl 蒸发结晶时，可溶性杂质如 K^+、Br^-、I^-、NO_3^- 等，留在母液中与 NaCl 晶体分离。

【实验步骤】

1) 粗食盐提纯

(1) 称量、研磨、炒盐。称取粗食盐10.0g（若不做质量检验可用5.0g粗食盐，以下其余试剂用量相应减半），置于研钵中研细后转移至蒸发皿中，用小火炒至无爆裂声，冷却。

(2) 溶解和热过滤。将上述粗食盐转移至盛有40mL水的100mL烧杯中，加热并搅拌使其溶解，热过滤，弃去不溶性杂质，保留滤液。

(3) 沉淀和减压过滤。边搅拌边逐滴加入 1mol/L $BaCl_2$ 溶液 1.5～2.0mL 后，加热并继续搅拌滤液至近沸。停止加热和搅拌，待沉淀沉降，溶液变清后，沿烧杯壁加1滴 $BaCl_2$ 溶液，观察上层是否有浑浊。如有浑浊，表明 SO_4^- 尚未除尽，需再滴加 $BaCl_2$ 溶液。待沉淀沉降，溶液变清后，沿烧杯壁加 1 滴 $BaCl_2$ 溶液，上层清液无浑浊为止。继续加热 5min，使沉淀颗粒长大而易于沉降，减压过滤，弃去沉淀，滤液转移至干净烧杯中。

（4）再沉淀和普通过滤。边搅拌边滴加饱和 Na_2CO_3 溶液 1.5~2.0mL，加热至沸，使 Ca^{2+}、Mg^{2+}、Fe^{3+} 和过量的 Ba^{2+} 生成沉淀并沉降。用上述检验 SO_4^{2-} 是否除尽的方法检验 Ca^{2+}、Mg^{2+}、Fe^{3+}、Ba^{2+} 是否沉淀完全。在此过程中注意补充蒸馏水，保持原体积，防止 NaCl 晶体析出。加入 2mol/LNaOH 调节溶液 pH 为 10~11。继续煮沸 2~3min，冷却，普通过滤，弃去沉淀，滤液转移至蒸发皿中。

（5）中和。向滤液中滴加 2mol/LHCl，调节溶液 pH 为 4~5，除去过量的 OH^-、CO_3^{2-}。

（6）蒸发浓缩。加热、蒸发、浓缩溶液，至液面出现一层结晶膜时，改用小火加热，并不断搅拌，以免溶液溅出。当蒸发至糊状稠液时，停止加热（切勿蒸干）。冷却后，减压过滤，弃去滤液，用少量 95% 乙醇淋洗产品晶体两三次。将晶体转移到洁净的蒸发皿中，加热炒干（不冒水汽，呈粉状，无噼啪响声）。冷却后称量，计算产率。

2）质量检验

（1）酸碱度。取上述产品 0.5g，溶于 5mL 水中，加溴麝香草酚蓝指示剂 2 滴，如显黄色，加 0.02mol/L NaOH 0.1mL，此时应显蓝色；如显蓝色或绿色，加 0.02mol/L HCl 0.2 mL，此时应显黄色。

（2）钡盐。取上述产品 1.0g，溶于 5mL 水中，溶液分为 2 份，一份中加入 1mol/L H_2SO_4 2mL，另一份中加水 2mL，静置 15min，2 份溶液应同样澄清。

（3）钙盐。取上述产品 1.0g，溶于 5mL 水中，加氨试剂 1mL，摇匀，加草酸铵试剂 1mL，5min 内不得发生浑浊。

（4）溶液的澄清度。取本品 0.5g，溶于 2.5mL 水中，溶液应澄清。溶液保留下步用。

（5）Cl^- 的检验。取上述 NaCl 溶液 1~2 滴，加入同量的蒸馏水后，滴加入 0.1mol/L $AgNO_3$ 试液 2 滴，应有白色沉淀生成；滴加 6mol/L 氨水，沉淀又溶解，再滴加 6mol/L HNO_3 至显酸性，又有白色沉淀生成。

【思考题】

（1）在除 Ca^{2+}、Mg^{2+}、SO_4^{2-} 等时，为什么要先加 $BaCl_2$ 溶液，后加 Na_2CO_3 溶液？能否先加 Na_2CO_3 溶液？

（2）量的 CO_3^{2-}、OH^- 能否用硫酸或硝酸中和，HCl 加多了可否用 KOH 调回？

（3）加入沉淀剂除 SO_4^{2-}、Ca^{2+}、Mg^{2+}、Ba^{2+} 时，为何要加热？

（4）怎样除去实验过程中所加的过量沉淀剂 $BaCl_2$、NaOH 和 Na_2CO_3？

15.3.2 缓冲溶液的配制和酸度计的使用

【实验目的】

（1）学会缓冲溶液 pH 的计算和配制方法，学会吸量管的使用。
（2）学会缓冲溶液的性质和缓冲容量的测定方法，加深对缓冲溶液性质的理解。
（3）学习酸度计、复合电极的使用和溶液 pH 的测定方法。

【技能要求】

酸度计、复合电极的使用和 pH 的测定。

【仪器与试剂】

试管（6 支）、试管架、玻璃棒、胶头滴管、洗瓶、吸量管（1、10、20mL）、烧杯（100mL）、pHS-3C 型酸度计、洗耳球、复合电极、塑料烧杯（50mL，3 个）、精密 pH 试纸等。

HAc（0.1mol/L，2mol/L）、NaAc（0.1mol/L）、NaH_2PO_4（0.2，2mol/L）、HCl（1mol/L）、Na_2HPO_4（0.2mol/L）、NaOH（1，2mol/L）、邻苯二甲酸氢钾标准缓冲溶液（0.05mol/L）、混合磷酸盐标准缓冲溶液（0.025mol/L）、溴酚红指示剂等。

【实验原理】

能抵抗外来少量强酸，强碱或适当稀释而保持 pH 基本不变的溶液叫缓冲溶液。缓冲溶液一般由共轭酸碱对组成，其中弱酸为抗碱成分，共轭碱为抗酸成分。当弱酸和共轭碱的浓度相等时，pH 计算公式为

$$pH = pK_a - \lg(V_{HB}/V_{B^-})$$

按上式计算出所需的弱酸 HB 及其共轭碱 B^- 的体积，将所需体积的弱酸溶液及其共轭酸碱溶液混合，即得所需缓冲溶液。

缓冲溶液的缓冲能力用缓冲容量来衡量，缓冲容量越大，其缓冲能力越大。缓冲容量与总浓度及缓冲比有关，当缓冲比一定时，总浓度越大，缓冲容量越大；当总浓度一定时，缓冲比越接近 1，缓冲容量越大（缓冲比等于 1 时，缓冲容量最大）。

由上述计算配制所得的 pH 为近似值，需用酸度计和复合电极测定其 pH，再用酸或碱调整其 pH。pH 测定原理如下：

玻璃电极电极电势随溶液 pH 变化而改变。在 25℃时，$E_玻 = K - 0.0592pH$，K 是由玻璃电极本性决定的常数。

复合电极一般是由玻璃电极和参比电极（Ag-AgCl 电极）组合在一起的塑壳可充式电极。把它们插入待测溶液可组成完整原电池，连接上精密电位计（酸度计），可测定电池电动势 ε。在 25℃时

$$\varepsilon = E_正 - E_负 = E_{Ag\text{-}AgCl} - E_玻 = E_{Ag\text{-}AgCl} - K + 0.0592pH = K' + 0.0592pH$$

整理上式得

$$pH = (\varepsilon - K')/0.0592$$

K' 可用已知 pH 缓冲溶液测得，0.0592 是与溶液温度 25℃有关的常数。若溶液温度不是 25℃，则通过酸度计温度补偿旋钮调节。为了省去计算手续，酸度计可直接把测得的电极电势表示为 pH，并显示出来。

【实验步骤】

1）缓冲溶液的配制

（1）计算配制 pH5.00 的缓冲溶液 20mL 所需 0.1mol/L HAc（pK_a4.74）溶液和 0.1mol/L NaAc 溶液的体积。用吸量管移取所需量的 HAc、NaAc 溶液，置于 50mL 塑料烧杯中，摇匀。用酸度计测定其 pH，并用 2mol/L NaOH 或 2mol/L HAc 调节 pH 为 5.00，保存备用。

(2) 计算配制 pH 7.00 的缓冲溶液 20mL 所需 0.2mol/L NaH_2PO_4（pK_a=7.20）溶液和 0.2mol/L Na_2HPO_4 溶液的体积。用吸量管移取所需量的 NaH_2PO_4、Na_2HPO_4 溶液，置于 50mL 塑料烧杯中，摇匀。用酸度计测定其 pH，并用 2mol/L NaOH 或 2mol/L NaH_2PO_4 调节 pH 为 7.00，保存备用。

2）缓冲溶液的性质

(1) 缓冲溶液的抗酸作用。取 3 支试管，分别加入 3mL 上述配制好的 pH 为 5.00 和 7.00 的缓冲溶液和蒸馏水，各加入 2 滴 1mol/L HCl 溶液，摇匀，用精密 pH 试纸分别测定其 pH，并加以解释。

(2) 缓冲溶液的抗碱作用。取 3 支试管，分别加入 3mL 上述配制好的 pH 为 5.00 和 7.00 的缓冲溶液和蒸馏水，各加入 2 滴 1mol/L NaOH 溶液，摇匀，用精密 pH 试纸分别测定其 pH，并加以解释。

(3) 缓冲溶液的抗稀释作用。取 2 支试管，分别加入 0.5mL 上述配制好的 pH 为 5.00 和 7.00 的缓冲溶液，各加入 5mL 蒸馏水，摇匀，用精密 pH 试纸分别测定其 pH；另取 2 支试管，一支加入 0.5mL 1mol/L HCl 溶液，另一支加入 0.5mL 1mol/L NaOH 溶液，各加入 5mL 蒸馏水，摇匀，用精密 pH 试纸分别测定其 pH。解释上述实验结果。

3）缓冲容量的比较

(1) 缓冲容量与总浓度的关系。取 2 支试管，在一支试管中加入 0.1mol/L HAc 溶液和 0.1mol/L NaAc 溶液各 2mL，在另一支试管中加入 1mol/L HAc 溶液和 1mol/L NaAc 溶液各 2mL，测定 2 支试管中溶液的 pH，看是否相同。向 2 支试管中各滴入 2 滴溴酚红（变色范围：pH 5.0~6.8，pH<5.0 呈黄色，pH>6.8 呈红色），然后向 2 支试管中分别滴加 1mol/L NaOH 溶液，边滴加边振荡试管，直至溶液变为红色。记录两试管所加 NaOH 溶液的滴数，并加以解释。

(2) 缓冲溶液与缓冲比的关系。取 2 支试管，在一支试管中加入 0.1mol/L NaAc 溶液和 0.1mol/L HAc 溶液各 5mL，在另一支试管中加入 0.1mol/L NaAc 溶液 9mL 和 0.1mol/L HAc 溶液 1mL。计算两缓冲溶液的缓冲比，用精密 pH 试纸测定两溶液的 pH。然后往每支试管中加入 1mol/L NaOH 溶液 1mL，再用精密 pH 试纸测量两溶液的 pH。解释上述实验结果。

【思考题】

(1) 缓冲溶液的 pH 由哪些因素决定？

(2) 现有下列几种酸及这些酸的各种对应盐类（包括酸式盐），欲配制 pH=2，pH=10，pH=12 的缓冲溶液，应各选用哪种缓冲剂较好？

$$H_3PO_4, HAc, H_2C_2O_4, H_2CO_3, HF$$

(3) 将 10mL 0.1mol/L HAc 溶液和 10mL 0.1mol/L NaOH 溶液混合后，问所得溶液是否具有缓冲能力，使用 pH 试纸检验溶液的 pH 时，应注意那些问题？

15.3.3 浓度对化学反应速度的影响

【实验目的】

(1) 认识浓度与化学反应速度之间的关系。

(2) 了解化学反应速度的判别方法。

【技能要求】

(1) 稀硫酸溶液的配制。

(2) 溶液的配制和定容。

(3) 样品的称量。

【仪器与试剂】

试管、量筒、秒表、0.30mol/L 硫代硫酸钠溶液、稀硫酸（1∶5）、蒸馏水。

【实验原理】

当其他条件不变时，增加反应物浓度，可以增大反应的速度。硫代硫酸钠溶液跟稀硫酸发生反应，会析出硫而使溶液变浑浊。

$$Na_2S_2O_3 + H_2SO_4 =\!=\!= Na_2SO_4 + SO_2 + S\downarrow + H_2O$$

$$S_2O_3^{2-} + 2H^+ =\!=\!= SO_2 + S\downarrow + H_2O$$

若在一定量的等浓度的硫酸溶液里加入等体积的不同浓度的硫代硫酸钠溶液，从出现浑浊现象的先后可判断反应速度的快慢。

【实验步骤】

(1) 称取 4.75g 大苏打（$Na_2S_2O_3 \cdot 5H_2O$），溶于 95.25g 水中，即成 3％硫代硫酸钠溶液。

(2) 取 10mL 98％浓硫酸慢慢加入 50mL 蒸馏水中，即得 1∶5 稀硫酸。

(3) 取 3 支试管，分别编为 1、2、3 号，并按表中规定的数量加入硫代硫酸钠溶液和蒸馏水，摇匀后，把试管放在一张有字的纸前，这时隔着试管可以清楚地看到字迹。然后再滴加稀硫酸。同时从加入第一滴硫酸时开始记录时间，到溶液出现浑浊，使试管后面的字迹看不见时停止记时，将记录的时间填入表 15-2 中。

表 15-2 实验数据表

编号	加 0.3mol/L 硫代硫酸钠溶液/mL	加蒸馏水/mL	加稀硫酸（1∶5）/mL	出现浑浊所需时间/s
1	20	0	20	
2	10	10	20	
3	5	15	20	

从上述实验得出反应物的浓度与化学反应速度的关系。

这个实验也可以反过来做，即在 3 支试管里各取 10mL 3％的 $Na_2S_2O_3$ 溶液，分别加入不同浓度的稀硫酸，仿照上述方法记时。效果也一样。

【思考题】

(1) 加蒸馏水的作用是什么？

(2) 是否可以不加蒸馏水，而加入不同浓度的硫代硫酸钠或稀硫酸？

15.3.4 硝酸钾溶解度的测定

【实验目的】

(1) 了解溶解度的表示方法。

(2) 掌握盐的溶解度测定方法。

【技能要求】

掌握电子分析天平、温度计和移液管的正确使用。

【仪器与试剂】

硝酸钾固体、带双孔木塞大试管、温度计、玻璃搅拌器、1mL 移液管、电子分析天平。

【实验原理】

硝酸钾在水里的溶解度是指在一定温度下，硝酸钾在 100g 水中达到饱和状态时能溶解的克数。它随温度的升高而增大，随温度的降低而减小。把一定量硝酸钾在较高温度下溶于一定量的水中，当温度降到溶液里刚有晶体析出时，这时的温度可作为饱和溶液的温度。根据测得的温度和已知硝酸钾及水的量，就能算出硝酸钾在某一温度的溶解度。

【实验步骤】

(1) 取一支干燥洁净的大试管（约 25mm×120mm），加入 5g 硝酸钾晶体（化学纯），再加入 5mL 蒸馏水。试管口上配一只双孔木塞，一个孔中插一支 100℃ 的温度计，另一个孔中插入一根下端有圈的玻璃搅拌器。把大试管放入水浴中加热并不断搅拌。

(2) 等硝酸钾晶体全部溶解后，把试管取出水浴，不断搅拌，使它渐渐冷却，观察并记下硝酸钾晶体刚析出时的温度。把试管再次放在水浴中加热，等晶体全部溶解后再把试管取出水浴。再让它自行冷却，记下晶体刚析出时的温度，直到 2 次温度读数相同或相差 0.5° 以下为止（取 2 次温度的平均值）。

(3) 往试管里加水，每次加 1mL，按上述操作方法测定水的毫升数分别是 6、7、8、9…，溶液中晶体刚析出时的温度。

(4) 不同温度下硝酸钾的溶解度可按下式计算：

$$溶解度（g）S = 100a/b$$

式中：a——溶质的质量，g；

b——水的质量，g。

【思考题】

(1) 为什么要求硝酸钾的质量和水的体积都要求准确，水应尽可能全部加入试管中？

(2) 加热时，要保持试管中的液面要低于水浴的液面的目的是什么？

(3) 搅拌时，搅拌器的玻璃圈为什么不能离开液面？

15.3.5 溶液的配制和滴定操作练习

【实验目的】

(1) 掌握溶液的配制方法及其有关计算。

(2) 初步掌握滴定管、移液管及容量瓶的使用和滴定操作技能。

(3) 学会判断滴定终点。

【技能要求】

滴定管、移液管及容量瓶的使用和滴定操作技能。

【仪器和试剂】

容量瓶（100mL，2个）、烧杯（100mL，2个）、玻璃棒（2支）、药匙、碱式滴定管（25mL）、移液管（20mL）、吸量管（2、10mL各1支）、锥形瓶（250mL，3个）等。

HCl（6mol/L）、NaOH（饱和溶液）、酚酞指示剂、甲基橙指示剂。

【实验原理】

滴定分析法是将一种已知准确浓度的标准溶液滴加到试样溶液中，直到反应完全，然后根据标准溶液浓度和消耗体积求得试样中组分含量的分析方法。学会配制溶液和准确测量溶液体积是滴定分析的基础。为此，要学会容量瓶、滴定管和移液管的正确使用。以下详细说明滴定管的使用：

1) 酸式滴定管的准备

(1) 洗涤。若无明显油污，可用洗涤剂溶液荡洗。若有明显油污，可用铬酸溶液洗。加入5~10mL洗液，边转动边将滴定管放平，并将滴定管口对着洗液瓶口，以防洗液洒出。

洗净后将一部分洗液从管口放回原瓶，最后打开活塞，将剩余的洗液放回原瓶，必要时可加满洗液浸泡一段时间。

用各种洗涤剂清洗后，都必须用自来水充分洗净，并将管外壁擦干，以便观察内壁是否挂水珠。若挂水珠说明仍未洗干净，必须重洗。

(2) 涂油。取下活塞上的橡皮圈，取出活塞，用吸水纸将活塞和活塞套擦干，将酸管放平，以防管内水再次进入活塞套。

用食指蘸取少许凡士林，在活塞的两端各涂一薄层凡士林。也可以将凡士林涂抹在活塞的大头上，另用纸卷或火柴梗将凡士林涂抹在活塞套的小口内侧将活塞插入活塞套内，按紧并向同一方向转动活塞，直到活塞和活塞套上的凡士林全部透明为止。套上橡皮圈，以防活塞脱落打碎。

(3) 检漏。用自来水充满滴定管，夹在滴定管夹上直立2min，仔细观察有无水滴滴下或从缝隙渗出。然后将活塞转动180°，再如前法检查。如有漏水现象，必须重新涂油。

(4) 涂油合格后，用蒸馏水洗滴定管3次。每次用量分别10、5、5(mL)。洗时，双手持滴定管两端无刻度处，边转动边倾斜，使水布满全管并轻轻振荡。然后直立，打开活塞，将水放掉，同时冲洗出口管。

2) 碱式滴定管的准备

(1) 检查乳胶管和玻璃球是否完好，若乳胶管已老化，玻璃球过大（不易操作）或过小（漏水），应予更换。

(2) 洗涤。需要用铬酸洗液洗涤时，可除去乳胶管，用旧橡皮乳头套在下端管口上进行洗涤。在用自来水冲洗或用蒸馏水清洗碱管时，捏乳胶管时应不断改变方位，使玻璃球的四周都洗到。

3) 操作溶液的装入

(1) 用欲装溶液将滴定管漂洗3次（洗法与用蒸馏水漂洗相同）。

(2) 将溶液直接倒入滴定管中。

(3) 赶气泡。

① 酸式滴定管赶气泡的方法是：右手拿住上部，使滴定管倾斜 30°，左手迅速打开活塞，让溶液冲出，将气泡带走。

② 碱式滴定管赶气泡的方法是：左手拇指和食指拿住玻璃珠中间偏上部位，并将乳胶管向上弯曲，出口管斜向上，同时向一旁压挤玻璃珠，使溶液从管口喷出，随之将气泡带走，再一边捏乳胶管一边将其放直。当乳胶管放直后再松开拇指和食指，否则出口管仍会有气泡。最后将滴定管外壁擦干。

4) 滴定管的读数

手拿管上部无刻度处，使滴定管保持垂直。无色或浅色溶液，读弯月面下缘最低点的数值，且眼睛与此最低点在同一水平上。若溶液颜色太深（如 $KMnO_4$、I_2 溶液等），可读液面两侧的最高点。常量滴定管读数必须读出小数点后第二位。

5) 滴定管的操作方法

(1) 酸式滴定管。无名指和小指向手心方向半弯曲，轻轻贴在尖嘴左侧。拇指在活塞柄的靠近操作者一侧，食指和中指在活塞柄的另一侧，在转动活塞的同时，中指和食指应稍微弯曲，轻轻往手心方向用力，防止活塞松脱，造成漏液。

(2) 碱式滴定管。左手无名指及小指夹住末端玻璃尖管，拇指与食指向一侧捏乳胶管，使溶液在玻璃球旁空隙处流出。不要用力捏玻璃珠，也不能使玻璃珠上下移动，尤其不要捏玻璃珠下部的乳胶管，如果这样会在停止滴定，松开手时吸进气泡，造成体积测量错误。

无论使用哪种滴定管，都必须掌握下面 3 种加液方法：① 逐滴连续滴加。② 只加一滴。③ 只加半滴：使液滴悬而未落，用瓶内壁粘下，用蒸馏水冲下然后摇匀，即加入了半滴。

6) 滴定操作

滴定前应观察滴定管尖端是否悬挂液滴，若有，应用锥形瓶外壁粘下。滴定时一般用左手握滴定管，右手前三指拿住锥形瓶颈，使瓶底离滴定台 1~3cm，调节滴定管的高度，使滴定管的下端伸入瓶口约 1cm。

左手按上述方法滴加溶液，右手运用腕力摇动锥形瓶，边滴加边摇动，摇动时使溶液向同一方向做圆周运动，眼睛注意溶液落点周围颜色的变化，开始时，滴定速度可稍快些，但不能流成"水线"。接近终点时，应改为加 1 滴，摇几下。最后，每加半滴，即摇动锥形瓶。直至溶液出现明显的颜色变化。

【实验步骤】

(1) 练习移液管（吸量管）和容量瓶的使用。

① 练习移液管（吸量管）的使用。用自来水练习移液管的洗涤、吸液和放液操作。

② 练习容量瓶的使用。用自来水练习容量瓶的检漏、洗涤、转移溶液和定容操作。

(2) 配制 100mL、0.1mol/L HCl 溶液。

① 计算。根据稀释定律 $c_1V_1 = c_2V_2$，计算配制 100mL、0.1mol/L HCl 所需 6mol/L HCl 的体积。

② 量取、稀释、转移。用 2mL 吸量管移取 6mol/L HCl 溶液，沿烧杯壁慢慢注入盛有 20mL 蒸馏水的烧杯中，并不断搅拌，用玻璃棒引流将烧杯中溶液转移入 100mL 容量瓶中，再用少量蒸馏水洗涤烧杯和玻璃棒 3 次，并将每次洗涤液也转移入容量瓶。

③ 定容。往容量瓶中加蒸馏水到 3/4 体积时，要初步混匀，当加水到液面离刻度线约 1cm 时，要改用胶头滴管加水至标线，盖紧瓶塞，摇匀。放正容量瓶，打开瓶塞，使瓶塞周围溶液流下，重新塞好塞子，再摇匀。并将配好的溶液装入指定的试剂瓶中，贴上标签。

(3) 配制 100mL、0.1mol/L NaOH 溶液。

① 计算。计算配制 100mL、0.1mol/L NaOH 溶液所需 NaOH 饱和溶液的质量。

② 量取、稀释、转移。用 2mL 吸量管移取饱和溶液，沿烧杯壁慢慢注入盛有 20mL 蒸馏水的烧杯中，并不断搅拌，用玻璃棒引流将烧杯中溶液转移入 100mL 容量瓶中，再用少量蒸馏水洗涤烧杯和玻璃棒 3 次，并将每次洗涤液也转移入容量瓶。

③ 定容。往容量瓶中加蒸馏水到 3/4 体积时，要初步混匀，当加水到液面离刻度线约 1cm 时，要改用胶头滴管加水至标线，盖紧瓶塞，摇匀。放正容量瓶，打开瓶塞，使瓶塞周围溶液流下，重新塞好塞子，再摇匀。并将配好的溶液装入指定的试剂瓶中，贴上标签。

(4) 练习滴定管的使用。

① 用自来水练习滴定管的检漏、洗涤、排气泡、读数以及滴液控制等。

② 用装有自来水的锥形瓶练习滴定操作（姿势、手法、滴定速度、半滴加入等）。

(5) 酸碱滴定练习。

① 0.1mol/L NaOH 溶液滴定 0.1mol/L HCl 溶液。取洗干净的碱式滴定管 1 支，用少量 0.1mol/L NaOH 溶液润洗 3 次，装入 NaOH 溶液，排除气泡，调整液面至 0.00mL 或 "0.00" 以下某刻度，并记录初读数。

取洗净的 20mL 移液管 1 支，用少量 0.1mol/L HCl 溶液润洗 3 次，准确移取 20.00mL HCl 溶液置于 250mL 锥形瓶中，加蒸馏水 20mL，酚酞指示剂 2 滴，用 0.1mol/L NaOH 溶液滴定，溶液显微红色 30s 不退色为终点，记下消耗 NaOH 溶液的体积。平行滴定 3 次，每次消耗的 NaOH 溶液体积相差不得超过 0.04mL。将实验结果记录于表 15-3 中。

表 15-3 0.1mol/L NaOH 溶液滴定 0.1mol/L HCl 溶液

测定次数	1	2	3
HCl 溶液体积/mL			
滴定管初读数/mL			
滴定管终读数/mL			
NaOH 消耗体积/mL			
NaOH 消耗平均值/mL			

② 0.1mol/L HCl 溶液滴定 0.1mol/L NaOH 溶液。取洗干净的碱式滴定管 1 支，

用少量 0.1mol/L HCl 溶液润洗 3 次，装入 HCl 溶液，排除气泡，调整液面至 0.00mL 或 "0.00" 以下某刻度，并记录初读数。（检漏、洗涤、润洗、装液、排气泡、调零点）

取洗净的 20mL 移液管 1 支，用少量 0.1mol/L NaOH 溶液润洗 3 次，准确移取 20.00mL NaOH 溶液置于 250mL 锥形瓶中，加蒸馏水 20mL，甲基橙指示剂 2 滴，用 0.1mol/L HCl 溶液滴定，溶液显橙色即为终点，记下消耗 HCl 溶液的体积。平行滴定 3 次，每次消耗的 HCl 溶液体积相差不得超过 0.04mL。将实验结果记录于表 15-4 中。

表 15-4　0.1mol/L HCl 溶液滴定 0.1mol/L NaOH 溶液

测定次数	1	2	3
NaOH 溶液体积/mL			
滴定管初读数/mL			
滴定管终读数/mL			
HCl 消耗体积/mL			
HCl 消耗平均值/mL			

【思考题】

(1) 洗净的滴定管为什么在装溶液之前要用欲装液漂洗几次？滴定中使用的锥形瓶（或烧杯）是否也要用待装溶液漂洗，为什么？

(2) 为什么每次滴定前都要将酸碱溶液装至滴定管 "0" 刻度或 "0" 以下附近刻度？

(3) 在滴定开始前，为什么必须赶走滴定管下端尖管或乳胶管中存在的气泡？

(4) 用 NaOH 溶液滴定 HCl 溶液，甲基橙和酚酞两种指示剂是否都可选用？用哪一种更合适？为什么？

(5) 简述滴定时加半滴溶液的操作方法。

(6) 滴定前滴定管尖嘴处有气泡未赶除，滴定过程中气泡逸出，这对滴定结果有何影响？

(7) 简述酸、碱滴定管赶气泡的操作方法。

15.3.6　盐酸标准溶液的标定

【实验目的】

(1) 掌握用 Na_2CO_3 标定 HCl 标准溶液浓度的方法。

(2) 熟练掌握酸式滴定管的使用方法。

(3) 巩固用甲基橙作指示剂的终点判断。

【技能要求】

定量转移的规范操作，称量瓶、酸管的正确使用。

【仪器与试剂】

(1) 0.1mol/L HCl 标准溶液。

(2) 无水 Na_2CO_3（基准物质）。

(3) 甲基橙指示剂 1g/L 水溶液。

【实验原理】

由于浓盐酸容易挥发，不能用它们来直接配制具有准确浓度的标准溶液，因此，配制 HCl 标准溶液时，只能先配制成近似浓度的溶液，然后用基准物质标定它们的准确浓度，或者用另一已知准确浓度的标准溶液滴定该溶液，再根据它们的体积比计算该溶液的准确浓度。

标定 HCl 溶液的基准物质常用的是无水 Na_2CO_3，其反应式为

$$Na_2CO_3 + 2HCl = 2NaCl + CO_2 + H_2O$$

【实验步骤】

(1) 称取无水碳酸钠 3 份，每份 0.10~0.12g，分别置于 250mL 锥形瓶中（标记瓶号），各加 50mL 蒸馏水溶解，摇匀，加 2 滴甲基橙指示剂，用盐酸溶液滴定至溶液刚好由黄色变橙色即为终点，记下所消耗盐酸溶液的体积。

(2) 按下列公式计算盐酸的浓度：

$$c_{HCl} = \frac{m \times 1000}{(V_1 - V_0) \times 52.99}$$

式中　m——基准无水碳酸钠的质量，g；

V_1——盐酸溶液的用量，mL；

V_0——空白试验中盐酸溶液的用量，mL；

52.99——1/2 Na_2CO_3 摩尔质量，g/mol；

c_{HCl}——盐酸标准溶液的浓度，mol/L。

【思考题】

(1) 标定 HCl 标准溶液浓度的 Na_2CO_3 用量是如何计算出来的？称量时必须准确到几位有效数字？Na_2CO_3 中还含有水分，对标定 HCl 标准溶液有何影响？

(2) 从滴定管中滴加半滴溶液的操作要领是什么？

(3) 用 Na_2CO_3 标定 HCl 标准溶液浓度是否可用酚酞作指示剂？为什么？

15.3.7 氢氧化钠标准溶液的标定

【实验目的】

(1) 掌握用邻苯二甲酸氢钾标定 NaOH 标准溶液的方法。

(2) 熟练掌握碱式滴定管的操作方法。

【技能要求】

(1) 移液管的正确使用。

(2) 碱管的操作要领。

【仪器与试剂】

0.1mol/L NaOH 溶液、0.1mol/L HCl 溶液、酚酞指示剂 10g/L 乙醇溶液、邻苯二甲酸氢钾基准物质。

【实验原理】

NaOH 有很强的吸水性和易吸收空气中 CO_2，因而市售 NaOH 中常含有 Na_2CO_3。

反应方程式：

$$2NaOH + CO_2 \longrightarrow Na_2CO_3 + H_2O$$

由于碳酸钠的存在，对指示剂的使用影响较大，应设法除去。

除去 Na_2CO_3 最通常的方法是将 NaOH 先配成饱和溶液（约 52%，体积分数），由于 Na_2CO_3 在饱和 NaOH 溶液中几乎不溶解，会慢慢沉淀出来，因此，可用饱和氢氧化钠溶液，配制不含 Na_2CO_3 的 NaOH 溶液。待 Na_2CO_3 沉淀后，可吸取一定量的上清液，稀释至所需浓度即可。此外，用来配制 NaOH 溶液的蒸馏水，也应加热煮沸放冷，除去其中的 CO_2。

标定碱溶液的基准物质很多，常用的有草酸，苯甲酸和邻苯二甲酸氢钾（$C_6H_4COOHCOOK$）等。最常用的是邻苯二甲酸氢钾，滴定反应为

$$C_6H_4COOHCOOK + NaOH \longrightarrow C_6H_4COONaCOOK + H_2O$$

计量点时由于弱酸盐的水解，溶液呈弱碱性，应采用酚酞作为指示剂。

【实验步骤】

(1) 称取邻苯二甲酸氢钾 3 份，每份 0.35～0.4g，分别置于 250mL 锥形瓶中（标记瓶号），各加 50mL 蒸馏水溶解，摇匀（可采取加热促溶解），冷却，加 2 滴酚酞指示剂，用氢氧化钠溶液滴定至溶液刚好由无色变粉红色，30s 不退色，即为终点，记下所消耗氢氧化钠溶液的体积，同时做空白实验。

(2) 按下列公式计算氢氧化钠的浓度：

$$c_{NaOH} = \frac{m}{(V-V_0) \times \frac{M_0}{1000}}$$

式中　c_{NaOH}——NaOH 标准溶液的浓度，mol/L；

m——所称邻苯二甲酸氢钾的质量，g；

V——NaOH 溶液体积数，mL；

V_0——空白体积数，mL；

M_0——基准物质（邻苯二甲酸氢钾）的摩尔质量，204.22g/mol。

15.3.8　H_2O_2 含量的测定

【实验目的】

(1) 掌握应用 $KMnO_4$ 法测定双氧水中 H_2O_2 含量的原理和方法。

(2) 体会自身指示剂的特点。

【技能要求】

重点强化训练移液管的规范操作操作。

【仪器与试剂】

双氧水（H_2O_2）、0.02mol/L $KMnO_4$ 标准溶液、1mol/L H_2SO_4 溶液、1mol/L $MnSO_4$ 溶液。

【实验步骤】

(1) 用移液管移取样品双氧水（H_2O_2）1.00mL，置于 250mL 容量瓶中，加水稀释至刻度，充分摇匀后，用移液管移取 25mL，置于 250mL 锥形瓶中，加 1mol/L H_2SO_4 20mL、1mol/L $MnSO_4$ 溶液 2～3 滴，用 0.02mol/L $KMnO_4$ 标准溶液滴定至呈

微红色，在 0.5min 内不消失即为终点。记录耗用 $KMnO_4$ 标准溶液的体积。平行测定 3 次。

(2) 记录格式自拟。双氧水含量为

$$\rho_{H_2O_2}(g/L) = \frac{c_{KMnO_4} \times V_{KMnO_4} \times \frac{M_{H_2O_2}}{1000} \times \frac{2}{5}}{1 \times \frac{25}{250}} \times 1000$$

【思考题】

(1) 加 $MnSO_4$ 溶液的作用是什么？不加 $MnSO_4$ 行吗？为什么？

(2) 含有乙酰苯胺等有机物作稳定剂的过氧化氢试样能否仍用 $KMnO_4$ 法测定 H_2O_2 的含量？在测定过程中，能否把 H_2SO_4 改用 HNO_3 或 HCl？

15.3.9 自来水总硬度的测定

【实验目的】

(1) 了解水中钙镁离子总量的测定意义和常用的表示方法。

(2) 掌握 EDTA 法测定水中钙镁离子含量的原理和方法。

(3) 熟悉铬黑 T 和钙指示剂的应用。

【技能要求】

(1) 溶液的稀释和定容。

(2) 指示剂变色点的观察。

【仪器与试剂】

(1) 0.005mol/L EDTA 标准溶液（用移液管移取 25mL 0.02mol/L 的 EDTA 标准溶液于 100mL 容量瓶中，用纯水稀释至刻度）。

(2) 氨性缓冲溶液（NH_3-NH_4Cl）。

(3) 10% NaOH 溶液。

(4) 1∶1 HCl。

(5) 2% Na_2S。

(6) 1%盐酸羟胺。

(7) 20%三乙醇胺。

(8) 1%铬黑 T 指示剂。

(9) 钙指示剂。

【实验步骤】

(1) 水中钙镁离子总含量的测定。准确移取水样 25mL 置于锥形瓶中，加入 NH_3-NH_4Cl 氨性缓冲溶液（pH=10.0）5mL、2~3 滴铬黑 T 指示剂，摇匀。此时溶液为酒红色，以 0.005mol/L EDTA 标准溶液滴定至纯蓝色，即为终点。记录耗用 EDTA 标准溶液的体积。平行测定 3 次。

(2) 水中钙离子含量的测定。准确移取水样 25mL 置于 250mL 锥形瓶中，加入 2mL 10% NaOH 溶液，摇匀。再加入约 0.01g 钙指示剂，再摇匀。此时溶液呈淡红色。用 0.005mol/L EDTA 标准溶液滴定至纯蓝色，即为终点。记录耗用 EDTA 标准溶液的体积。平行测定 3 次。

(3) 水中镁离子的确定。由钙镁离子总含量减去钙离子含量。

(4) 相当于 $CaCO_3$ 含量（总硬度）：

$$\rho_{CaCO_3}(mg/L) = \frac{V_{EDTA} \times M_{CaCO_3} \times c_{EDTA}}{V_{水样}} \times 100\%$$

式中　c_{EDTA}——EDTA 标准溶液的浓度，mol/L；

V_{EDTA}——EDTA 标准溶液得体积，mL；

M_{CaCO_3}——基准物质（$CaCO_3$）的摩尔质量，100g/mol；

$V_{水样}$——水样的体积。

【思考题】

(1) 用 EDTA 法怎样测定水中钙镁离子总含量？用什么指示剂？产生什么反应？终点变色如何？试液的 pH 应如何控制在什么范围？如何控制？单独测定钙离子含量时又如何？

(2) 用 EDTA 法怎样测定水中钙镁离子含量时，哪些离子的存在对测定具有干扰？如何消除？

(3) 在测定水样中钙镁离子海量时，水样体积的吸取量如何确定？精确度如何控制？

(4) 当水样中 Mg^{2+} 含量较低时，以铬黑 T 作指示剂，测定水中 Ca^{2+}、Mg^{2+} 总量，终点不明确，因此常在水样中先加少量 MgY^{2-} 配合物，再用 EDTA 滴定，终点就敏锐，这样就对测定结果有无影响？说明其原理。

15.3.10　食醋中总酸度的测定

【实验目的】

(1) 学会食醋中总酸度的测定原理和方法。

(2) 掌握指示剂的选择原则。

(3) 掌握强碱滴定弱酸的滴定过程，突跃范围及指示剂的选择原理。

【技能要求】

(1) 碱式滴定管的规格、洗涤、润洗等操作步骤。

(2) NaOH 溶液的储存注意事项。

(3) 吸量管的使用。

【仪器和试剂】

(1) 食醋。

(2) 酚酞指示剂。

(3) NaOH 标准溶液（0.1mol/L）。

【实验原理】

食醋是混合酸，除了含有醋酸外，还含有乳酸等有机酸，其主要成分是 HAc（有机弱酸，$K_a = 1.8 \times 10^{-5}$），与 NaOH 反应产物为弱酸强碱盐 NaAc：

$$HAc + NaOH == NaAc + H_2O$$

HAc 与 NaOH 反应产物为弱酸强碱盐 NaAc，化学计量点时 pH≈8.7，滴定突跃在碱性范围内（如 0.1mol/L NaOH 滴定 0.1mol/L HAc 突跃范围为 pH：7.74～9.70），在此若使用在酸性范围内变色的指示剂如甲基橙，将引起很大的滴定误差（该反应化学计量点时溶液呈弱碱性，酸性范围内变色的指示剂变色时，溶液呈弱酸性，则滴定不完全）。因此在此应选择在碱性范围内变色的指示剂酚酞（8.0～9.6）。（指示剂的选择主要以滴定突跃范围为依据，指示剂的变色范围应全部或一部分在滴定突跃范围内，则终点误差小于 0.1%。）

因此可选用酚酞作指示剂，利用 NaOH 标准溶液测定 HAc 含量。食醋中总酸度用 HAc 含量的含量来表示。

【实验步骤】

（1）用移液管吸取食醋试样 5.00mL，移入 250mL 锥形瓶中，加入 20mL 蒸馏水稀释，加酚酞指示剂 2 滴，用 0.1mol/L NaOH 标准溶液滴定至终点。平行测定 3 次。记录 NaOH 标准溶液的用量。

（2）按下式计算食醋总酸量：

$$\rho_{HAc} = \frac{c_{NaOH} V_{NaOH} M_{NaOH}}{V_s}$$

式中　ρ_{HAc}——食醋中的总酸量，g/L；

c_{NaOH}——NaOH 标准溶液的浓度，mol/L；

V_{NaOH}——滴定消耗 NaOH 标准溶液的体积，mL；

M_{NaOH}——NaOH 的摩尔质量，g/mol；

V_s——食醋试样的取样体积，mL。

【思考题】

（1）加入 20mL 蒸馏水的作用是什么？

（2）为什么使用酚酞作指示剂？

15.3.11　硫代硫酸钠标准溶液的配制和标定

【实验目的】

（1）掌握硫代硫酸钠标准溶液的配制和标定方法。

（2）掌握淀粉指示剂的作用原理，掌握淀粉指示剂的正确使用。

（3）学会带碘量瓶的操作方法。

【技能要求】

（1）淀粉指示剂的使用。

（2）碘量瓶的正确使用。

（3）$Na_2S_2O_3$ 标准溶液的配制和保存。

【仪器与试剂】

$Na_2S_2O_3 \cdot 5H_2O$（分析纯）、Na_2CO_3（分析纯）、$K_2Cr_2O_7$ 基准物（分析纯，干燥至恒重）、KI（分析纯）、HCl 溶液（6mol/L）、淀粉指示剂（5g/L）。

【实验原理】

$Na_2S_2O_3$ 不是基准物质,因此不能直接配制标准溶液。配制好的 $Na_2S_2O_3$ 溶液不稳定,容易分解,这是由于在水中的微生物、CO_2、空气中 O_2 作用下,发生下列反应:

$$Na_2S_2O_3 \longrightarrow Na_2SO_3 + S \downarrow$$

$$S_2O_3^{2-} + CO_2 + H_2O \longrightarrow HSO_3^- + HCO_3^- + S \downarrow \text{(微生物)}$$

$$S_2O_3^{2-} + 1/2 O_2 \longrightarrow SO_4^{2-} + S \downarrow$$

此外,水中微量的 Cu^{2+} 或 Fe^{3+} 等也能促进 $Na_2S_2O_3$ 溶液分解。

因此,配制 $Na_2S_2O_3$ 溶液时,需要用新煮沸(为了除去 CO_2 和杀死细菌)并冷却了的纯水,加入少量 Na_2CO_3,使溶液呈弱碱性,以抑制细菌生长。这样配制的溶液也不宜长期保存,使用一段时间后要重新标定。如果发现溶液变浑或析出硫,就应该过滤后再标定,或者另配溶液。

$K_2Cr_2O_7$、KIO_3 等基准物质常用来标定 $Na_2S_2O_3$ 溶液的浓度。称取一定量基准物质,在酸性溶液中与过量 KI 作用,析出的 I_2,以淀粉为指示剂,用 $Na_2S_2O_3$ 溶液滴定,有关反应式为

$$Cr_2O_7^{2-} + 6I^- + 14H^+ \Longrightarrow 2Cr^{3+} + 3I_2 \downarrow + 7H_2O$$

或

$$IO_3^- + 5I^- + 6H^+ \Longrightarrow 3I_2 \downarrow + 3H_2O$$

$$I_2 + 2S_2O_3^{2-} \Longrightarrow 2I^- + S_4O_6^{2-}$$

$K_2Cr_2O_7$(或 KIO_3)与 KI 的反应条件如下:

(1) 溶液的酸度越大,反应速度越快,但酸度太大时,I^- 容易被空气中的 O_2 氧化,所以酸度一般以 $0.2\sim 0.4mol/L$ 为宜。

(2) $K_2Cr_2O_7$ 与 KI 作用时,应将溶液储于碘瓶或磨口锥形瓶中(塞好磨口塞),在暗处放置一定时间,待反应完全后,再进行滴定。KIO_3 与 KI 作用时,不需要放置,宜及时进行滴定。

(3) 所用 KI 溶液中不应含有 KIO_3 或 I_2。如果 KI 溶液显黄色,则应事先用 $Na_2S_2O_3$ 溶液滴定至无色后再使用。若滴至终点后,很快又转变为 I_2 淀粉的蓝色,表示 KI 与 $K_2Cr_2O_7$ 的反应未进行完全,应另取溶液重新标定。

【实验步骤】

(1) 0.1mol/L 硫代硫酸钠标准溶液的配制。加热 500mL 纯水至沸,并保持 15min 左右,冷却待用。称取所需量的 $Na_2S_2O_3 \cdot 5H_2O$ 和 0.1g 的 Na_2CO_3,用已冷却的沸水溶解、搅拌,待试剂溶解后转移到已洗至纯水的棕色试剂瓶中,加纯水保持总体积为 500mL。

(2) 标定。准确称取 $0.1\sim 0.15g$ $K_2Cr_2O_7$ 3 份,分放在 500mL 带塞锥形瓶中,加 50mL 水,使其溶解,加 3g KI,8mL 6mol/L HCl 溶液,塞好塞子并水封,充分混匀,在暗处放 5min。加水 250mL 稀释,用 $Na_2S_2O_3$ 标准溶液滴定(快递慢摇)。当溶液由棕红色变为淡黄色时,加 2mL 5g/L 淀粉指示剂,滴定至溶液蓝色刚好消失即到达终点(慢滴快摇)。记录消耗 $Na_2S_2O_3$ 标准溶液的体积。

(3) 本法为间接碘量法,按下式计算 $Na_2S_2O_3$ 标准溶液的浓度:

$$c_{Na_2S_2O_3} = 6 \times \frac{m_{K_2Cr_2O_7}}{M_{K_2Cr_2O_7} \times V_{Na_2S_2O_3}} \times 1000$$

式中 $c_{Na_2S_2O_3}$ —— $Na_2S_2O_3$ 标准溶液的浓度，mol/L；

$m_{K_2CrO_7}$ —— K_2CrO_7 的质量，g；

$M_{K_2Cr_2O_7}$ —— K_2CrO_7 的摩尔质量，g/mol；

$V_{Na_2S_2O_3}$ —— 滴定消耗 $Na_2S_2O_3$ 标准溶液的体积，mL。

【思考题】

(1) 硫代硫酸钠溶液为什么要预先配制？为什么配制时要用刚煮沸过并已冷却的蒸馏水？为什么配制时要加少量的碳酸钠？

(2) 重铬酸钾与碘化钾混合在暗处放置 5min 后，为什么要用水稀释，再用硫代硫酸钠溶液滴定？如果在放置之前稀释行不行，为什么？

(3) 硫代硫酸钠溶液的标定中，用何种滴定管，为什么？

(4) 为什么不能早加淀粉，又不能过迟加？

15.3.12 硝酸银标准溶液的配制和标定（铬酸钾指示剂法）

【实验目的】

(1) 学会 $AgNO_3$ 标准溶液的配制和标定方法。

(2) 掌握铬酸钾指示剂的终点判断。

【技能要求】

(1) 沉淀滴定法。

(2) $AgNO_3$ 标准滴定溶液的储存。

【仪器与试剂】

(1) 固体试剂 $AgNO_3$（分析纯）。

(2) 固体试剂 NaCl（基准物质，在 500~600℃ 灼烧至恒重）。

(3) K_2CrO_4 指示液（50g/L，即 5%）。配制：称取 5g K_2CrO_4 溶于少量水中，滴加 $AgNO_3$ 溶液至红色不退，混匀。放置过夜后过滤，将滤液稀释至 100mL。

【实验原理】

$AgNO_3$ 标准滴定溶液可以用经过预处理的基准试剂 $AgNO_3$ 直接配制。但非基准试剂 $AgNO_3$ 中常含有杂质，如金属银、氧化银、游离硝酸、亚硝酸盐等，因此用间接法配制。先配成近似浓度的溶液后，用基准物质 NaCl 标定。

以 NaCl 作为基准物质，溶样后，在中性或弱碱性溶液中，用 $AgNO_3$ 溶液滴定，以 K_2CrO_4 作为指示剂，其反应式为

$$Ag^+ + Cl^- \rightleftharpoons AgCl\downarrow$$

达到化学计量点时，微过量的 Ag^+ 与 CrO_4^{2-} 反应析出砖红色 Ag_2CrO_4 沉淀，为滴定终点。

【实验步骤】

(1) 配制 0.1mol/L $AgNO_3$ 溶液。称取 8.5g $AgNO_3$ 溶于 500mL 不含 Cl^- 的蒸馏水中，储存于带玻璃塞的棕色试剂瓶中，摇匀，置于暗处，待标定。

(2) 标定 AgNO₃ 溶液。准确称取基准试剂 NaCl 0.12~0.15g，放于锥形瓶中，加 50mL 不含 Cl⁻ 的蒸馏水溶解，加 K_2CrO_4 指示液 1mL，用配好的 AgNO₃ 溶液滴定至溶液呈微红色即为终点。记录消耗 AgNO₃ 标准滴定溶液的体积。平行测定 3 次。

【注意事项】

(1) AgNO₃ 试剂及其溶液具有腐蚀性，破坏皮肤组织，注意切勿接触皮肤及衣服。

(2) 配制 AgNO₃ 标准溶液的蒸馏水应无 Cl⁻，否则配成的 AgNO₃ 溶液会出现白色浑浊，不能使用。

(3) 实验完毕后，盛装 AgNO₃ 溶液的滴定管应先用蒸馏水洗涤 2~3 次后，再用自来水洗净，以免 AgCl 沉淀残留于滴定管内壁。

(4) AgNO₃ 标准滴定溶液浓度按下式计算：

$$c_{AgNO_3} = \frac{m_{NaCl}}{M_{NaCl} V_{AgNO_3}}$$

式中 c_{AgNO_3}——AgNO₃ 标准滴定溶液的浓度，mol/mL；

m_{NaCl}——称取基准试剂 NaCl 的质量，g；

M_{NaCl}——NaCl 的摩尔质量，g/mol；

V_{AgNO_3}——滴定时消耗 AgNO₃ 标准滴定溶液的体积，mL。

【思考题】

(1) 为什么配制 AgNO₃ 标准滴定溶液用的水要用不含有 Cl⁻ 的蒸馏水？

(2) AgNO₃ 标准溶液能否用直接法配制？

15.3.13 氯化钠含量的测定（铬酸钾指示剂法）

【实验目的】

(1) 学会铬酸钾指示剂法测定氯化钠含量测定的应用。

(2) 掌握铬酸钾指示剂的使用。

【技能要求】

(1) 容量瓶的使用。

(2) 移液管的使用和溶液的稀释。

(3) 沉淀滴定法。

【仪器与试剂】

NaCl 试样、铬酸钾指示剂、AgNO₃ 标准溶液。

【实验原理】

NaCl 试样中含有 Cl⁻，溶样后，在中性或弱碱性溶液中，用 AgNO₃ 溶液滴定，以 K_2CrO_4 作为指示剂，其反应式为

$$Ag^+ + Cl^- =\!=\!= AgCl\downarrow$$

达到化学计量点时，微过量的 Ag^+ 与 CrO_4^{2-} 反应析出砖红色 Ag_2CrO_4 沉淀，为滴定终点。

【实验步骤】

(1) NaCl 试液的配制。精密称取 NaCl 试样 1.5g（称量至 0.0001g），用少量蒸馏

水溶解后，转入 250mL 容量瓶中，稀释至刻度线，摇匀。

（2）滴定。用移液管移取上述溶液 25.00mL，置于锥形瓶中，加 20mL 蒸馏水、1mL K_2CrO_4 指示剂，用 0.1mol/L $AgNO_3$ 溶液滴定至出现砖红色沉淀，即为终点。记录消耗 $AgNO_3$ 的体积。平行测定 3 次，并做空白试验。

（3）按下式计算 NaCl 的含量

$$w_{NaCl} = \frac{c_{AgNO_3} \times (V_{AgNO_3} - V_{空白}) \times 10^{-3} \times M_{NaCl}}{m_s \times \dfrac{25.00}{250.00}} \times 100\%$$

式中　w_{NaCl}——NaCl 试样中 NaCl 的含量，%；

c_{AgNO_3}——$AgNO_3$ 标准溶液的浓度，mol/L；

V_{AgNO_3}——样品滴定消耗 $AgNO_3$ 标准溶液的体积，mL；

$V_{空白}$——空白滴定消耗 $AgNO_3$ 标准溶液的体积，mL；

M_{NaCl}——NaCl 的摩尔质量，g/mol；

m_s——NaCl 试样的称样量，g。

【思考题】

（1）本实验能否不使用容量瓶，如不使用，应当如何操作？请详细描述。

（2）空白实验应该如何进行？请详细叙述操作过程。

15.3.14　硫氰酸铵标准溶液的配制和标定

【实验目的】

（1）学会 NH_4SCN 标准溶液的配制和标定。

（2）掌握铁铵矾指示剂法的滴定终点的判断。

【技能要求】

（1）铁铵矾指示剂的使用。

（2）滴定时溶液酸度的控制。

【仪器与试剂】

（1）硫氰酸铵（分析纯）。

（2）铁铵矾指示剂（80g/L）。配制：溶解 8.0g 硫酸铁铵 [$NH_4Fe(SO_4)_2 \cdot 12H_2O$] 在约 75mL 水中，过滤，加几滴硫酸，稀释至 100mL。

（3）$AgNO_3$ 基准物（干燥至恒重）。

（4）HNO_3（25%）。

【实验原理】

NH_4SCN 试剂一般含有杂质，如硫酸盐、氯化物等，纯度仅在 98% 以上，因此，NH_4SCN 标准溶液要用间接法制备。即先配成近似浓度的溶液，再用基准物质 $AgNO_3$ 标定。标定方式可采用直接滴定或者返滴定。直接滴定以铁铵矾为指示剂，用配好的 NH_4SCN 溶液滴定一定质量的 $AgNO_3$ 基准物质，由 $[Fe(SCN)]^{2+}$ 配合离子的红色指示终点。反应式为

$$Ag^+ + SCN^- = AgSCN \downarrow$$
$$\text{白色}$$

$$Fe^{3+} + SCN^- \Longrightarrow [Fe(SCN)]^{2+} \downarrow$$
红色

指示液浓度对滴定有影响,一般控制浓度 0.015mol/L 为宜,溶液酸度应保持在 0.1~1mol/L。

【实验步骤】

(1) 硫氰酸铵标准溶液配制。称取 7.96g 硫氰酸铵置于 250mL 烧杯中,加 100mL 水溶解,过滤至 1L 量瓶内,加水稀释至刻度,混匀。溶液储存在密闭的玻璃瓶中。

(2) 标定。称取 0.5g 于硫酸干燥器中干燥至恒重的基准硝酸银,精确至 0.0001g。溶于 100mL 水中,加 2mL 硫酸铁铵指示液(80g/L)及 10mL 硝酸(25%),用上述配制好的硫氰酸铵溶液滴定。终点前摇动溶液至完全清亮后,继续滴定至溶液所呈浅棕红色保持 30s。

(3) 按下式计算 NH₄SCN 的浓度:

$$c_{NH_4SCN} = \frac{m_{AgNO_3}}{M_{AgNO_3} V_{NH_4SCN}} \times 10^{-3}$$

式中 c_{NH_4SCN}——硫氰酸铵标准滴定溶液之物质的量浓度,mol/L;

m_{AgNO_3}——$AgNO_3$ 的重量,g;

M_{AgNO_3}——$AgNO_3$ 摩尔质量,g/mol;

V_{NH_4SCN}——滴定消耗 NH_4SCN 标准溶液的体积,mL。

【思考题】

直接法标定时的酸度条件是什么?能否在碱性条件下进行标定?为什么?

15.3.15 高锰酸钾标准溶液的配制和标定

【实验目的】

(1) 掌握高锰酸钾标准溶液的配制方法和保存条件。

(2) 掌握用草酸钠基准试剂标定高锰酸钾浓度的原理和方法。

【技能要求】

(1) 氧化还原滴定法。

(2) 自身指示剂滴定法。

(3) $KMnO_4$ 标准溶液的配制和保存。

【仪器与试剂】

高锰酸钾(AR)、草酸钠(基准试剂)、硫酸溶液(3mol/L)、1mol/L $MnSO_4$。

【实验原理】

$KMnO_4$ 是氧化还原滴定中最常用的氧化剂之一。高锰酸钾滴定法通常在酸性溶液中进行,反应时锰的氧化数由+7 变到+2。市售的 $KMnO_4$ 常含杂质,而且 $KMnO_4$ 易与水中的还原性物质发生反应,光线和 $MnO(OH)_2$ 等都能促进 $KMnO_4$ 的分解,因此配制 $KMnO_4$ 溶液时要保持微沸 1h 或在暗处放置数天,待 $KMnO_4$ 把还原性杂质充分氧化后,过滤除去杂质,保存于棕色瓶中,标定其准确浓度。

$Na_2C_2O_4$ 是标定 $KMnO_4$ 常用的基准物质,其反应式为

$$5C_2O_4^{2-} + 2MnO_4^- + 16H^+ = 10CO_2 + 2Mn^{2+} + 8H_2O \qquad (15-1)$$

反应要在酸性、较高温度和有 Mn^{2+} 作催化剂的条件下进行。滴定初期，反应很慢，$KMnO_4$ 溶液必须逐滴加入，如滴加过快，部分 $KMnO_4$ 在热溶液中将按下式分解而造成误差：

$$4KMnO_4 + 2H_2SO_4 = 4MnO_2 + 2K_2SO_4 + 2H_2O + 3O_2 \qquad (15-2)$$

在滴定过程中逐渐生成的 Mn^{2+} 有催化作用，结果使反应速率逐渐加快。

因为 $KMnO_4$ 溶液本身具有特殊的紫红色，故用它作为滴定剂时，不需要另加指示剂。

【实验步骤】

(1) 0.02mol/L $KMnO_4$ 溶液的配制 在托盘天平上称取高锰酸钾约 1.7g 于烧杯中，加入适量蒸馏水煮沸加热溶解后倒入洁净的 500mL 棕色试剂瓶中，用水稀释至 500mL，摇匀，塞好，静止 7~10d 后将上层清液用玻璃砂芯漏斗过滤，残余溶液和沉淀倒掉，把试剂瓶洗净，将滤液倒回试剂瓶，摇匀，待标定。

如果将称取的高锰酸钾溶于大烧杯中，加 500mL 水，盖上表面皿，加热至沸，保持微沸状态 1h，则不必长期放置，冷却后用玻璃砂芯漏斗过滤除去二氧化锰的杂质后，将溶液储于 500mL 棕色试剂瓶可直接用于标定。

(2) $KMnO_4$ 浓度的标定 精确称取 0.15~0.20g 预先干燥过的 $Na_2C_2O_4$ 3 份，分别置于 250mL 锥形瓶中，各加入 40mL 蒸馏水和 10mL 3mol/L H_2SO_4 使其溶解，水浴慢慢加热直到锥形瓶口有蒸汽冒出（75~85℃）。趁热用待标定的 $KMnO_4$ 溶液进行滴定。开始滴定时，速度宜慢，在第一滴 $KMnO_4$ 溶液滴入后，不断摇动溶液，当紫红色退去后再滴入第二滴。待溶液中有 Mn^{2+} 产生后，反应速率加快，滴定速度也就可适当加快。近终点时，应减慢滴定速度同时充分摇匀。最后滴加半滴 $KMnO_4$ 溶液，在摇匀后半 0.5min 内仍保持微红色不退，表明达到终点。记录 $KMnO_4$ 标准溶液的用量。

(3) $KMnO_4$ 的浓度按下式计算：

$$c_{KMnO_4} = \frac{m_{Na_2C_2O_4} \times 1000}{M_{Na_2C_2O_4} \times V_{KMnO_4}}$$

式中 c_{KMnO_4} ——$KMnO_4$ 标准溶液的浓度，mol/L；

$m_{Na_2C_2O_4}$ ——$Na_2C_2O_4$ 的质量，g；

$M_{Na_2C_2O_4}$ ——$Na_2C_2O_4$ 的摩尔质量，g/mol；

V_{KMnO_4} ——滴定消耗 $KMnO_4$ 标准溶液的体积，mL。

【思考题】

(1) 配制 $KMnO_4$ 标准溶液时，为什么要将 $KMnO_4$ 溶液煮沸一定时间并放置数天？配好的 $KMnO_4$ 溶液为什么要过滤后才能保存？过滤时是否可以用滤纸？

(2) 配制好的 $KMnO_4$ 溶液为什么要盛放在棕色瓶中保护？如果没有棕色瓶怎么办？

(3) 在滴定时，$KMnO_4$ 溶液为什么要放在酸式滴定管中？

(4) 用 $Na_2C_2O_4$ 标定 $KMnO_4$ 时候，为什么必须在 H_2SO_4 介质中进行？酸度过高或过低有何影响？可以用 HNO_3 或 HCl 调节酸度吗？为什么要加热到 70~80℃？溶液温度过高或过低有何影响?

(5) 标定 $KMnO_4$ 标准溶液时,为什么第一滴 $KMnO_4$ 溶液加入后红色退去很慢,以后退色较快?

15.3.16 漂白粉中有效氯含量的测定

【实验目的】

(1) 学会用间接碘量法测定漂白粉中有效氯含量的方法。

(2) 学会用移液管吸取漂白粉混悬液的操作。

【技能要求】

(1) 淀粉指示剂的使用。

(2) 碘量瓶的正确使用。

【仪器与试剂】

漂白粉、$Na_2S_2O_3$ 标准溶液 (0.1mol/L)、KI (分析纯)、HCl 溶液 (6mol/L)、淀粉指示剂 (5g/L)。

【实验原理】

漂白粉的主要成分是氯化钙和次氯酸钙,通常用化学式 Ca(OCl)Cl 表示,其中的次氯酸钙与酸作用后产生氯气,氯气具有漂白作用。释放出来的氯称为有效氯,漂白粉的质量常用有效氯来表示,普通漂白粉含有效氯的量为 30%~35%。漂白粉能与空气中的 CO_2 作用产生 HClO 而造成有效氯的损失,因此应尽量避免与空气较长时间的接触。

漂白粉的有效氯可用间接碘量法测定,这是因为漂白粉在酸性条件下与过量的 I^- 作用可定量产生 I_2,而析出的 I_2 可用 $Na_2S_2O_3$ 标准溶液进行滴定。有关反应如下:

$$Ca(ClO)Cl + 2H^+ = Ca^{2-} + Cl_2 + H_2O$$

$$Cl_2 + 2KI = 2KCl + I_2$$

$$I_2 + 2Na_2S_2O_3 = Na_2S_4O_6 + 2NaI$$

由以上反应式可知,有效氯的量与反应析出的 I_2 的量相同。

【实验步骤】

(1) 有效氯的测定 准确称取 0.14~0.16g 漂白粉于 250mL 碘量瓶中,加入少量蒸馏水溶解,然后加入 1g KI 固体,4mL 6mol/L HCl 溶液,塞好塞子并水封,充分混匀,放于暗处 5min。然后用 100mL 水稀释,并迅速用 $Na_2S_2O_3$ 溶液滴定至溶液呈浅黄色 (快递慢摇),加入 1mL 5g/L 淀粉指示剂,继续滴定溶液蓝色消失即为终点 (慢滴快摇),平行测定 3 次。记录消耗 $Na_2S_2O_3$ 标准溶液的体积。

(2) 本法为间接碘量法,按下式计算漂白粉中有效氯的含量:

$$w_{Cl} = \frac{c_{Na_2S_2O_3} V_{Na_2S_2O_3} \times 10^{-3}}{2m_s M_{Cl}}$$

式中 w_{Cl}——漂白粉中有效氯的含量,%;

$c_{Na_2S_2O_3}$——$Na_2S_2O_3$ 标准溶液的浓度,mol/L;

$V_{Na_2S_2O_3}$——滴定消耗 $Na_2S_2O_3$ 标准溶液的体积,mL;

M_{Cl}——Cl 原子的摩尔质量，g/mol；

m_s——漂白粉的称样量，g。

【思考题】

造成本实验误差的主要因素有哪些？应如何减少误差？

15.3.17 EDTA 标准溶液的配制（直接法）

【实验目的】

（1）学会 EDTA 基准物质的处理。

（2）掌握直接配制 EDTA 标准溶液的方法。

【技能要求】

（1）电子分析天平的使用。

（2）容量瓶的使用。

【仪器与试剂】

$Na_2H_2Y \cdot 2H_2O$ 基准物（分析纯，干燥至恒重）。

【实验步骤】

（1）0.01mol/L EDTA 标准溶液的配制 精密称取干燥至恒重的分析纯 $Na_2H_2Y \cdot 2H_2O$ 0.95g（称量至 0.0001g），置于烧杯中，加适量蒸馏水，微热使之溶解，定量转移至 250mL 容量瓶中，稀释至刻度线，摇匀，备用。

（2）按下式计算 EDTA 浓度：

$$c_{EDTA} = \frac{m \times 1000}{M_{EDTA} \times V_{EDTA}}$$

式中　c_{EDTA}——EDTA 标准溶液的浓度，mol/L；

M_{EDTA}——基准物质 $Na_2H_2Y \cdot 2H_2O$ 的摩尔质量，g/mol；

V_{EDTA}——EDTA 标准溶液的体积，mL。

【思考题】

（1）为什么在直接配制 EDTA 标准溶液时，必须使用干燥至恒重的分析纯的 $Na_2H_2Y \cdot 2H_2O$？

（2）简述干燥至恒重的具体含义。

15.3.18 薄层色谱实验

【实验目的】

（1）了解薄层色谱的基本原理和应用。

（2）掌握薄层色谱的操作技术。

【技能要求】

（1）掌握薄层板的制备方法。

（2）熟悉博层色谱的定性分析步骤。

（3）掌握薄层色谱的定性分析方法。

【仪器与试剂】

硅胶层析板 2 块、卧式层析槽、点样用毛细管、紫外荧光灯、铅笔、暖风机、载玻片、钢勺、镊子、碱性湖蓝与荧光黄混合样品、咖啡因与阿司匹林混合样品、阿司匹林纯样品二氯乙烷层析液、95%的乙醇溶液、硅胶粉、5%的羧甲基纤维素钠（CMC）的水溶液。

【实验原理】

有机混合物中各组分对吸附剂的吸附能力不同，当展开剂流经吸附剂时，有机物各组分会发生无数次吸附和解吸过程，吸附力弱的组分随流动相迅速向前，而吸附力弱的组分则滞后，由于各组分不同的移动速度而使得它们得以分离。物质被分离后在图谱上的位置，常用比移值 R_f 表示。图 15-2 为仪器装置图。

$$R_f = \frac{原点至层析斑点中心的距离}{原点至溶剂前沿的距离}$$

图 15-2　仪器装置图
1. 层析缸（广口瓶）；2. 薄层板；
3. 层析点；4. 层析液

【实验步骤】

（1）薄层板的制备。取 3g 硅胶 G 粉于研钵中，加相当于 8mL 左右的用 5%的羧甲基纤维素钠（CMC）的水溶液，用力研磨 1~2min，至成糊状后立即倒在准备好的薄层板中心线上，快速左右倾斜，使糊状物均匀地分布在整个板面上，厚度约为 0.25mm，然后平放于平的桌面上干燥 15min，再放入 100℃的烘箱内活化 2h，取出放入干燥器内保存备用。

（2）点样。在层析板下端 1.0cm 处（用铅笔轻划一起始线，并在点样出用铅笔作一记号为原点），取拉好的毛细点样管，分别蘸取咖啡因与阿司匹林混合样品、阿司匹林纯样品，点于原点上（注意点样用的毛细管不能混用，毛细管不能将薄层板表面弄破，样品斑点直径在 1~2mm 为宜。斑点间距稍大一点。点样次数 5~7 次）。另取一块薄层板，点碱性湖蓝与荧光黄混合样品。

（3）定位及定性分析。将点好样的薄层板分别放入装有二氯乙烷层析液和 5%的乙醇溶液的 2 个广口瓶中，盖上盖子，待层析液上行至距薄层板上沿 1cm 左右时，用镊子取出，铅笔将各斑点框出，并找出斑点中心，用小尺量出各斑点到原点的距离和溶剂前沿到起始线的距离（点有阿司匹林的薄层板需用暖风机吹干），算各样品的比移值并定性确定混合物中各物质名称。将实验数据及计算结果填入表 15-5 中。

表 15-5　实验数据

项目	组一		组二	
药品	阿司匹林咖啡因混合样品	阿司匹林	荧光黄	碱性湖蓝
斑点移动距离 a/cm				
溶剂移动距离 b/cm				
R_f				

【思考题】

(1) 为什么在铺板时，一定要铺匀，特别是边、角部分，晾干时要放在平整的地方？

(2) 为什么要求在点样时点，要细，直径不要大于 2mm，间隔 0.5cm 以上？

(3) 为什么在展开用的烧杯要洗净烘干，放入板之前，要先加展开剂，盖上表面皿，让烧杯内形成一定的蒸气压。点样的一端要浸入展开剂 0.5cm 以上，但展开剂不可没过样品原点。当展开剂上升到距上端 0.5～1cm 时要及时将板取出，用铅笔标示出展开剂前沿的位置。

15.3.19 离子交换除盐实验

【实验目的】

(1) 熟悉顺流再生固定床运行的操作过程。

(2) 加深对阳离子交换和阴离子交换基本理论的理解。

(3) 了解离子交换法在水处理中作用与原理。

【技能要求】

(1) 了解色谱柱的结构。

(2) 掌握装柱方法。

(3) 能熟练进行色谱分离操作。

【仪器与试剂】

阴阳离子交换树脂、离子交换树脂装置一套、电导率仪、秒表 pH 计。

【实验原理】

离子交换过程可以看做是固相的离子交换树脂与液相中电解质之间的化学置换反应，其反应一般都是可逆的。

本实验采用国产 001×7（711）强酸树脂和 201×4（711）强碱树脂把水中的成盐离子（阳、阴离子）除掉，这种方法称为水的化学除盐处理。原水通过装有阳离子交换树脂的交换器时，水中的阳离子如 Ca^{2+}、Mg^{2+}、K^+、Na^+ 等便与树脂是的可交换离子（H^+）交换；接着通过装有阴离子交换树脂的交换器时，水中的阴离子 Cl^-、SO_4^{2-}、HCO_3^- 等与树脂中的可交换离子（OH^-）交换。基本反应如下：

$$RG^+ + \begin{cases} 1/2Ca^{2+} \\ 1/2Mg^{2+} \\ Na^+ \\ K^+ \end{cases} \begin{cases} 1/2SO_4^{2-} \\ Cl^- \\ HCO_3^- \\ HSiO_3^- \end{cases} = R \begin{cases} 1/2Ca^{2+} \\ 1/2Mg^{2+} \\ Na^+ \\ K^+ \end{cases} + H^+ \begin{cases} 1/2SO_4^{2-} \\ Cl^- \\ HCO_3^- \\ HSiO_3^- \end{cases}$$

$$ROH^- + H^+ \begin{cases} 1/2SO_4^{2-} \\ Cl^- \\ HCO_3^- \\ HSiO_3^- \end{cases} = R \begin{cases} 1/2SO_4^{2-} \\ Cl^- \\ HCO_3^- \\ HSiO_3^- \end{cases} + H_2O$$

经过上述阴、阳离子交换器处理的水，水中的盐分被除去，此即为一级复床的除盐处理。树脂使用失效后要进行再生即把树脂上吸附的阴、阳离子置换出来，代之以新的

可交换离子。阳离子交换树脂用 HCl 或 H_2SO_4 再生,阴离子交换树脂用 NaOH 再生。基本反应式如下:

$$R_2Ca + 2HCl = 2RH + CaCl_2$$
$$R_2Mg + 2HCl = 2RH + MgCl_2$$
$$RCl + NaOH = ROH + NaCl$$

【实验步骤】

(1) 熟悉装置。研究管路连接方式、明白阀门作用、弄懂管路流程。

(2) 连接装置。将 2 个交换柱串联起来:水箱进水→阴离子柱→阳离子柱→出水,反复研究,确保各路连接管无误(忘关阀门漏水、漏开阀门成死路)后启动水泵进水。

(3) 离子交换。水样按照一定的流速通过串联的阴阳离子交换柱。通过流量计调节流量,在不同的流速下试验。设定一个流速,运行 8min 后测测定(连续 3 次,求平均值)出水的电导率和 pH。记录于表 15-6 中。

(4) 反洗。离子交换完毕,用自来水正洗、反洗各 15min,反洗结束后将水放到水面高于树脂表面 10cm 左右,反洗的目的一是松动树脂层,驱赶交换过程中的气泡;二是把过滤过程中产生的破碎粒子和截流污物冲走。

(5) 反洗完毕结束实验,必须保证交换柱内水面高于树脂层面。

(6) 记录实验设备和操作的基本参数。

离子交换树脂参数:

阳离子交换树脂:

阴离子交换树脂:

水样来源:

酸度计型号:

电导率仪型号:

测定原水电导率,测量交换柱内径及树脂层高度。

表 15-6 原水电导率及实验装置的有关数据

原水电导率 κ_0 /(μS/cm)	交换柱内径 /cm	阳离子树脂层高度 /cm	阴离子树脂层高度 /cm

(7) 交换过程记录表(表 15-7)。

表 15-7　交换实验记录

原水温度：　　　　　　原水 pH＝

交换柱水流速度/（L/h）	阳离子交换柱		阴离子交换柱	
	pH	电导率/(μs/cm)	pH	电导率/(μs/cm)
30L/h				
平均				
70L/h				
平均				

【思考题】

观察阴阳离子交换树脂，及反冲洗过程的难以程度，说明两种树脂的外观、形态等区别。并回答新鲜树脂如何预处理？

主要参考文献

陈任宏. 2005. 药用有机化学. 北京：化学工业出版社.
黄南珍. 2003. 分析化学. 北京：人民卫生出版社.
黄南珍. 2003. 无机化学. 北京：人民卫生出版社.
伍伟杰. 2008. 药用基础化学：分析化学. 北京：中国医药科技出版社.
伍伟杰. 2008. 药用基础化学：无机化学. 北京：中国医药科技出版社.
钟国清. 2009. 基础化学. 北京：科学出版社.
化学学科网 http://huaxue.zxxk.com/
化学资源网 http://www.21cnjy.com/huaxue/
中国化学会 http://www.chemsoc.org.cn/
中国食品安全网 http://www.cfqn.com.cn/